# 한국건축사

# 한국 건축사

황용운 편저

SEOWOO PUBLICATIONS

# 머/리/말

현재 우리의 건축문화는 하루가 다르게 급변하고 있다. 특히 현대식 건축물의 발전과정은 건축설계과정에 컴퓨터의 활용과 더불어 상상을 초월할 만큼 다양한 형태로 선보이고 또한 최신재료와 첨단시설을 사용함으로써 누구에게나 감탄을 자아내게 한다. 이러한 변화의 의식 속에서 우리의 전통건축과 근대건축은 잊어질 뿐 아니라 터부시되고 있다는 점은 부정할 수 없을 것이다. 최근에는 초고층의 현대식 건축물 신축으로 인하여 우리의 근대건축과 전통건축은 그 자리를 비켜 주거나 아니면 멸실되는 위기에 처한 상황이 한 두 번이 아닌 것은 이런 시대적 변화를 단적으로 말해주는 듯하다.

이런 의미에서 우리나라의 전통건축과 일제의 강압 속에서도 우리의 힘으로 이루어낸 우리의 근대건축에 대한 의식전환과 많은 관심이 필요한 시기라고 생각한다. 그러나 최근 학생들에게 있어 한국건축은 답답하고 재미없는 공부라는 인식으로 많은 대학교에서 선택과목으로 선정되어 대학교 4년 또는 5년 동안 한국건축에 관한 내용을 전혀 공부하지 않고 졸업하는 학생들이 다수라고 한다.

저자 역시 15년 이상 대학교에서 한국건축사를 강의하면서 다양한 종류의 교재를 사용하여 학생들을 가르쳐 왔고 특히 수업시간에는 책에 쓰인 따분한 내용 위주의 글보다 많은 관련사진을 보여주는 등 학생들에게 한국 건축에 대한 좀 더 흥미를 일으킬 수 있는 방법으로 강의를 해 왔다. 비록 본 책에 담인 내용의 많은 부분이 한국건축사에 전통하신 여러 선배 교수님의 글을 인용하기는 했지만 책에 담긴 사진들은 좀 더 학생들에게 현실감 나는 강의를 위하여 현장을 직접 방문하거나 주말을 이용하여 학생들과 부여, 공주 등의 방문을 통하여 저자가 직접 촬영한 것을 많이 담았다.

비록 대학교 학부과정에서 기본적으로 알아두어야 할 사항들은 나름대로 정리하였다고는 생각하지만 한국건축사를 전공하신 다른 여러 선배교수님과 동료교수님보다 깊게 공부를 하지 못한 탓에 내용상 부족한 점도 많이 있을 것이라 생각하고 있으니 이 점에 관해서 많은 이해를 부탁드리고 싶다.

아무튼 이 책을 통하여 우리의 전통건축이 우리의 건축문화에 어떠한 의미를 지니고 있으며 우리의 건축문화를 어떻게 변화시켜 왔는지를 이해 해주었으면 한다. 그러나 앞에서 언급하였듯이 분명 좀 더 깊이 있는 내용을 전달하기에는 부족한 부분이 있을 것이라 생각하지만 너그러운 마음으로 이해해주고 본 교재가 여러분의 한국건축 문화에 대한 폭넓은 분야를 이해하는데 조금이나마 도움이 되고 새로운 우리만의 건축문화를 향상시킬 수 있는 계기가 되기를 간절히 바란다.

끝으로 본 책의 출판에 많은 도움을 아끼지 않으신 서우출판사 관계자 여러분에게 깊은 감사를 드린다.

황 용 운

# 차/례

# I. 건축사의 이념과 가치

## 1. 건축의 기원

건축문화는 원시시대의 미개하고 단순한 생활 형태로 생활하였을 때부터 오늘에 이르기까지 보호처(shelter)로써 시작되었다고 할 수 있다. 점차 사람의 생활양상이 다양화되어 감에 따라 개인적, 사회적, 국가적 또는 종교적 활동에 대응할 수 있는 건축공간을 마련하여 오는 가운데 건축기술이 발달되었고 그 내용이 많은 발전을 가져오게 되었던 것이다. 건축은 사람이 활동하는 공간을 준비·제공해 주는 것으로서, 사람에 의하여 점유되는 공간과 이것을 사용하는 인간이 건축을 성립시키는 기본조건이 되는 것이다. 따라서 한 지방의 건축형태 및 성격은 그 지방의 고정적인 공간으로서의 토지, 환경과 유동적인 시간으로서의 인간경험의 연관관계에 의하여 여러 가지 형태를 나타내게 되는 것이다.

건축물은 선사시대부터 오늘에 이르기까지 보호처(shelter)로써 시작되었다고 할 수 있다. 즉, 인간은 생존하기 위해 피난처가 필요했기 때문에 최초로 인간이 거주한 공간은 거주를 위한 공간이기보다 단순히 외부환경으로부터 자신의 신체를 보호하고자 했을 것이다. 이 시대의 유적에서 보이듯이 자연동굴이나 바위, 그늘 등 자연적으로 주어진 은신처에 일시적인 거처를 만들고 수렵이나 채집에 의존하면서 계절에 따라 거주지를 옮겨 다니는 이동생활을 하였을 것으로 믿어진다. 한반도에 사람이 살기 시작한 것은 매우 오래전의 일이며, 어쩌면 수십만 년 전의 일 일지도 모른다. 그러나 이 시기의 사람들은 비록 그들의 보금자리나 둥지는 가졌을 것이나 인공적인 건조물인 주거는 갖지 못했을 것이다. 인공적으로 가구(架構)된 집을 갖게 된 것은 그렇게 오래된 일이 아니기 때문이다.

## 2. 한국건축사의 변천과정

근대적 관점에서 한국건축을 학술적으로. 조사하고 서술하는 일이 시작된 것은 1900년대 초로 일본인 '세키노 타다시(關野貞)'가 저술한 〈조선미술사:1923〉를 들 수 있으며 그 뒤 1950년에 이르기까지 몇몇 일본인 학자의 연구가 이어졌다. 이 후 1950년대에 들어와서 비로소 한국인에 의한 연구가 본격적으로 이루어지기 시작하면서 한국의 고유한 문화사적 관점에서 이전에 일본인이 손댄 한국건축사를 재정리 작업하기 시작하였다. 아울러 서울 남대문 수리나 경주 감은사지 발굴과 같은 본격적인 학술작업을 통해서 유적 조사의 경험을 쌓아갔다. 이런 노력은 1960년대까지 이어지면서 그 사이에 윤일주의 「한국 · 양식 건축 80년사」(1966)는 근대건축에 대한 첫 번째 성과가 이루어졌다.

이 후 1970~80년대에 와서 한국인의 시각에서 한국건축사를 서술하는 구체적인 성과들이 속속 나타났다. 「한국 건축사」(윤장섭, 1973)은 이전까지 축적되어 온 연구 성과를 하나로 엮었을 뿐 아니라 전에 소홀하게 취급됐던 조선시대 건축을 부각시켰고 「한국 고건축단장」(김동현, 1975)과 「한국건축 양식론」(정인국, 1974)은 서양의 예술사 이론을 염두에 두면서 건축 유구를 해석하였고 「한국건축의장」(주남철, 1979)은 조형이나 의장 문제를 다루었다. 특히 80년대에 들어서면서 구체적인 유구조사와 분석이 중요한 연구 방법으로 이어지면서 그 성과로 목조건축의 기법이나 형식을 체계화한 「한국 고건축 단장」(하권, 김동현, 1975), 「한국목조건축」(김정기, 1980) 이 나왔다.

이외 조선시대 주택을 대상으로 그 형성과정과 공간 특징을 다룬 「한국주택건축」(주남철, 1982) 등이 있다. 한국주택건축이 반가주택을 중심으로 다루었다면 「한국의 살림집 상 · 하」(신영훈, 1983)은 살림집의 역사에서 서민 주택에 이르기까지 주택을 압축하여 저술하였다.

1980년 후반을 거쳐 90년대에 들어서면서 연구자의 수도 늘고 관심의 폭도 더 다양해졌고 건축이 만들어지는 배경적 요소에 대한 구체적인 연구 성과도 조금씩 선보이기 시작했다. 「한국의 전통건축」(장경호, 1992)은 80년대에 문화재관리국을 중심으로 새롭게 조사된 많은 유구를 체계화한 업적이며 「한국의 건축」(윤장섭, 1996)도 70년대 「한국건축사」를 토대로 새로운 내용을 추가한 성과이다. 특히 「한국건축대계」(장인기, 1993)은 한국건축에 사용되는 용어를 정리했을 뿐 아니라 한국 전통건축에 사용되는 목조, 재료, 기와 등 구성요소들의 시공방법 등을 집대성한 저서라 할 수 있다.

주택이나 마을에 대한 연구가 크게 확산되는 경향도 나타났다. 「한국의 민가」(김홍식, 1992)는 주로 피지배계층의 주택을 대상으로 사회적 또는 경제적 조건을 바탕에 두고 평면 유형, 구조 기법을 정리한 주목되는 업적이며 「집의 사회사」(강영환, 1989)도 주택을 바라보는 시각의 폭을 넓힌 성과라고 할 수 있다. 이외 평양에서 출간된 「조선건축사 I ,II,III」(리화선, 1989) 북한에서는 이미 1950년대에 일본인들의 영향을 벗어난 참신한 시각의 미술사가 선보였다.(한국건축의 역사, 김동욱, 기문당 p.9-10)

한국목조건축-김정기, 1980

한국건축양식론-정인국, 1974

한국건축사-윤장섭, 1973

조선 건축사 - 리화선, 1989

한국주택건축- 주남철, 1982

한국의 살림집- 신영훈, 1983

2000년대에 접어들면서 세계적으로 건축이 문화 산업의 주체로서 자리 잡는 시대적 상황에서 우리의 전통 건축양식인 한옥이 더 이상 개별성을 지닌 주거형식이 아니라 우리 시대, 우리나라를 대표하는 건축양식인 만큼 중요한 국가 성장 동력으로 부상되고 있다. 특히 한옥은 세계적으로 이슈가 되고 있는 저탄소 녹색 성장과 가장 맞아 떨어지는 건축 구법으로 녹색 도시 속에서 지속적으로 성장해 가는 국민 건축 한옥으로 거듭나게 할 수 있는 여러 연구들이 건축 관련단체를 중심으로 지속적이며 다양한 연구들이 이루어지고 있다.

특히 이전 시대가 전통건축의 역사, 공간구성, 문화재로서의 실측자료 보고서 등을 작성함으로써 학술적 기여와 기록을 남겼다면 이 시대에는 이전시대까지 다루지 않았던 한옥의 주재료인 목재공학, 한옥의 공업화(기계화), 표준화 등 한옥의 실용화에 초점이 맞추어 지면서 당양한 건축기술 전문서적들이 출간된다. 한국문화재 보호재단에 의한 「전통건축의 수리와 정비」(윤홍로, 2006), 「한식목조건축설계 원로」(조영식), 「한옥 시공메뉴얼 1~3권」(전라남도), 「문화재표준 수리시방서」(문화재청) 뿐 만 아니라 한옥의 시공과정을 정리한 서적들도 많이 출간된다. 대표적인 서적으로「아름지기 한옥 짓는 이야기」(정민자, 2003), 「어머니가 지은 한옥」(윤용숙, 1996), 「전통한옥짓기」(황용운, 2006), 「한옥살림집을 짓다」(김도경, 2004) 등이 출판된다.

## 3. 한국 건축사의 시대 구분

서양건축사에서는 시대구분에 있어 왕, 신, 인간 등의 사회적 주체가 예술, 건축양식의 구분에 전환점을 가져오거나, 건축에 직접적인 영향을 주는 건축재료, 건축구조, 공간개념 등이 시대구분에 확실한 동기가 되기도 했다. 이집트나 그리스, 로마, 초기 그리스도교, 비잔틴, 로마네스크, 고딕, 르네상스 등 전반적인 예술 및 건축양식도 위와 같은 기점과 동기에 의해서 이루어졌던 것이다.(한국 건축사강론, 박언곤, 문운당)

그러나 우리나라의 경우에는 소위 3분법이라고 말하는 고대, 중세, 근대로 나누어 다루고 있지만 좀 더 세분화하면 원시, 초기국가, 고대국가(삼국), 중세(고려), 근세(조선), 근대, 현대와 같이 왕조를 기준으로 한 구분, 즉 고구려, 백제, 신라, 고려, 조선왕조식으로 나누는 방식, 두 가지 방식으로 나누어 볼 수 있다. 특히 왕조에 의한 구분은 책을 읽는 사람이나 쓰는 사람 모두가 혼돈되지 않고 명확한 구분이 이루어진다는 장점이 있다. 김동욱 교수는 이러한 시대 구분에 문제점이 있다고 지적했다 그 이유로 고려왕조 400년, 조선왕조 500년 동안에 일어난 다양한 건축의 변화 내용이 구분되어 파악되지 않고 하나의 양식으로 합쳐질 우려가 있다는 것이다. 또한 건축사에서 고대를 어떻게 정의하고 중세는 무엇인지 그 개념을 일반화하기 어렵고 시대 설정에 있어서도 언제까지를 고대로 설정하고 중세의 종말을 어디에 둘 것인지 기준이 명쾌하지 않다고 했다.(한국건축의 역사, 김동욱, 기문당 p.12) 이런 이유에서 김홍식 「한국건축사 연구의 반성」(공간, 1983, 10월호)와 「민족건축론」(1987)에서 한국건축사의 시대구분을 비판했고 「한국사 신론」(이기백, 1976)에서는 양식으로 세분하는 방법으로 기술하기도 했다.

서양건축과는 달리 동양건축에서 중국 한(漢)문화권에 속하는 한국건축의 시대구분은 서양과 같은 획기적인 사회제도의 변천이나 직접적인 건축 자체의 동기가, 위에서 언급한 것처럼 시대를 구분하기가 어렵다. 같은 의미에서 우리 한국건축의 시대적 양식구분은 정치성에 의존하는 것이 편리한 까닭에 나라별 구분해 보는 것이 통례였기에 본서에서도 우선 나라별 구분하고 그 나라의 도성과 궁궐, 사찰건축, 주택 등과 같이 용도별로 구분하여 기술하기로 한다. 박언곤 「한국건축사 강론」에서 언급된 시대구분을 소개하면 아래 표 1과 같고, 김동욱 「한국건축의 역사」에서는 3분법과 왕조를 기준으로 하되 고려시대를 초 · 후기, 조선시대를 초 · 중 · 말 등과 같기 시대별로 잘게 나누어 구분하기도 했다.

표 2 한국건축사강론, 박언곤, 문운당

| 시대구분 | 편년요소 | 연대 | 영향(국) |
|---|---|---|---|
| 1.선사시대건축 | 원시건축 | 기원전 | 자 연 |
| 2.삼국시대건축 | 건축문화도입<br>한국건축형성 | 기원후 - 7C 중기 | 한(漢), 수(隨),<br>당(唐) |
| 3.통일신라시대건축 | 한반도 건축문화 통일<br>불교 건축 성장 | 7C중기 - 10C | 당(唐) |
| 4.고려시대건축 | 불교건축 성황<br>한국건축문화 극치 | 10C 초 - 14C | 송(宋), 원(元) |
| 5.조선시대건축(전기) | 유교건축사상 형성<br>동적(動的) 건축문화 | 14C 말 - 16C | 명(明) |
| 6.조선시대건축(후기) | 건축기술의 쇠퇴기<br>세부장식 발달 | 16C 말 - 20C | 청(淸) |
| 7. 근대건축 | 철, 유리, 콘크리트 | 20C 초 | 서 양 |

## 4. 한국 건축사의 이념과 가치

한 나라의 건축문화는 그 나라의 기후, 지세 및 생산재료 등의 자연조건과 그 나라의 정치적, 사회적 여건과 민족성 또는 집단의식 등의 인문조건에 의하여 발전되고, 문화의 전파현상에 따라서 각 시대와 각 나라마다 다소의 차이는 있으나, 세계적으로 연관성을 갖는 문화요소를 나타나게 되는 것이라고 할 수 있다. 이러한 건축문화의 이념과 가치는 사람의 정신적 요구에 대응하는 건축의 결구 및 시공의 성실성과 재료 및 표현의 진실성으로 이루어지는 건축적인 진(眞)과 사람의 이지적(理智的)요구에 대응하는 건축의 기능과 효용성을 뜻하는 건축적 선(善)과 사람의 정서적 요구에 대응하는 미관 및 우아성, 즉 건축적 미(美)로서 세 가지를 들 수 있을 것이다. 건축은 용도와 기능을 충족시킬 수 있으며, 합리적인 구조를 형성하는 동시에 효용성과 경제성이 있어야 하므로, 다른 예술과는 판이한 이질적인 차원을 가기는 예술이라 할 수 있다.

한국 건축사는 조선시대 말부터 일제 식민지시대가 끝날 때까지 우리의 건축사를 우리의 주체적 역사의식에서 정립하지 못하고 일제의 침략적 수단에 의해 일본이 주체가 되어 식민지적 입장에서 해석되고 문화유산들이 무자비하게 발굴되는 과정에서 귀중한 많은 우리의 문화적 유산들이 해외로 반출되는 등 왜곡된 역사기록으로 남아 있었다.

이런 왜곡된 역사적 해석에 앞장선 것은 일왕(요시히토(嘉仁)와 히로히토(裕仁))의 명령과 전폭적인 지원으로 1937년까지 16년이라는 기간에 걸쳐 100만 엔이라는 거액을 투자하여 조직된 「朝鮮史編修會:조선사편수회」 이다. 조선사편수회에 의해 기록된 우리의 역사를 정치, 문화, 사회 등 여러 방면의 것을 시대 순, 사건 순으로 기존의 우리 역사고서를 기초로 하여 방대한 자료를 일본어로 저술해놓았다. 그러나 이러한 자료에 의한 조선역사는 식민지의 통치를 위한 수단과 우리의 역사를 왜곡시켰다. 대표적으로 데라우치 마사타케(寺內 正毅 : 초대총독)가 "조선인에게 일본 혼을 심어줘야 한다. 그렇지 않고 조선인의 민족적 반항심이 타오르게 된다면 이는 큰일이므로 영구적이며 근본적인 사업이 필요하다. 이것이 곧 조선인의 심리연구이며 역사연구이다."라고 말할 정도로 역사는 그 나라의 정신이 담겨져 있었기 때문이었다. 그리고 조선의 역사를 조사 · 연구함에 있어 조선사편수회의 학자들은 일본의 최고 역사학자(구로이타 가쓰미: 黑板勝美[1] 등) 외에도 조선총독부 고위관료들도 참가하였는데 이는 관제 역사관을 식민지 백성들에게 강제로 주입하겠다는 의도가

1) 당시 매일 신보에 기고한 글에서 "한국은 반도로서 일본과 중국 사이에 놓여 있다. 그 결과 항상 세력이 있는 나라에 지배를 당해 독자적인 역사는 있을 수 없었다."라고 할 정도로 우리의 역사를 왜곡하였다. 좋은 사례로 이나바 이와키치(1876~1940 조선사편수회 간사)는 만선사관(만주에 조선의 역사를 편입시켜 만주 역사의 일부분으로 조선역사를 기술한 것)을 만들어 조선의 역사를 철저히 부정하였다.

있었을 뿐 아니라  그들의 침략 행위를 역사적으로 합리화하고 정당화하려고 했다. 이는 역사 연구 및 고고학 연구가 그 지역의 공간과 시간을 지배하기 때문이었다. 이것이 바로 식민사관 이었다.

특히 일본의 4C 야마토 정권 때 한반도 남부지역에 임나일본부를 두어 한반도 남부지역을 지배했다는 임나일본부설의 근거를 밝혀내기 위하여 가야지역, 김해(패총), 고령(지산동 고분), 김천, 함안, 성주, 진구, 창녕 등의 지역에 고분들을 무자비로 발굴했지만 허위인 임나일본부설의 근거를 찾지 못하자 발굴된 유적을 일본으로 모두 가져가버렸다. 현재 교토대학 박물관에서는 당시에 반출된 많은 주요문화재들이 전시되어 있다.

# II. 선사시대 건축

## 1. 선사시대 주거

우리나라에 사람이 살기 시작한 것은 구석기 시대부터이지만 건축적인 구조로 볼 수 있는 주거는 아직 없었다. 주로 자연의 지형, 지물을 이용한 동굴이나 바위틈 또는 큰 바위 그늘을 이용한 것이 많고, 때로는 강가에 막집을 짓고 바람을 가릴 수 있는 낮은 담 정도를 만들고 살았다고 한다.

이러한 한국의 원시 시대 주거 유형을 윤장섭 교수는 토막식, 초옥토실식, 누목실, 고상식의 네 가지로 분류하였다. 토막식(土幕式 또는 竪穴式)은 지면을 파서 구덩이를 만들고 간단한 목재로 골조를 세워 그 위에 잔 나뭇가지나 풀, 흙 등으로 지붕을 덮어 만든 구덩식(수혈식)주거 유형을 의미한다. 이후 가구 방식이 점차 발달하면서 이 유형에 기둥과 초석도 사용하게 되었다. 또한 생활 기능이 다양화됨에 따라 내부에 칸막이를 사용하기도 하고, 일부에는 온돌도 설치하였다. 이 토막식은 청동기시대까지 이어졌으며, 그 평면 유형은 원형, 사각형, 타원형, 직사각형 등에 따라 조금씩 달라지고 또 기둥을 세우는 방법에 따라 달라진다.

초옥토실식(草屋土室式)은 토막식 주거가 발전하여 움집의 깊이가 얕아지고 기둥이 사용되면서 지면 위에 벽체가 생기게 된 지상 주거 형식이다. 고구려, 옥저, 마한 등에 있었던 유형으로 그 모양이 마치 무덤과 같고 지상에 문이 있다. 누목식(累木式)은 흔히 귀틀집이라고 하는 주거 유형으로 오늘날에도 무주 구천동, 강원도, 함경도의 산간 지방과 지리산의 화전민 마을에서 찾아볼 수 있다. 통나무를 정(井)자형으로 쌓고 통나무와 통나무 사이의 틈에는 흙과 돌로 막아 벽체를 이룬 집으로 주로 변한, 진한 등에 있었던 유형이다. 고상식(高床式)은 집의 바닥이 높게 된 누각이나 원두막과 같은 주거 유형이다. 일반적으로 네 개 또는 아홉 개의 높은 기둥 위에 마루를 놓고 벽체 상부에 맞배지붕이 있는 유형이다.

고상식 창고

원형 토막식(수혈식)

누목식(귀틀집) 사례

## 2. 구석기 시대의 주거 (B.C 50만년 ~ 1만년)

기원전 약 50만 년 전에서 1만 년 전 사이의 시기로써, 주로 유럽이나 아프리카 지방에서 그 유적을 찾을 수 있는데, 우리나라 구석기 시대의 시작은 약 70만 년 전부터 시작되었다고 추측하고 있다. 우리나라의 공주 석장리(충청남도 공주시 장기면 석장리)에서도 이 시대에 해당하는 유적이 발굴되었다. 이들의 집 자리는 약 2만 년 전의 것으로 추측되는데 기둥자리와 불탄 자리가 있는 5㎡ 넓이의 것이었다. 또한, 제주도의 비리레못 동굴에서 구석기시대 중기의 유물들이 발견되었고 충북 청원군 노현리 두루봉 동굴에서도 동물의 뼈와 골각기 등이 발견되었다. 이외 평안남도 상원군 검은모루 동굴, 경기도 연천군 전곡리 등 유적지가 있다. 이런 유적지를 보면 구석기시대 전기부터 한반도에도 북경원인과 같은 직립원인들이 살았던 것을 알 수 있으며, 이들은 처음에는 석회암

동굴 속에서 살다가 점차 강변 대지로 진출, 거주하면서 수렵과 어로생활을 하였던 것으로 추측된다. 주거에 대한 뚜렷한 증거는 부족하나 초기에는 동물의 둥우리와 같이 밤에는 잠자고 낮에는 휴식하는 일시적인 은신처로 이용되었으며, 중기 이후에는 주생활이 조금 다양해지면서 골각기 등을 주거 내부에서 제작하거나 동굴의 벽면에 그림을 그렸다.

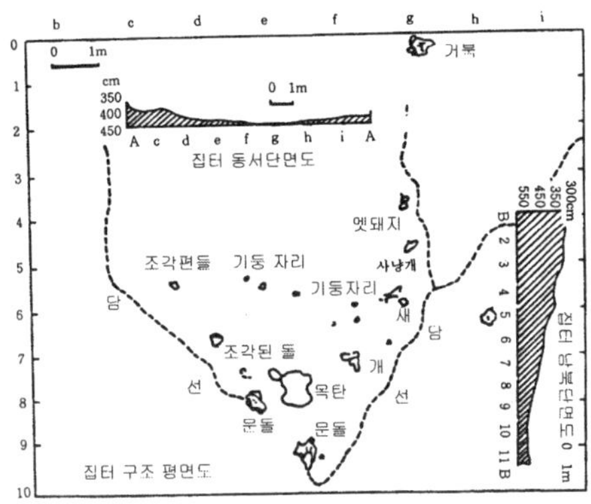

공주 석장리 집터 구조도

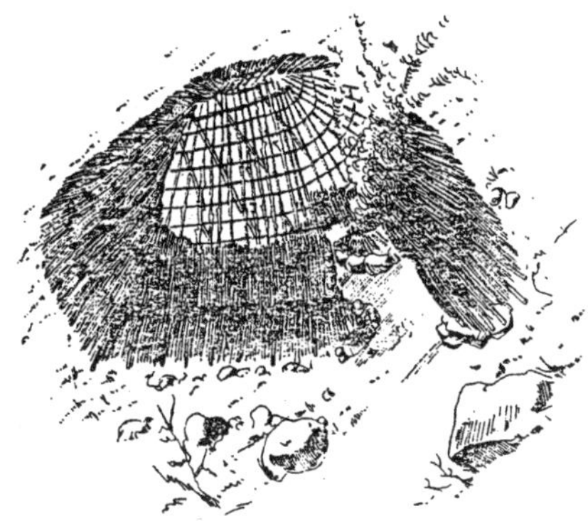
공주석장리 구석기 시대 주거 추정도

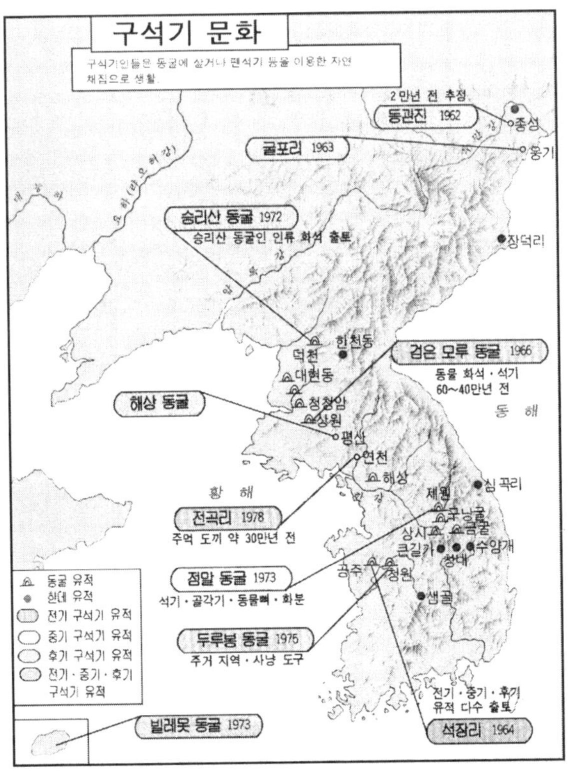

구석기 유적지 분포지도

충북 청원군 가덕면 노현리 두루봉 동굴 유적 중 석기 제작소. 굴의 입구에 위치한 제작소에서는 석영, 규암, 규장암, 반암 등으로 긁개, 사냥돌, 자르개, 찍개, 밀개 등의 연모를 만들었다고 짐작된다.

공주 석장리 유적- 석기의 모습

## 3. 신석기 시대 (B.C 5,000년경)

한반도에서의 신석기 시대는 B.C 5,000년경부터 시작되며 생활수단은 수렵어로에서 농경생활로 넘어가는 시기이다. 이 시대에 처음으로 흙을 빚어 토기를 만들기 시작했고(즐문토기:櫛文土器), 석기는 마제(磨製)석기를 사용하게 된 시대이다. 신석기시대 주거에는 동굴주거도 있었으나 지역적인 제약이 많아 극히 적었고 주거의 대부분은 수혈주거(竪穴住居), 즉 '움집'이었다. 이 시대 수혈주거는 B.C 3,500년 또는 3,000년을 경계로 전기와 후기로 나누어져 주거 모습이 달라진다.

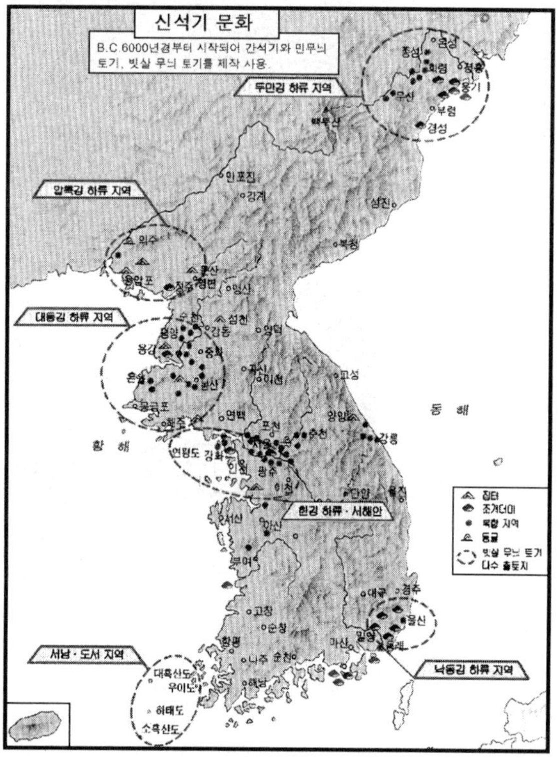


신석기시대 유적 분포도

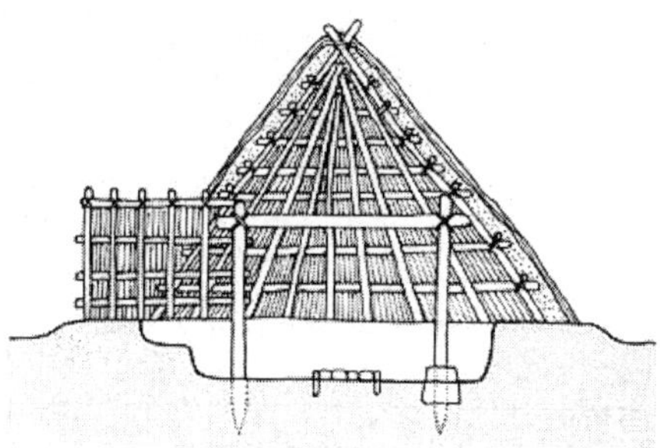

수혈주거의 외관과 단면도(무산범 구석유적)

출처 : Copyright © 한국민족문화대백과

### 3-1. 전기 주거

전기에 속하는 수혈주거는 평면이 원형 또는 원형에 가까운 정방형으로 그 규모는 직경 4~6m,

깊이 50~60㎝의 것이 많았다. 수혈 중앙에는 주위에 길쭉한 돌을 돌린 장경(長徑) 1m 내외의 타원형 화덕이 있고 기둥은 수혈 안 벽 가까이에 둥글게 배치되어 있다. 수혈 바닥에는 큰 항아리 밑을 잘라 거꾸로 묻은 저장공을 만든 경우도 있고, 그렇지 않은 경우에는 큰 항아리를 바닥에 세워놓고 저장공으로 사용하기도 했다. 출입을 위해서는 수혈 벽 밑에 한 두 단의 계단을 설치하거나, 수혈 밖으로 돌출한 경사로를 만들었다. 출입시설이 유구로 남아있지 않은 주거지의 경우에는 나무토막이나 막돌을 수혈바닥에 놓아 발 디딤으로 삼았거나, 나무로 간단한 사다리를 만들어 사용했을 것으로 생각된다. 지붕은 짚이나 긴 풀 등으로 이었고, 그 외형은 원추형이며, 수혈 바닥과 벽은 흙 그대로 두었다. 이 시기의 수혈주거는 화덕을 중심으로 하여 출입구와의 사이가 주동선 공간이 되고, 그 밖의 부분은 모두 거의 같은 조건의 공간이 된다. 둥글게 배치된 기둥이 둘러선 안쪽은 주생활공간이 되고, 기둥과 벽 사이는 주로 토기나 그 밖의 도구들을 놓는 격납 공간으로 사용되었다. 화덕 주변은 주로 취사작업과 식사 장소로 사용되었을 것이며 대개의 경우 화덕을 중심으로 한 출입구의 반대쪽, 다시 말해 집 안쪽이 여성들의 기거활동 공간이며 바깥쪽이 남성들의 기거공간이 되었다. 이 시기 주거지가 발견된 대표적이 유적으로는 웅기 서포항(西浦項)과 봉산 지탑리(鳳山智塔里) 및 서울 암사동(岩寺洞)유적들이다.

서울 암사동-신석기 움집(수혈식)을 복원한 모습

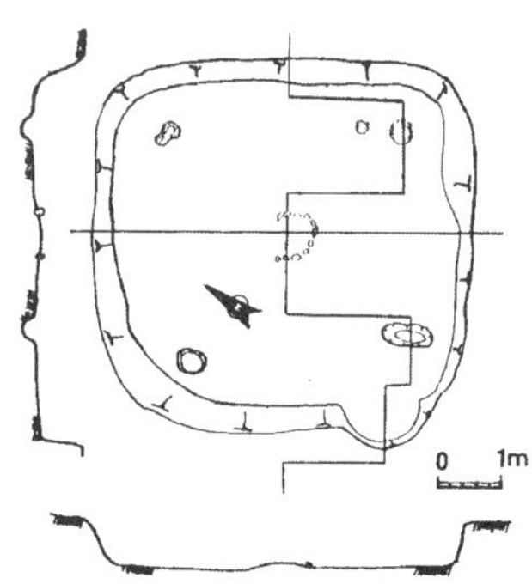


암사동 4호 복원도
(자료 : 이용조, 우리의 선사문화)

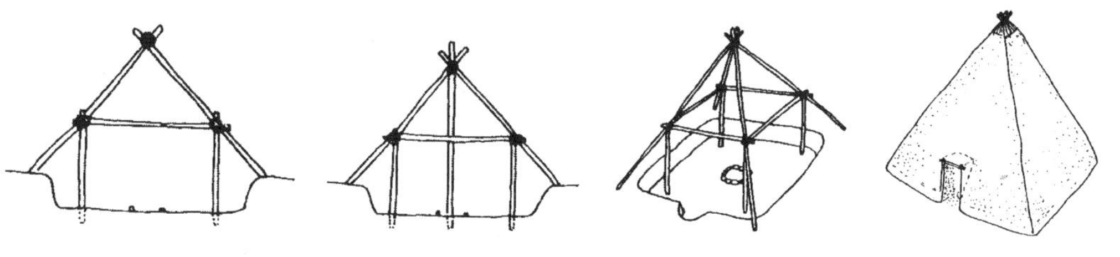

암사동 4호 주거형태 복원과정

## 3-2. 후기 주거

후기에 들어서는 주거 모습이 크게 달라져서, 수혈 평면이 원형에서 뚜렷한 정방형 또는 장방형으로 변한다. 화덕도 중앙에서 벗어나 한 쪽으로 치우쳐서 자리하며 기둥은 수혈 장벽(長壁)에 평행하여 세 줄 또는 네 줄로 배치된다. 수혈 바닥에 묻었던 저장공과 유구로 남을 수 있는 출입시설도 거의 없어진다. 한편 전기 주거에서는 거의 없었던 화덕 근처에, 큰 돌로 된 작업대가 나타나기 시작한다. 이와 같은 주거 모습과 내부 시설의 변화는 주거의 가구기법에 대단한 발달이 있었고, 주거내의 생활모습이 크게 달라진 것을 의미한다. 기둥 배치의 변화는 비록 원시적이기는 하나 구조적으로는 우리나라 삼국시대에 들어서 크게 보급된 지붕에 기와를 잇고 나무를 깎고 다듬어 만든, 새롭게 발달된 건축과 기본적으로는 같은 것임을 나타내는 것이다. 화덕의 위치가 달라진 것은 주거내의 공간 성격이 다양해진 것을 나타내고, 작업대는 옥내작업이 많아진 사실을 의미하는 것이다.

이와 같은 변화는 주거 내·외 공간의 모습을 변화시키게 되며, 줄지어 세워진 기둥에 의하여 주거 내의 공간이 시각적으로 여러 공간으로 분할되고 화덕이 한쪽으로 치우쳐서, 화덕에 가까운 부분과 먼 부분이 생겨 서로 공간 성격이 달라진다. 이와 같은 일은 필연적으로 주거의 규모에도 영향을 미치게 되고, 따라서 주거 면적이 좀 넓어지게 된다. 작업대가 높이게 된 것은 옥내에서의 석기나 골각기들의 제작활동이 많아졌음을 나타낸다. 화덕을 중심으로 그 안쪽은 역시 여성들의 활동 공간이었을 것이며, 화덕에서 먼 부분은 남성들의 거주공간, 화덕을 중심으로 한 바깥쪽은 옥내 작업공간으로 사용되었던 것으로 생각된다. 이 시기 주거지가 발견된 대표적인 유적으로는 서포항 유적과 무산 호곡동(茂山 虎谷洞), 평양의 금탕리(金湯里) 및 남경(南京) 유적들이 있다.

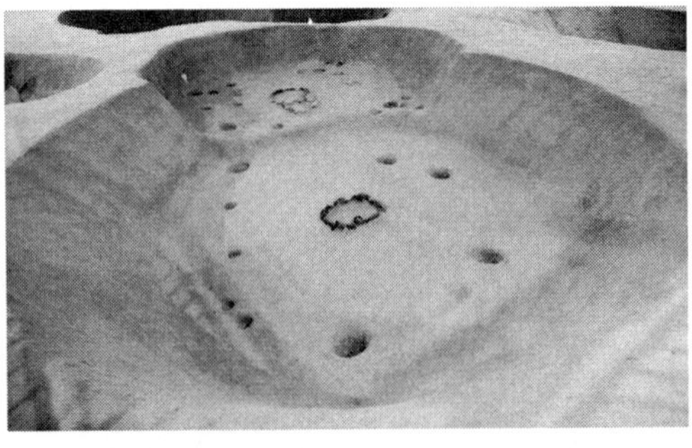

가운데 난방과 취사를 위한 화덕 자리가 보인다. 움집 귀퉁이에는 구멍이 만들어진 경우가 많은데 이 구멍은 식량이나 도구를 넣는 창고로 보인다.

움집은 둥글거나 둥근 모서리를 가진 사각형으로 넓이는 요즘 가옥의 안방 크기 정도로 보이며 5,6명 거주 공간으로 보인다. 네 모퉁이에는 기둥을 세워 집을 세운 흔적을 볼 수 있다.

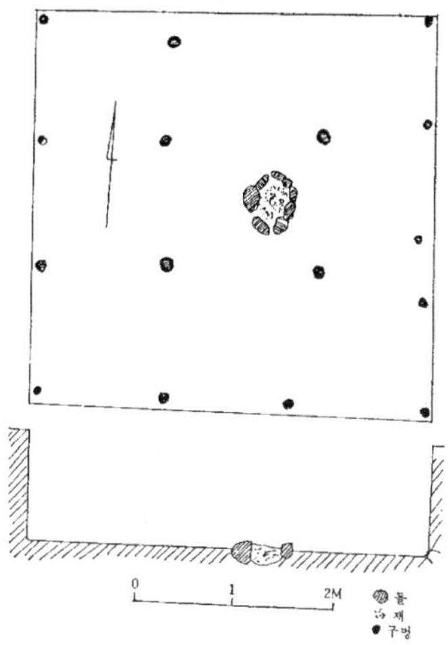


호곡동 9호 주거지 평면도

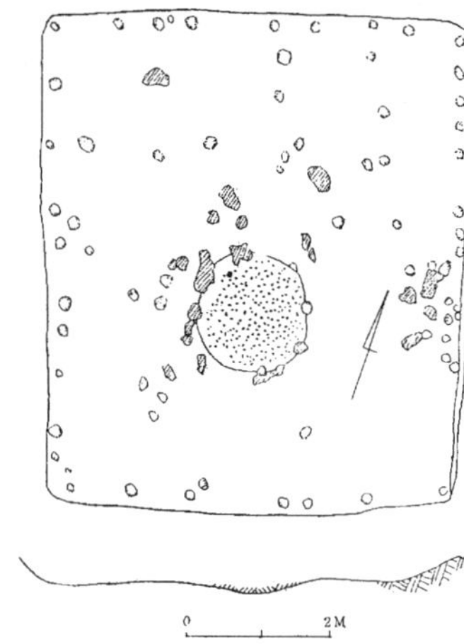


서포항 6호 주거지 평면도

## 4. 청동기 · 철기 시대 (B.C 7C ~ A.D 1C)

기원전 7세기에서 서기 1세기 사이에 해당하는 시기로써, 이 시기에 발굴된 주거지들을 보면 나지막한 구릉지대의 비스듬한 경사지에 적게는 수 호(戶), 많게는 100호 정도의 큰 마을을 형성하면서 농경, 목축, 어로 등의 생활을 하였음을 알 수 있다. 지금까지 발견된 주거 유적만으로 당시의 마을 계획을 정확히 알 수는 없지만 울산 검단리 유적에서 발견된 환호(環濠)[2]의 흔적은 마을 단위의 계획이 이루어졌음을 보여주는 중요한 증거가 된다. 검단리 마을 유적은 우리나라에서 발견된 최초의 본격적인 환호유적이다. 환호는 마을의 방어를 위해 만들어 졌을 것으로 추측되고 또한 거주영역을 구분하는 기능도 가졌을 것이다. 수 십기의 청동기시대 주거지와 함께 그 외곽에서 환호가 발견된 것이다. 환호의 남쪽과 북쪽에서는 출입구 흔적까지 나타나고 입구에는 출입을 제한하는 문을 만들고 그 부근에 망루로 추정되는 고상건물의 흔적도 발견되었다.

2) 울타리 바깥쪽으로 적의 침략을 저지할 목적으로 둥글게 땅을 판 것을 의미함.

울산 검단리 마을유적 복원모형도

마을 경계부분에 환호와 방책들이 보인다.

김해 봉황동 청동기 유적 중 망루를 복원한 모습

김해 봉황동 청동기 유적 중 복원된 고상주거 모습

이 시기의 주거는 대부분 수혈주거였으며 철기시대에는 귀틀집(累木式, 주거에 속함), 고상주거(高床住居) 등도 있었는데, 귀틀집이란 전라북도 무주 구천동, 강원도 함경도의 산간지방, 지리산의 화전민들이 짓고 살던 집으로서 통나무를 우물 정(井)자형으로 쌓고 통나무와 통나무 사이에는 흙과 돌로 막아 벽체를 이룬 형태이며, 고상주거란 집의 바닥이 높게 된 루(樓)나 원두막과 같은 형태를 말한다. 신석기 후기의 주거와 크게 달라진 것이 없었고 다만 이 시기의 수혈주거는 평면형태가 신석기의 원형형태와 달리 장방형으로 대체적으로 그 규모도 50~100㎡ 정도로 대형화되었고, 깊이는 50~100㎝ 정도로서 기둥이 경사진 것이 없었고, 수직구멍들로서 간혹 초석을 사용한 듯한 것도 있었다.

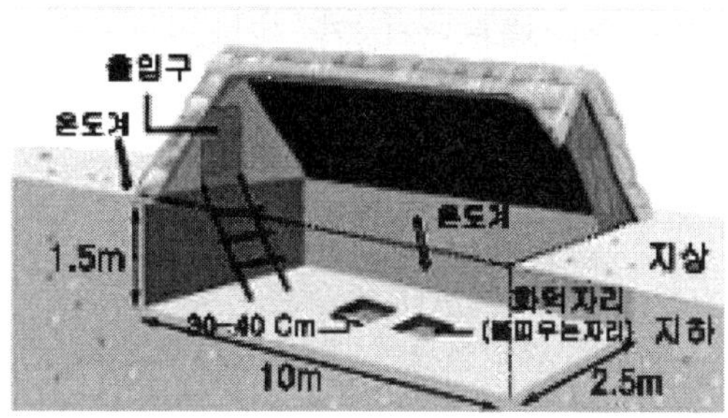

3000년전 청동기 집 복원도(수혈주거)

노(爐)의 경우에는 중앙에 위치하지 않고 대부분 안쪽 구석에 치우쳐 있거나 큰 규모에는 두 곳에 위치하는 경우도 있다. 이것을 통해 노의 사용이 다양해졌음을 알 수 있고 또한 드물게 수혈 안에 칸막이가 나타나기도 했는데 이는 용도에 따른 공간의 분리가 이루어지고 있음을 짐작할 수 있다. 수혈의 바닥과 벽면에는 풀이나 짚 등으로 덮는 것이 일반화되었다. 그리고 즐문토기시대에 많이 보이던 저장공을 볼 수 없는데, 이것은 농경이 보급됨에 따라 규모가 큰 저장시설이 필요하게 되어 별도의 수납시설을 두었을 것으로 추측된다. 이 시대의 주거 지붕은 수혈의 짚이나 주변의 상황으로 보아 서까래 끝이 땅에 떨어져 매우 낮은, 지금의 초가지붕과 같은 모습으로 된 것이 많았던 것 같다. 이는 가구기법에 큰 발전이 있었음을 나타낸다. 한편, 수혈의 한 부분에는 작업대인 듯한 평편한 돌이 발견되기도 하는데, 이는 주거 내에서 행해지는 작업내용이 다양해졌음을 뜻하며, 일부에서 보이는 칸막이 등의 흔적은 주거공간 간의 기능 분화가 비교적 뚜렷이 진행되었던 것으로 추측할 수 있다.

철기시대는 B.C 300년경에서 기원전 후까지로 추정되는 초기 철기시대에 들어서도 일반형의 수혈주거에는 큰 변화가 없었다. 그러나 김해 부원동(付院洞)유적에서는 고상(高床)건물로 보이는 유구와 평면이 원형인 수혈의 한쪽 벽에 붙여서 화덕을 설치한 주거지가 발견되었다. 이와 같은 주거의 경우, 취사작업 이외의 불을 사용하는 작업은 주거 밖에서 이루어진 것이 아닌가 싶다. 이 시대에는 수혈주거 이외에 지상주거인 귀틀집이나 주거 바닥이 지표에서 높게 설치된 고상주거 등이 나타난다. 귀틀집이나 고상주거의 옥내평면이 어떤 것이었는지 알 수 없다. 그러나 귀틀집의 경우는 단실(單室)주거이었거나 또는 부엌과 방으로 분리된 주거였을 것으로 짐작되나, 고상주거의 경우는 화덕을 옥내에 설치하기 어려워 취사작업을 옥외 또는 별도의 건물에서 하고 주거는 기거(起居)생활만을 위한 것이었는지도 모르겠다. 또 이 시대는 뒤에 고구려를 건국한 부여족들 사이에는 기와를 잇고 나무를 깎고 다듬어 쌓아올린 새로운 건축이 있어 그들의 지배자들 주택은 그와 같은 건축으로 만들어졌을 것으로 추측하고 있다.

## 주요 내용 정리하기

1. 우리나라 전통건축이 우리나라 학자에 의해 연구되는 것과 일본인 학자에 의해 연구되는 것에는 어떤 차이점이 있는지 정리해보자.

2. 구석기시대에서 철기, 청동기 시대로 이어지면서 주거지의 평명형태와 주거 공간은 어떻게 변화했는지 정리해보자.

3. 귀틀집, 수혈주거, 고상주거에 대한 용어들을 정리해보자

## 주요 용어 설명

1) 데라우치 마사타케(寺內 正毅 : 초대총독) : 데라우치는 제3대 한국통감에 임명되었고, 대한제국 순종 임금 대신 대한제국 조선 왕조의 실권을 자신의 손으로 쥐었으며 이때 한일 병합을 주도하여 병합 후에는 초대 조선총독에 임명되었다. 그는 조선인의 반항을 억누르기 위해 매우 강경한 정책(무장정책)를 펼쳤는데, 그중 하나로 헌병이 경찰임무를 맡게 하고 사소한 구실로 이른바 105인 사건을 일으켜 조선의 많은 지식인을 체포하였다. 이러한 공적으로 1911년 백작으로 승진하였다.

2) 구로이타 가쓰미(黑板勝美) : 역사학자이며 메이지 38년(1905년), 사료편찬관 겸 도쿄제국대학 조교수가 되었다. 같은 해, 〈일본 고문서 양식론〉으로 도쿄제국대학에서 문학박사 학위를 수여했다. 메이지 41년(1908년)부터 2년간 사비로 학술연구를 위해 유럽과 미국 등으로 답사를 다녔고, 다이쇼 8년(1919년)에는, 사료편찬관 겸 도쿄제국대학 교수로 취임했다. 이듬해, 사료편찬관에서 물러나 전임 교수가 되었다.

3) 만선사관 : 만주에 조선의 역사를 편입시켜 만주 역사의 일부분으로 조선역사를 기술한 것을 뜻한다.

4) 임나일본부설 : 일본이 4세기 중엽에 가야지역을 군사적으로 정벌해 임나일본부라는 통치기관을 설치하고 6세기 중엽까지 한반도 남부를 경영했다는 학설. '남선경영론(南鮮經營論)'이라고도 한다.

5) 즐문토기(櫛文土器) : '빗살무늬토기'라는 이름으로 불리어지는데 이는 종래 일본인 학자가 우리나라의 선사시대 무늬토기가 시베리아 지방의 빗살무늬토기와 같은 계통이라고 추정하여 붙여준데서 유래했다.

6) 수혈주거(竪穴住居) : 지면에 구덩이를 깊이 파고 평면을 만들어 그 위에 천막이나 지붕을 만든 주거를 말한다. 구석기시대 후기부터 출현했다. 주거 안에는 노(爐)가 만들어졌다.

7) 선사시대의 대표적인 동굴벽화 중 하나인 라스코(Lascaux)의 동굴벽화는 프랑스 아키텐(Aquitaine)지방의 베제레 계곡에 있다. 이곳에는 라스코뿐만 아니라 약 20㎞에 걸쳐서 선사시대의 동굴벽화와 집단 유적이 다수 발견되고 있으며, '베제레 계곡의 동굴벽화 Prehistoric Sites and Decorated Caves of Vezere Valley'로 1979년에 세계유산으로 등록되었다. 라스코의 동굴벽화는 약 1만 7천 년전에 크로마뇽인에 의해서 그려진 것으로 추정되며 들소와 사슴, 순록, 코뿔소, 야생마, 새 등의 동물을 비롯해 들소에게 잡아먹힌 인간, 신비한 무늬 등이 그려져 있다. 라스코와 어깨를 나란히 하는 유럽 선사시대의 동굴벽화인 에스파냐의 알타미라(Altamira) 벽화도 아이들에 의해서 발견되었다. 이탈리아의 남부도시 마테라에 있는 그라비나 협곡의 서쪽 기슭에는 고대인의 동굴주거지가 있다. 바로 세계유산으로 등록되어 있는 '이사시 디 마테라의 동굴주거지 (I Sassi di Matera)'이다. 이 바위 구멍에 사람들이 살기 시작한 것은 신석기 시대로 추정하고 있다.

# III.

# 삼국의 도성과 궁궐

## 1. 도성과 읍성

사람들이 모여 살면서 자신이 모은 재산이 생기게 되자, 자신들의 목숨과 재산을 지키기 위해 방어 시설을 갖추게 된다. 처음에는 자연 지형을 이용하여 방어하다가 흙이나 돌로 성을 쌓게 되었고 성을 더욱 견고하게 쌓기 위해서 성 앞에 목책을 두르는 등 다양하게 변화·발전하게 된다. 남쪽 지역에서는 서기 2세기부터 성곽의 자취가 나타나는데 철기시대에 해당되는 김해 회현리 패총에서 성책(城柵)을 설치한 흔적이 확인되었다. 이러한 성은 성을 쌓는 위치와 기능에 따라 도성, 산성, 읍성, 진보(鎭堡)로 나눈다. 이 가운데 산성과 진보는 전투를 목적으로 쌓은 성이고, 도성과 읍성은 행정과 생활을 위해 쌓은 성이다. 도성과 읍성은 여러 가지로 공통점이 있다.

도성(都城) : 도(都)는 도읍의 '도'로서 "天子所居(천자소거)"라 하였으니 한나라의 정치 중심지로서 천자나 제왕의 정사를 보고 생활을 할 수 있는 궁궐이 있는 곳을 의미하며, 성(城)은 "堡壘也(보루야)"라 하였으니 방비를 위해 흙과 돌로 쌓아서 만든 성을 의미한다. 그리고 정치, 사회 모든 생활의 중심지와 이 중심지를 방비하기 위하여 둘러쌓은 성을 합쳐 "도성(都城)"이라 한 것이다. 한마디로 도성은 한 나라의 도읍을 두른 성이기 때문에 가장 먼저, 가장 견고하고도 웅장하게 쌓았다. 삼국시대 평양과 경주, 공주, 부여에 모두 도성이 있는데 평양과 경주는 평지성을 공주와 부여는 산성을 쌓았다. 공주와 부여는 백제가 남쪽으로 밀려나는 과정에서 도읍을 정하고 성을 쌓았기에 자연히 수비 위주의 산성을 쌓았던 것이다. 고구려는 평지에 궁성을 쌓았고, 전쟁이 나면 산성에 들어가 방비하기 위해 가까운 곳에 산성을 쌓았다. 평원왕 28년(586)에 쌓은 평양의 장안성은 수나라의 도성을 참고하여 쌓았는데, 성안 평지에 바둑판 모양의 시가지를 만들고 리방(里坊)을 배치하였다. 큰길에는 냇돌을 깐 흔적이 남아 있다.

읍성(邑城) : 읍성은 글자 그대로 고을을 지키기 위해 쌓은 성인데, 고을의 크기와 위치에 따라 성의 높이와 넓이가 달랐다. '읍(邑)'이라는 글자는 성으로 둘러싸인 고을을 형상화한 것으로 지방,(주로 郡, 縣)의 행정중심도시를 의미하는 것이다. 삼국시대에 쌓은 읍성들은 대개 산을 의지해 쌓았기 때문에 기하학적 형태는 될 수 없고 지형에 적응할 수 있는 자연적인 형태로 이루진 경우가 많다. 통일신라시대에는 지방의 중심지인 9주5소경에 읍성을 쌓았다. 읍성 가까이에 산성을 쌓아, 전쟁이 일어나면 부근에 있는 산성으로 이동하여 지켰다. 기본적으로 읍성은 북쪽에 산을 의지하고 남쪽으로 평탄한 곳을 골라 쌓았다. 그래서 대부분 남문을 정문으로 삼았으며, 이따금 동문을 정문으로 사용한 경우도 있다. 험난한 북쪽에는 문을 내지 않았는데, 북쪽으로 길이 나지 않았기 때문이었다.

「輿地圖書:홍지도서」 에서는 읍성이 있던 고을들은 대부분 진산, 주산이 되는 산이 있었고 이중이 절반이상은 진산이 북쪽에 위치하는 것으로 나타났다. 하천도 산에 못지않게 중요한 요소여서 풍수지리적 문제와 더불어 생활용수 확보라는 문제로 입지의 중요 결정요소가 되었다. 「輿地圖書」 에 수록된 읍성의 경우 성내 또는 성외 가까이 하천이 없는 경우는 없었고 대부분 읍성의 성외 한 면을 하천이 둘러 지나감으로 보아 그 중요성을 알 수 있다

읍성에서 가장 중요한 건물은 객사(客舍)였고 이와 더불어 아사(衙舍:고을 수령이 거주하는 곳)와 향청(수령을 보좌하는 보좌기관)이 고을의 3핵을 형성하였다. 읍성의 거주자는 관인과 향리 및 소수의 일반주민이 거주(규모가 클 경우)하였다. 일반주민의 경우 읍성의 규모가 크지 않을 때는 구역 외에 거주하기도 했다. 읍성내의 공간구조를 인체에 비유하여 해석하면 우자형을 가지면서 머리 부분에는 행정관아, 심장부에는 상징적 관아건물을 다리 쪽에는 남대문, 양팔은 동·서대문을 두었고 이들이 만나는 한 마당이 관청에 물품을 납품하고 주민상호간 물건을 사고파는 시장 성격을 띠게 됨을 볼 수 있다.

객사(客舍) - 객관이라고도 하고, 기능은 중앙으로부터 온 사신들의 숙소였고 국왕을 상징하는 위패를 봉안하고 공식 행사를 하던 곳이었다.

아사(衙舍) - 고을의 수령이 거주하는 곳으로 그의 부인 및 집안 식구의 거주 장소는 내아(內衙), 내사(內舍)로 불리웠다.

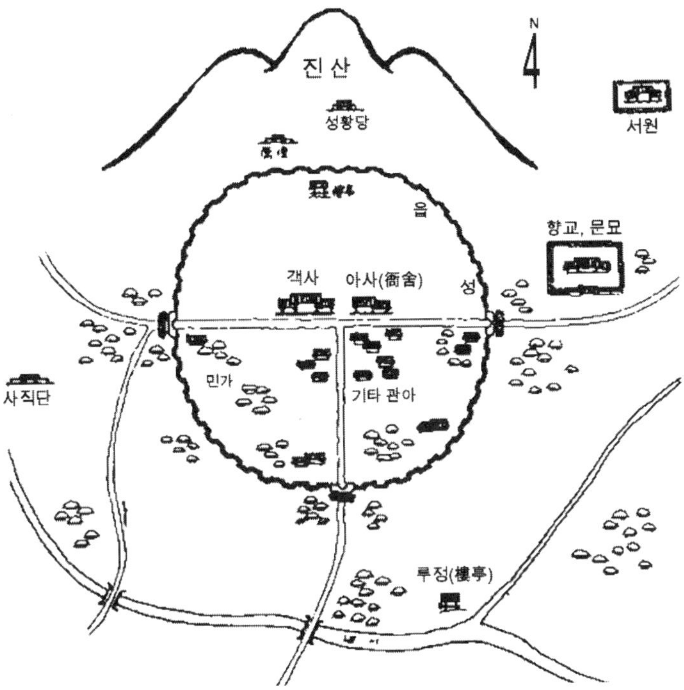


읍성의 공간구성(윤장섭, 한국건축사론, 기문당, p.328 참조)

## 2. 삼국시대 개요

### 2-1. 삼국시대 도성의 개요

삼국시대 초기의 도성은 배산임수(背山臨水)의 분지 또는 평지에 남향으로 입지시키고 도성 부근에 별도의 산성을 만들어 전난시(戰亂時)에는 피난처로 삼았다. 이 때문에 도시와 산성이 분리되어 있어 실제로 방어상 불리한 점이 많았다. 초기의 낮은 구릉을 이용한 소규모 「테뫼형」 이었다가 후기에는 전체 계곡을 둘러싼 「자연포곡형(自然包谷型)」으로 발전하였다.

삼국의 도성형식은 중국형식을 근간으로 하고 있으며, 지형과 정세에 따라 약간의 차이를 보이고 있다. 모든 도성은 자연을 최대한 이용하였으며, 그 기본에 있어서 고구려는 낙랑(樂浪)의 영향을 받으면서도 한편으로는 독자적인 형식으로 발전시켜 배후에 산성을 가지고, 그 밑에 도성을 축조한 수법을 쓰고 있다. 백제는 이러한 고구려양식을 개조하고 대륙양식을 혼합하여 백제식 도성계획을 정착시켰다. 즉 배산임수(背山臨水)의 분지 또는 평지에 남향으로 자리를 잡고 도성을 만들어서 평상시에는 주거지로 하고 인근의 험준한 산곡(山谷)에 산성을 따로 만들어 전시 때 피난처로 삼은 고구려의 분리형 도성제(都城制)에서 생기는 방비상의 불합리한 점을 개선하여 분리형의 선만식(鮮滿式) 산성과 중국의 시가지 포위식 축성법을 절충하고 있다. 이러한 방식은 후에 구축된 비조경(飛鳥京)에 많은 영향을 주었다.

신라는 초기에 금성의 배후에 남산을 둔 고구려 양식이었으나 그 후 왕궁이 동북방향으로 이동하여 반월성(半月城)을 구축할 무렵에는 신라식의 신양식인 삼산성(선도산성, 명활산성, 남산성)에 둘러싸인 도성계획을 수립하기에 이르렀다. 신라왕경은 금성, 월성, 만월성을 견고한 요새로 만들어서 그 속에 왕궁을 만드는 형식으로 규모가 작고 사비성(백제)이나 장안성(고구려)에서와 같이 도시 전체를 둘러싸는 나성(외성)이 없었다는 점이 특이하다. 다만 위와 같은 결점을 보충하기 위해 도시주위의 산 정상에 산성을 만들어 나성의 역할을 대행하도록 하였다.

삼국 모두 왕도(王都) 이외의 도시에 대한 발전경향은 미약한 것으로 나타나며 체계적인 도성계획의 흔적도 나타나 있지 않다. 이러한 지방도시의 발전은 당시의 시대 상황에서 거듭된 내전으로 인한 것으로 삼국통일 이후에 이르러서야 비로소 체계적인 발전을 엿볼 수 있다.

## 2-2. 삼국시대의 문화적 특징

삼국시대는 고구려, 백제, 신라의 삼국이 성립하고 있었던 약 700여년의 기간을 말한다. 이 시대는 철기문화의 급속한 보급으로 어로 · 목축과 함께 농경생활의 발달이 촉진됨에 따라 생산력이 급증하고, 여러 부족이 통합되면서 정치 · 군사적 능력이 강화되어 활발한 정복활동이 이루어졌던 시기이다. 정복을 통한 토지영역의 확대는 경제기반 확충을 통한 왕권의 강화를 목적으로 이루어진 것 이었다.

삼국시대의 농경은 토지이용 측면에서 괄목할만한 발전을 이루었다. 기원전 3세기에 도입된 철제농기구는 삼국시대 중엽이 되면서 쇠로 만든 낫, 따비, 쟁기, 그리고 쇠스랑 등 그 수와 종류가 급격하게 늘어났으며, 소가 끄는 쟁기를 사용하게 되어 생산량의 증가는 물론 체계적이고 효과적인 농경활동이 이루어졌다. 실례로 연천의 고구려 군사유적에서 발견된 대량의 군량미(쌀과 조)는 삼국시대 농경의 발달수준을 이해할 수 있게 한다.

고대에는 농업생산물이 곧 국가의 경제력이었기 때문에 강력한 행정력을 동원한 농업정책을 실시하였다. 그 중 대표적인 것이 수리 · 관개시설의 축조와 관리였다. 이 시기의 유적으로 김제 벽골제, 영천 청제 등의 저수지와 하남 미사리 밭 자리, 부여 궁남지 논자리 등이 있다. 당시에 주로 재배된 것은 쌀 · 보리 · 콩 · 조 · 기장 등이며, 오곡과 마 · 잣 · 호두 · 뽕나무 등도 있었다.

## 3. 고구려(高句麗)의 궁궐과 도성

### 3-1. 시대 개관 (B.C 37년 ~ A.D 668년)

고구려는 부여로부터 남하한 고주몽(동명성왕)에 의하여 기원전 37년에 개국하였고, 기원전 37~668년까지 약 700여 년 동안 존속한 왕조로서 5세기에서 7세기에 걸쳐 북만주, 요동, 한반도 중남부에 이르는 드넓은 영토를 지닌 강대한 왕국으로 형성한 나라이다. 1세기경에 고구려는 초기국가 단계를 넘어 강력한 왕권과 국가 조직을 갖춘 고대국가로 발전하였다. 진취적이고 호전적이며 물자부족을 해결하면서 평야지대로 진출하는 등 압록강변의 통구로 옮겨오면서 5부족 연맹을 토대로 발전하게 되었다. 태조왕에서 고국천왕에 이르기까지 방대한 토지와 백성을 소유하였고 왕위는 부자상속제(父子相續制)를 확립하는 등 소수림왕 때(373)에는 불교가 전래되었고, 태학을 설립하고 율령(律令)을 반포하여 국가체제를 재정비하였다. 특히 광개토왕은 정복사업을 강력히 추진하여 요동(療東)을 점령하고 장수왕 때에는 고구려의 전성기로 427년에 평양으로 천도, 475년에는 백제의 수도 한강을 함락하면서 백제가 웅진(공주)로 옮기게 된다. 고구려가 영토확장을 위해 수(隋) · 당(唐)과 혈투를 계속하는 동안 신라는 당과 협력하여 백제를 정복하고, 고구려를 협공(寶藏王 27년: 668년에 멸망 - 건국한지 약 700년)하여 삼국 통일이 이루어진다.

## 3-2. 문화적 특성

고구려 예술은 민족성을 반영하여 장엄하고 힘차며 견실하였고 규모도 방대했을 뿐 아니라 독창성, 정연성(整然性)이 컸다. 지리적 위치 등으로 건국 초부터 중국의 남 · 북조 뿐 만 아니라 여러 지역과 문화적으로 교류하였다. 중국으로부터 불교문화(4세기)가 도입된 후 중국의 선진 문화가 도입되었고 건축 문화의 일환으로 사찰(寺刹)건축이 도입되면서 발달 진보된 건축기술에 의한 건축이 이루어지면서 건축, 회화, 공예 등을 망라한 종합예술로서 사상, 규모, 기법 등 모든 면에서 당시의 여러 문화예술을 압도하였다.

고구려가 불교(서기 372년: 소수림왕 2년)를 도입하기 이전의 진보된 목조 건축은 고구려 벽화고분에 나타난 몇몇 건물도(建物圖)에 의해 짐작할 수밖에 없다. 전쟁 등으로 군사적으로 필요한 무기와 귀족생활의 수요에 따른 공예품은 높은 수준에 이르렀고 한편 군사적 목적의 성곽과 통치체제의 확립을 위한 궁궐과 사묘(祠廟) 그리고 고분 등은 그 규모가 방대함과 동시에 화려, 장엄하다. 이러한 건조물은 천문학과 수학 등을 적용하고 비례와 부재의 역학적 관계가 고려된 대표적 사례라 할 수 있다.

장수왕 묘인 장군총의 모습

◀ 4-5세기에 만들어진 대형 적석총이다. 잘 다듬은 화강석을 7층으로 쌓아 方錐形(방추형)의 단을 만들었다. 한 변의 길이는 34m, 높이는 13m정도 된다. 석실은 제 4-5층 사이에 있는데 연도는 서남향이고 연도의 길이는 5.5m, 폭은 2-2.5m, 높이는 2m이다.

고구려의 주택건축은 부여족으로부터 전해 받은 발달된 건축기법과 자재들로 만들어졌고, 궁전건물은 기와지붕에 두공(斗栱)을 짜고 단청한 화려한 건물이며 지금 볼 수 있는 궁전건물과 별다를 바 없는 것이었다. 귀족이나 호족들의 주택도 궁전건물에 준하는 건물이었음을 당시의 고분벽화에 그려진 주택의 그림들로 알 수 있다. 이들 그림에서 보면 당시 주택에서는 주공간과 작업 공간 또는 격납 공간들이 각각 별도의 독립된 건물로 만들어 졌고, 이들은 각기 그 기능에 따라서 분화되어 있었다.

〈삼국지〉위지 동이전에 보면 고구려에는 "큰 창고가 없고 집집마다 작은 창고를 두었는데 이를 부경(桴京)이라고 불렀다. -(중략)- 또한 혼인이 결정되면 여자 집에서는 집 뒤에 작을 집을 지었는데 이를 서옥(壻屋)이라고 하였다."라는 기록이 있다. 여기에서 부경을 곡식을 넣어두는 창고로 해석할 때 살림채와는 독립된 별동의 창고시설이 있었음을 말해준다. 서옥이란 문자는 그대로 '사위가 사는 집'을 뜻하는데 이는 세대별로 생활공간을 분리하여 독립된 건물에서 생활했음을 시사하고 있다.

주공간도 무용총(舞踊塚)의 실내 생활도를 보면 단실공간이며 따라서 가족들은 각기 자기 주공간을 독립된 건물로 갖고 있었던 것 같고, 부엌은 배선장(配膳長)과 같이 한 건물에 만들기도 하고(안학 3호분), 별개의 건물로 만들기도 했다.(무용총) 또 부엌 가까이에는 육고(肉庫)를 비롯한 식품창고가 있었고, 방앗간, 우물 등도 그 근처에 있었다.(안학 3호분) 이들 주택의 주옥(主屋)은 기와지붕이었으나 부속건물에는 초가 또는 너와집도 있었다. 이와 같이 철저하게 기능이 분화되고 화려한 주택에서 생활하던 사람들은 당시의 귀족들이나 지배계급에 속하는 사람들이며 당시의 서민들의 주택에서는 그러하지 못했다.

서민 주택에서는 겨울의 난방을 위해서 온돌로 된 주택(집안현 동대자 온돌 유적)이었으며 아마도 한 집의 방은 한 두 칸에 지나지 않았을 것이고, 또 지상주거가 대부분이었을 것이다. 농가에서는 주옥 이외에 필요한 최소규모의 창고나 축사가 있었을 것으로 믿어지나 그런 건물의 모습은 알 수 없다. 이들의 주택은 부엌과 방이 연속되고, 방에는 칸막이가 있어 내부를 분할하여 사용하는 경우도 있을 것이다. 이러한 건축은 고려척(高麗尺)을 사용하였고 삼국시대 백제와 신라 초기의 건물은 모두 이 척도를 사용하고 있었고 이런 건축은 일본에도 큰 영향을 미쳤다고 전해진다.

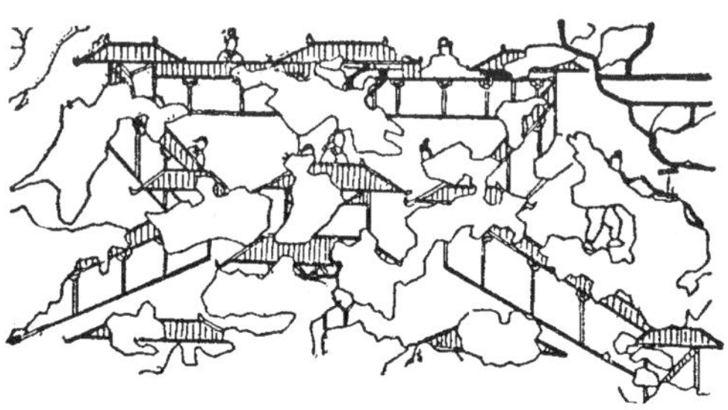

안학 1호분 전각도

쌍영총 전각도

무영총 옥내생활도

안학 3호분 주방도

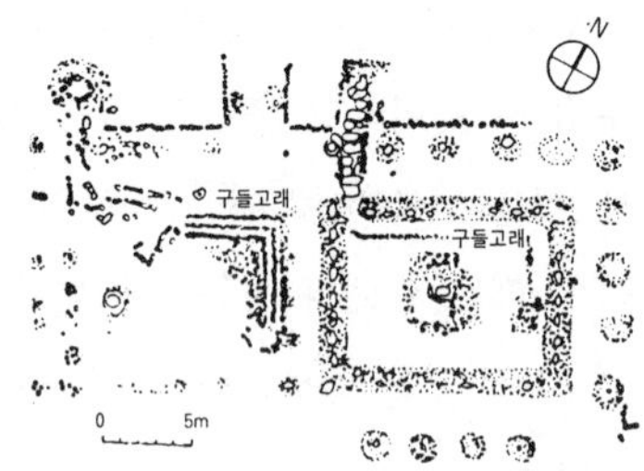


집안현의 동대자 온돌 주거유적

## 3-3. 도성과 궁궐

### 1) 고구려의 도성

기원전 37년 건국하면서부터 보장왕(寶藏王) 27년(668) 멸망할 때까지 외세의 침략을 받거나 혹은 당시의 정치 군사 형태에 맞추어 수도를 4차례 옮기면서 발전하였다. 고구려의 시조인 주몽이 주변의 신하와 함께 부여 왕실에서 빠져나와 남하하여 흘승골성에 이르러 토지가 비옥하고 산천이 험준한 것을 보고 도읍을 정하였다. 제2대 유리왕 22년(AD 3)에 당시의 정세를 관찰하고 더욱 안전하고 생활에 적합한 국내성으로 수도를 옮기고 위나암성을 축조하게 되었다. 국내성은 흘승골성보다 한(漢)의 현도군 소재지에서 많이 떨어져 공격 당할 염려가 적고, 산이 높고 수림이 많으며 내지(內地)가 광활하여 퇴각의 여지가 많으며, 환도성(丸都城)이 있어 평양성과 산성이 상호 결합하여 외부의 습격을 방어하고 발전하는데 유리하였다. 고구려인들은 평시에는 국내성에 거주하고 전시에는 산성에 들어가 요새에 의지하여 방어하였다. 두 번째 천도는 국내성에서 환도성으로 옮긴 것이다. 세 번째 천도는 전쟁으로 환도성이 격파되면서 다시 환도성에서 국내성으로 옮긴 것이다.

그 후 광개토왕의 적극적인 남진정책으로 당시 백제의 50여 성을 빼앗고 한강 이북의 땅을 점령하였는데 이에 따라 정치 · 문화의 중심도 옮겨지게 되면서 장수왕 2년(427)에 국내성에서 평양 대성산 아래로 수도를 옮겼고 평원왕(平原王) 28년(586)에는 대동강과 보통강 사이에 장안성(長安城=평양성)을 축조하였다. 고구려의 평양 천도는 중국 북방왕조의 위협을 경감하고 동시에 백제 · 신라를 견제하며 보다 안정된 환경을 얻는데 있었다. 고구려는 평양으로 천도한 후 평야(平野)의 확대로 농업생산이 발전되어 넓은 영토와 많은 인구를 가진 동북아의 강대국으로 탈바꿈하였다.

### 2) 흘승골성(紇升骨城)

기원전 1세기에 국가 체계를 갖추고 정확하지는 않지만 수도를 오늘날의 중국 요녕성 환인현의 동가강 유역에 있는 오녀산성으로 정했다고 추정되며 다른 명칭으로는 흘승골성(紇升骨城)이라고도 한다. 오늘날에는 오녀산성(五女山城)이라고 불리고 있으며, 《삼국지》 위지 동이전에서 흘승골성(紇升骨城)이라고 처음 언급되었다. 오녀산성은 산이 높고 험하여 외부에서 공격하기는 힘들고 방어하기는 쉬우나 산이 높고 험하여 오르내리기 곤란하고 산 위의 면적도 제한이 있어 전체 국가기구와 필요한 인구를 수용할 수 없었다. 그러므로 산 아래 평지에 국가기구와 주민들의 집합거주지가 있을 것을 추정된다. 그 부근의 무덤들은 고구려 초기의 수도와 당시의 역사적 일면을 잘 보여 준다. 고구려인이 만든 『광개토왕릉비』에는 홀본성(忽本城)이라고 하고, 삼국시대에는 환도성(丸都城), 졸본성(卒本城)으로 불렸으며, 《고려사》 공민왕조에는 오로산성(五老山城) 또는 우라산성(于羅山城)이라고 나타나 있다. 기원 후 3년에는 고구려 왕궁 터로 알려진 길림성 집안현의 국내성으로 옮겼고 427년 장수왕 때에는 지금의 평양부근인 대성산성과 안학궁으로 그리고 대동강을 자연해자로 한 평양성(장안성)의 궁성터를 조성하게 되었다.

### 3) 국내성 (B.C 37년 ~ A.D 427년)

국내성은 기원전 37년부터 427년까지의 고구려 궁성이다. 현재 중국 집안현성(集安縣城)인데 집안 평야의 중심부인 통구(通溝)의 한복판에 위치하고 있다. 성의 바로 서쪽으로는 통구하천이 북쪽에서 남쪽으로 흘러 압록강으로 들어간다. 고구려 초기에 집안현의 퉁구성을 도성으로 했다. 퉁구성 터는 험준한 산악이 겹겹이 둘러싸인 천혜의 요새지에 자리 잡은 군사적 목적이 강한 도성(도시)이었다. 이런 이유에서 퉁구성은 주민들의 도시생활을 영위하기위한 도성이라기보다 군사적 거점기능이 강한 야영도시와 같은 곳이었다. 주변 평야에 평성인 국내성을 쌓고, 그 안에 왕을 비롯한 지배층의 거처만을 마련하였으며 전시(戰時)에는 주변의 북쪽 고지에 쌓은 산성인 환도성(위나암산성)으로 왕이 피신하였던 것이다.

환도성은 고구려 유리왕이 국내성으로 천도하여 축조한 방위성으로 산성자산성(山城子山城:尉那巖城)을 가키며 국내성은 평내성(平耐城)이라고도 하며 평성으로서 보통 때 왕이 거처하던 곳으로 이곳에는 왕을 비롯한 지배층의 거처만 있고 전시(戰時)에는 주변의 북쪽 고지(高地)에 쌓은 산성인 환도성(丸都城)으로 왕이 피신하였던 것이다.

국내성 부근에는 아직도 당시의 무덤들이 많이 남아있다.

환도산성 지역을 표시하는 알림판

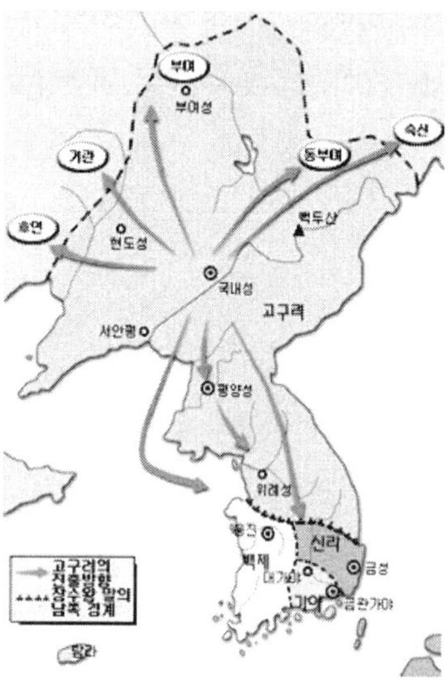


고구려 전성시대 상황

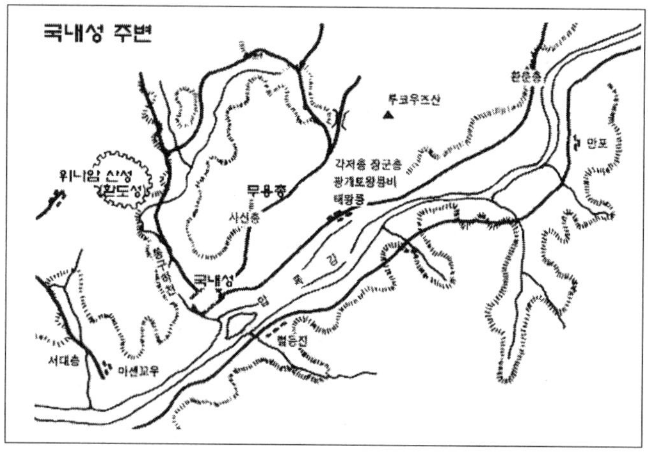


고구려 수도였던 집안현의 국내성과 산성자산성(환도성) : 압록강을 끼고 네모난 성벽(국내성)으로 둘러싸인 도성과 북쪽 험준한 산에는 환도성을 두어 유사시에 대비 했다.

### 4) 평양성(長安城) (대성산성과 안학궁 427~586 / 장안성 : 58~668)

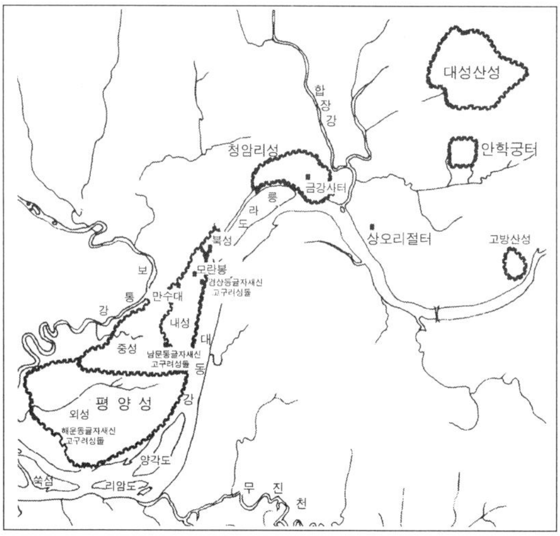


◀ 고구려 전성기인 장수왕(413~491)에 이르러서는 427년에 평양으로 도읍을 옮겼는데 이때 수도를 처음 건설한 곳은 지금의 대성산 일대였다. 대성산성과 그 남쪽 기슭에 있는 안학궁성을 중심으로 대동강 북안에 있는 청암동 토성, 고방산성 등은 평양으로 도읍을 옮긴 직후의 옛 모습을 보여준다. 이때의 평양성은 집안현에 있는 국내성의 성 포치(布置)제도와 비슷하게 왕궁을 둘러싼 평지의 성들과 유사시에 피해 들어가 방어할 산성으로 나누어 건설되었다.

대성산성은 주위가 20리(약 8㎞) 넘는 고구려 최대 산성이며 안학궁은 둘레 2.4㎞인 방형 토성으로 둘러싸여 있다. 평양시대의 안학궁성과 대성산성은 평성과 산성을 함께 갖춘 고구려식 수도의 면모를 잘 보여 준다.

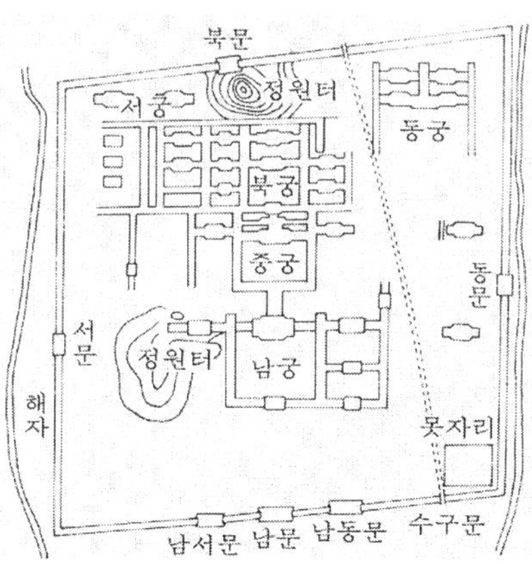


안학궁의 배치도

안학궁 복원 조감도

**▌안학궁의 건물배치 특징**

- 크기가 한 변 약 600m로 매우 장대하다
- 내부는 남북 직선 축을 중심으로 중요 전각이 일직선상에 배치되어 있다.
- 좌우 대칭으로 매우 권위적이고 엄격한 질서를 갖춘 외관을 형성하고 있다.
- 안학궁의 중요 전각은 네모난 회랑으로 둘러싸여져 있고 각 전각들은 회랑으로 연결 되어 있다.

약 160년 뒤 586년 고구려는 수도를 장안성으로 옮겼다. 이전까지 궁성은 '도성'이라 부르기에는 적합하지 않았지만 대동강 유역인 장안성으로 옮긴 후부터 고구려의 궁성이 새로운 수도 형식으로 건설되고 도성의 면모를 갖추면서 발전하게 된다.

장안성은 552년(양원왕 8년)에 쌓기 시작했으며 이로부터 34년이 지난 586년에 완공된 듯하다.[3] 장안성을 쌓음으로써 우리나라 왕조 시대의 도성은 궁성을 중심으로 하여 도시 전체 구획을 성벽으로 굳건히 둘러싼 정치, 경제, 문화 및 군사적 중심지로서의 면모를 갖추고 발전하는 새로운 단계에 들어서게 된다. 장안성은 평지성과 산성의 특성을 모두 구비한 평산성(平山城)형식의 도성으로 대동강을 옆에 낀 큰 평지와 북쪽의 낮은 산들이 이어진 영역에 조성되었고 전체 형태는 지세를 살린 불규칙한 모습이고 내부에는 다시 성벽으로 구획되어 외성, 중성, 내성, 북성 등 4개의 성으로 구성되었다. 그 둘레는 23㎞이며 도성의 총면적은 1,185만 ㎡에 이르는 큰 성이다. 성벽에 쌓은 성돌(각자성석:刻字城石)들에 의하면 내성과 북성은 566년, 외성과 중성은 569년에 완성된 것을 알 수 있다.

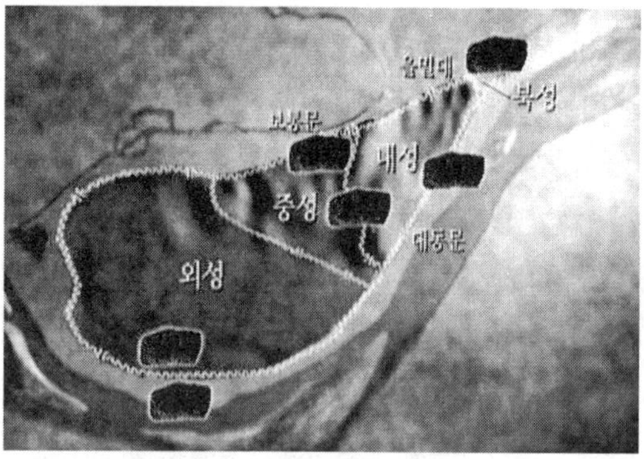

각자성석(刻子城石)이 발견된 위치

각자성석(刻子城石)

이 가운데 외성이 가장 넓고 평지에 위치하여 일반 시가지가 조성된 곳으로 도시계획에 의한 정연한 가로망을 갖춘 바둑판 모양을 갖추고 있었으며, 시가지는 고구려척 500척을 1방(坊)으로 하여 격자형으로 구획하였다. 도로는 광로가 약 40척, 협로는 약 15척으로 정형화 되었으며, 노면은 냇돌로 포장된 것으로 알려져 있다.

도로에 의해 구획된 네모난 거주지역의 토지를 방(坊)이라 하였고 큰 도로 내부에는 좁은 길을 내어 4개의 다른 방이 이루어지는 전(田)자 모양이 단위로 이루어졌는데 이는 중국 수나라와 당나라의 수도 장안에서 사용한 것으로 방리제(坊里制)라 하였다. 이는 성안의 거주구역을 일정한 원칙

3) 주몽이 나라를 세운지 705년 만에 나당 연합군에 의해 멸망 (보장왕 27년 668)

아래 계획, 건설하였음을 의미한다. 내성과 중성에는 궁궐과 관아가 있었고 제일 위쪽인 북성에는 절이 있었다고 추정된다.

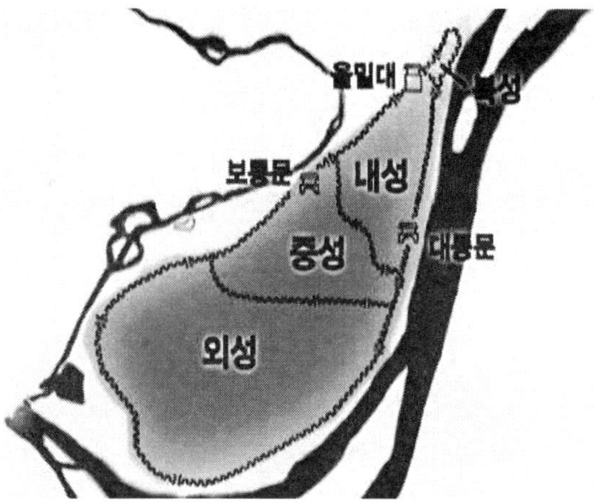


평양성의 전체 배치도 보통강과 대동문이 있는 대동강이 자연 해자(垓字)역할을 하기 때문에 난공불락의 도성이었다.

평양성 내성의 동문인 대동문의 전경-고려 초기 947년과 조선 초기 1392년에 복원되었으며 1635년(조선 인조 13)에 재건되었다.

고구려 수도를 퉁구에서 대성산 일대의 평양으로 다시 인접한 평양성(장안성)으로 옮기면서 국가의 발전과 상응하는 도성과 궁성을 갖추었다. 초기에는 평성과 산성을 유기적으로 관련짓되 일정한 거리를 두고 따로 건설하였다. 그러나 장안성에서는 이들을 결합한 평산성을 쌓고 그 안에 네모난 방 체제를 갖춘 도시를 형성하여 일반백성들도 성 안에서 살게 하였다. 일반적으로 중국에서는 도성을 계획하는 방리제와 전 국토를 계획하는 정전제로 구분하여 사용하였다.

### 중국의 정전제(丁田制)

정전제는 '땅이 네모나다'는 원리에 의해 정사각형의 토지를 우물정(井)자로 정확히 9등분하여, 이를 여덟 명의 농부에게 한 필지씩 나누어 주는 방법이다. 그리고 가운데 한 필지는 여덟 명의 농부가 당번제로 공동 경작하여 그 땅에서 나오는 소출은 모두 국가에 세금으로 바치게 된다. 이렇게 9등분된 땅을 여덟 명의 농부가 경작하는 한 단위를 1정(町)이라 하고 이러한 정이 전(田)자 모양으로 네 개 모인 것이 1리(里), 1리가 네 개 모인 것이 1면(面) 등으로 하여 읍, 도, 현 등으로 확대해나가는 것이 고대 중국 정전제의 기본원리이다.

(사람을 닮은집, 세상을 담은집 p.39, 서해문집, 서윤영)

▌고구려 수도 변천과 특징

| 1. 홀성골성 (오녀산성) | 2. 국내성(퉁구성)+환도산성 | 3. 평양성 (장안성) |
| --- | --- | --- |
| -동가강 유역 (기원전 1세기)<br>-산이 높고 험준함<br>-인구 수용에 제약<br>-환인현(오녀산성)-정확한 위치는 밝혀지지 않음.<br>졸본성이라고도 함 | -기원전 37년~ 427년<br>-퉁구(중국 길림성 집안현)지역<br>-산성자산성(위나암산성≒환도성)<br>-도성과 산성 구분 | -대성산성과 안학궁 427~586<br>-장안성 : 586 ~ 668<br>-대성산 아래 위치<br>-도성과 산성 구분 없음<br>-외성, 내성(북성, 중성) 구분 |

## 주요 내용 정리하기

1. 고구려 시대의 문화적 특징에 관하여 정리해보자.

2. 고구려 시대의 고분벽화에 나타난 주거 공간의 특징을 정리해 보자.

3. 고구려 시대 수도의 변천과정을 정리해보자.

4. 고구려 평양성의 공간구성에 관하여 정리해보자.

5. 안학궁의 건물배치의 특징을 정리해보자

6. 방리제에 관하여 정리해 보자

## 주요 용어 설명

1) 「輿地圖書:흥지도서」 : 1757년(영조33) 홍양한(洪亮漢)이 편낸 도서

2) 테뫼형 산성 : 산 정상을 둘러싸며 쌓은 성을 의미한다.

3) 5부족 연맹 : 소노부(消奴部), 관노부(灌奴部), 순노부(順奴部), 계루부(桂婁部), 절로부 등의 5부족 연맹체 – 왕은 소노부에서 제가회의에 의해 선출 → 계루부 : 왕족, 절로부 : 왕비족

4) 고구려척(高句麗尺) : 고구려에서 사용한 척도로 동위척(東魏尺)이라고 하며 1척은 350mm 내외이다. 고구려척은 35.6cm이고 주척은 20cm, 당척은 29.8cm이다.

5) 도량형(度量衡) : 국가 문물제도의 정비와 국가 간의 문화 교류를 이해하는데 있어 가장 중요한 기준의 하나다. 고구려는 고구려척이라고 하는 독자적인 척을 가지고

있었다. 고구려척은 고대에 사용되었던 척 중 가장 긴 장척으로 고구려척 1척은 1.176곡척(35.6328cm)이었다. 이 고구려척은 신라와 백제 · 일본에 전해져 백제의 미륵사지, 신라의 황룡사지, 일본의 비조사(호오류사:飛鳥寺) 등이 고구려척으로 만들어지며, 삼국통일 후 당척을 받아들이기 전까지 계속 사용되었다.

# 4. 백제(百濟)의 궁궐과 도성

## 4-1. 시대개관 (B.C 18년 ~ A.D 663년)

백제가 언제부터 한강 유역일대의 여러 성읍 국가를 거느리는 연맹왕국으로 성장하였는지는 확실치 않다. 단지 백제는 오늘날의 서울 부근으로 추정되는 한강 북부지역을 중심으로, 부여족의 일부가 남하하여 고구려 주몽의 아들 온조를 시조(始祖)로 하는 작은 부족 국가였던 백제(伯濟)를 기반으로 B.C 18년에 개국한 나라이다. 「삼국사기」에 의하면 백제의 역사는 기원전 18년부터 663년까지로 32대 681년 동안 지속되었다고 한다. 백제는 처음 하남(河南) 위례성(慰禮城-廣州古邑)에 잠시 도읍으로 하였다가 온조왕(溫祚王) 1년(BC 6년)에 한산아래(漢山下 또는 河北慰禮)에 천도하였으며 근초고왕 26년(近肖古王 371년)에 한산성(지금의 남한산(南漢山)으로 추측-현존하는 산성이 아님)에 천도하였다.

4세기 말에 이르러서는 고구려 광개토왕과 장수왕의 압력으로 말미암아 중국의 송 및 위(魏)의 남북양조와 통하고, 신라와 동맹을 맺어서 이에 대처하였지만 개로왕(蓋鹵王) 21년(475)에 당시 수도인 한성이 함락되고 문주왕은 남쪽 웅진(공주)으로 수도를 옮기고 그 후 성왕은 신라의 정치를 위하여 넓은 평야가 있는 사비(부여)로 천도하고 국호를 남부여라 개칭하였다. 불교를 진흥시키고, 중국의 남조(南朝)와 일본과의 연결을 더욱 강화하는 등 찬란한 문화를 발전시켰으나 660년 의자왕대에 신라와 당나라 연합군의 침공으로 개국 678년 만에 멸망하였다.

## 4-2. 문화적 특성

백제시대 건축에 관한 자료는 약간의 문헌기록 밖에 없다. 중국 문헌에 의하면 신라, 백제의 주거는 고구려와 유사하다고 기록되어 있다. 또한 백제가 고구려계의 한 부족에 의해 건국된 사실로 미루어 지배계급이나 귀족들의 주택도 고구려와 별 다를 바 없는 것으로 추측된다. 고구려가 강력한 국력을 가지고 힘에 넘치는 기상이 예술 · 문화에 반영되었다면 백제는 온아(溫雅)하고 유려(流麗)하며, 정에 두터운 느낌을 주는 예술문화의 특성을 남기고 있는 것은 매우 주목할 만한 점이라고 생각된다.

백제 문화는 건국 당시 북쪽에 접한 낙랑과 대방군으로부터 문화적 영향을 받았으며, 서쪽으로는 황해를 건너 동진, 송, 제, 양, 진 등의 영향을 받아 문화가 발달하였다. 이러한 백제의 문화는 부여에 도읍을 정하였던 성왕 때에 최성기를 이루었을 것으로 생각되며 이 문화를 동으로는 신라에 전해주고 남으로는 일본에 전하여 줌으로써 동방문화의 발달에 선구적인 역할을 하였다고 생각된다. 당시 백제 사람들이 신라 또는 일본에 건너가서 남겨 놓은 귀중한 문화업적들은 백제문화의 훌륭하였음을 잘 보여 준 것으로 생각된다. 결국 백제는 중국 문화의 수입과 전달에 큰 활약을 하면서 매우 세련된 문화를 이룩하였던 것으로 추정된다.

백제의 살림집에 대해서는 『신당서』 동이전 백제조에 '俗與高(句)麗同(속여고구려동)'이라 하였으니 고구려와 별로 큰 차이가 없었던 것으로 보인다. 백제인들이 건축한 것으로 알려진 일본 법륭사(法隆寺)의 오중탑과 금당, 현재 부여 박물관에 소장된 중공벽돌, 산경무위 벽돌, 서까래 막새 등을 보면 상류 살림집이나 왕궁의 건축은 고구려와 마찬가지로 상당한 수준의 것이라 생각된다. 그리고 『삼국유사』 권 2, 남부여 전백제 북부여 조에 "사비의 언덕에는 한 바위가 있었는데 가히 10여명이 앉을 만하였다. 백제왕이 왕홍사에 예불하려고 할 때 먼저 이 바위에서 부처를 망배하였던 바, 이 돌이 저절로 따뜻해지므로 이를 돌석이라고 하였다."라는 것으로 보아 백제 말기에는 구들 구조가 있었던 것으로 보인다. 즉, 이러한 기록은 고구려 피지배 계급의 살림집에 사용하던 구들(온돌)이 점차 전파 되어 말기로 오면서 지배 계급의 살림집에서는 물론, 백제에까지 전파되었을 가능성을 보여주는 것이라 하겠다. 서민주택의 경우에는 소박한 원시적 기법으로 된 초옥토실(草屋土室)이라고 표현될 지상주거였을 것이며 고구려의 그것과 비슷했을 것으로 생각된다. 다만 청동기시대에 있던 특이한 형태의 수혈주거가 그 뒤 백제 서민주택에 어떤 영향을 미친것인지 지금은 잘 알 수 없다.

현재 서울시 송파구 가락동 일대에 있는 백제의 초기의 고분군과 주거지 유적, 가락동 석촌동, 방이동 고분군은 토광묘(土壙墓) · 옹관묘(甕棺墓) · 석실분(石室墳) · 적석총(積石塚) 등 백제 초기 고분을 연구하는 데 더 없이 중요한 유적이다. 특히 경기도 하남시 미사리에 있는 주거지 유적. 사적 제269호. 흔히 '미사리유적'이라고도 한다. 신석기시대에서 청동기시대 및 원삼국시대를 거쳐 초기 백제시대에 이르는 여러 시기의 유구(遺構)가 층위를 이루고 있는 취락유적이다.

## 4-3. 도성과 궁궐

백제의 도성으로 현재까지 남아 있는 것은 문주왕 원년(475)에 도읍한 웅진 즉, 공주 산성과 부여에 축성한 사비성이 있다. 이 밖의 유적으로는 건국 초에 근거지로 삼았던 풍납리 토성터 등이 남아 있다. 백제시대 궁궐건축을 위시하여 불사건축에 사용되었던 일반적인 건축수법은 고구려의 일반적인 건축양식과 같은 것이 사용되었을 것으로 생각되며, 이와 같은 일반적인 건축양식은 신라와 일본으로 전해지게 된다. 백제는 수도가 있던 지역을 중심으로 3기로 나눈다.

### 1) 한성시대 (漢城時代 : B.C 18년 ~ A.D 475년)

기원전 18년(온조왕 1년)부터 서기 475년 개로왕(蓋鹵王 21년)까지로 이 시기에 백제는 연맹 왕국 단계를 거쳐서 중앙 집권적인 귀족 국가로 성장하였다. 그러나 이 시대에 조성되었다고 하는 한산(漢山)은 그 위치가 어디인가에 대해서는 여러 가지 견해가 있다. 반면에 흔적이 남아 있는 풍납리 토성, 몽촌 토성 외에 한강을 내려다 볼 수 위치에 쌓은 아차산성이나 이성산성 등은 모두 백제시대의 성곽이다. 그러나 성곽의 흔적은 남아있지만 여기에 상응하는 궁궐의 실상은 아직도 거의 밝혀지지 않고 있다.

4세기 중엽 정복 군주인 근초고왕(近肖古王: 364~375)때 마한을 정복하고 그 영토를 합하게 되고(369), 고구려 평양성까지 진격하여(371) 고국원왕(故國原王)을 전사하게 하였다.

침류왕 원년(384)에는 불교를 전래하여 새로운 관념체계가 세워졌다. 475년 고구려 장수왕의 침략을 받아 중국의 송과 통하고 신라와 동맹을 맺어 저항했지만 개로왕(21-475)은 전사하고 문주왕(文周王)은 도읍을 웅진(공주)으로 옮기게 된다. 이후 한강은 삼국의 쟁탈지가 되었기 때문에 백제의 한성시대 문화를 보여 줄 유적과 유물은 거의 남지 않게 되었다.

「삼국사기」 '백제본기'에 의하면 궁 안에는 회나무를 심었고 우물과 연못(산을 만들고 진기한 새를 기르고 꽃을 심었다고 함)을 두었으며, 궁의 서쪽에는 활 쏘는 대(臺)를 조성하고 궁의 남쪽에는 연못을 만들어 놓았음을 알 수 있다. 건축에 대해서는 "검소하되 누추하지 않고 화려하되 사치스럽지 않다."는 설명이 기록되어 있다. 한성시대 마지막 임금인 개로왕은 흙을 구워 성을 쌓고 성 안에 궁실, 누각, 대사(臺榭)를 장려하게 만들었기 때문에 국력을 낭비한 결과 고구려의 침략을 막지 못하고 한성을 빼앗기게 되었다는 기록이 있다.

현재 올림픽공원인 몽촌토성의 모습

도로에 의해 잘려버린 풍납토성의 현재모습

### 2) 웅진시대 (雄鎭時代 : A.D 475년 ~ 538년)

한성에서 웅진(공주)으로 도읍을 옮긴 475년(문주왕 1년)부터 웅진에서 다시 사비(부여)로 천도한 538년(성왕 16년)까지의 60년 사이이다. 고구려 장수왕의 침략을 받아 갑작스럽게 남쪽으로 옮겨 간 왕실은 실추된 왕권을 회복하고 왕실의 안정을 도모하기도 했다.

웅진지역에 자리하면서 축성한 공주산성은 북쪽으로 금강에 의해 차단되어 있으며 중간에 약간의 평지로 이루어져 있지만 주변에 가파른 산이 있어서 자연적 성곽으로 형성되어 있다. 이를 이용하여 산성을 쌓았는데 비교적 규모가 협소하고 공산성의 폭은 4정(4町≒438m), 길이 8정(8町≒876.8m)이라고 한다. 1町이 약 109.6m이므로 성곽으로서 지속적으로 확장하기에는 한계가 있었다고 할 수 있다. 반면에 한쪽은 강폭이 넓고 수심이 깊은 금강이 면하고 그 외 3방향이 험준한 산으로 싸여서 견고한 요새를 형성하기에는 좋은 위치였다. 성벽은 외부를 돌로 쌓고 내부는 흙으로 메우는 방식을 사용하였고 남북에 각각 진남문(鎭南門), 홍북문(洪北門)이라 칭하는 문이 있으며, 현재의 성은 후대에 수리 보수한 것이다. 공산성 안에는 임류각(臨流閣)이라는 고층의 누각을 지어 신하들에게 연회를 베풀기도 했고 이외 궁궐 중심부 건물터로 추정된 건물터와 연못, 목곽고(木槨庫)와 백제시대의 도자기와 기와조각(陶瓦片)이 발견되는 등 당시의 건물이 위치하였던 것으로 생각된다.

진남문의 전경

북쪽의 홍북루(문)와 금강

진남문과 성벽의 전경

공주산성의 현재 위치(위성사진-다음지도)

공주산성 내의 연못유적과 금강이 보인다.

### 3) 사비시대 (泗沘時代 : A.D 538년 ~ 678년)

무녕왕의 아들로서 뒷날 백제를 중흥한 임금으로 평가되는 성왕(523~554)은 4년(526)에 웅진성을 보수하고 16년(538)에 사비(부여)로 도읍을 옮기고 나라 이름도 남부여로 바꾼다.

이때 축조한 사비성은 재래의 축성법에 일대혁신을 가져왔다. 이제까지 삼국시대의 도시들은 배산임수의 분지 또는 평지에 남향하여 자리를 잡고 도성을 만들어서 평상시에는 주거지로 하였고, 이 도성 근방에 산성을 따로 축조하여 전시에 피난처로 삼았던 것인데 이는 외침방비를 위한 산성과 도성이 분리되어 있어 방어에 불리한 점이 적지 않았다. 이와 같은 결점을 개량하여 사비성은 도성 내부에 왕궁을 둘러싼 토성(부소산성)을 쌓고 이를 둘러싸고 시가지를 포함한 외곽에 반달모양의 외성(나성)을 축성하였는데 이러한 방식은 중국의 축성법을 최초로 응용하여 발전시킨 새로운 축성방식이라 할 수 있다. 현재 성의 둘레는 약 2.2㎞인데 성 안에는 군창터, 움집 병영건물터, 서복사터(西腹寺), 남문터 등이 근래 문화재연구소에 의하여 발굴 조사되었다.

현재 부여 시가지 주변에서 발견되는 성터는 당시에 도성으로 쌓은 나성(羅城)의 유적이며, 부소산의 산성은 부여로 천도하기 이전부터 있던 산성을 확장한 것으로서 최후의 방어 거점일 뿐 궁성은 아니다. 사비성은 부여를 감싸고 흐르는 금강을 자연적 참호(塹濠)로 하고 북에서 동으로 산을 자연적인 장벽으로 삼아서 산 능선에 토축성벽을 만들어 동서 1리 3정, 남북 1리 10정 정도의 시가지를 조성하였다. 한원(翰苑)에는 "백제왕성의 가옥 수는 약 1만을 헤아렸으며 이를 오부로 분할하고 각 부를 5항으로 구획하였다."고 하여 백제의 도성 역시 계획된 도시였음을 알려준다.

부소산성 남쪽 기슭의 구-부여박물관에서 부여여자고등학교에 걸친 관북리, 쌍북리 일대가 왕궁터로서 유력한 곳이며, 구-부여박물관은 조선시대 부여현의 관아가 있던 곳에 세워졌는데 이 자리는 원래 백제시대 건물터이다. 1982년부터 1983년까지 박물관 정문 앞을 발굴하였는데 호안 석축이 있는 사각형 연못이 발굴되기도 하였다. 서쪽 봉우리는 송월대라 부르고, 높이 340척이며 그 끝 쪽 금강에 접한 곳에 있는 단애절벽(斷崖絶壁)은 백제가 멸망할 때 삼천궁녀가 몸을 던진 곳으로 유명한 낙화암(洛花巖)이다. 동쪽은 영월대(迎月臺)라 하고 2중의 성벽으로 최고지점을 돌려 쌓았으며, 성벽 안에는 창고 터로 보이는 건물지가 있어서 타다가 남은 곡물이 쉽게 발견된다고 한다. 660년 의자왕대에 신라와 당나라 연합군의 침공으로 개국 678년 만에 멸망하였다.

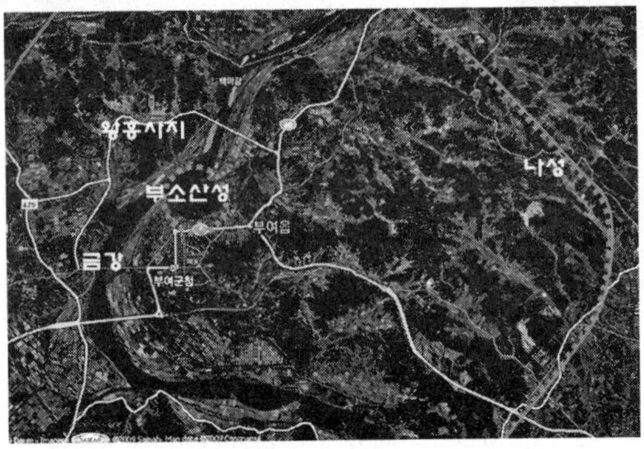


부소산성과 주변지역 위성사진 1

부소산성과 주변지역 위성사진 2

부소산성의 배치도

부소산성의 정상부의 백화정 - 낙화암

▌백제 수도 변천과 특징 요약

| 1.한성 (漢城:몽촌,풍납토성) | 2. 웅진(雄鎭:공주) 시대 | 3. 사비(泗沘:부여) 시대 |
|---|---|---|
| - 백제건국(B.C 18년경)<br>- 온조 하남의 위례성에서 건국<br>- 도읍 : 한성(한강부근)<br>- 풍납토성(한강부근:판축기법)<br>- 풍납토성주변 몽촌토성과 아차산성 등 보조성곽을 갖춤 | -475~ 538년(문주왕)<br>- 공산성 : 비류각 등 누각건물 (우물 등)<br>- 자연해자 : 금강(백마강)을 낀 구릉지<br>성 내부에 화려한 누각건물이 있는 것으로 추정(비류각 등)<br>- 봉토문(무덤) or 벽돌무덤(무령왕릉) | - 천도:538~663년(성왕 16년)<br>- 부소산을 중심으로 부소산성 조성<br>- 도성과 외곽 나성<br>- 자연해자 : 금강(백마강)<br>- 궁궐이나 거주지가 미확인 |

### 4) 백제의 궁궐건축

백제의 궁궐 및 사묘의 창건과 수리에 대한 기록은 별로 없다. 삼국사기에는 진사왕 때의 궁실과 정원의 화려함, 개로왕 때에 세운 궁과 누각의 장대함을 기록하고 있어 백제의 궁궐 규모가 장대함을 기록하고 있어 백제의 궁궐 규모가 장대했음을 짐작할 수 있다. 물론 건축 초기에는 그리 큰 것이 없었을 것이나 웅진으로 천도한 후부터는 상당히 큰 규모의 화려한 궁실이 영조되었다. 즉, 동성왕 때 축조된 궁성 동쪽의 임류각은 높이가 50여척이나 되었으며 온갖 화초와 귀한 짐승들을 길렀다는 기록이 있다. 또 동성왕 11년(490)에는 웅진교를 가설하였다는 기록이 있어 많은 건설 공사가 이루어졌음을 알 수 있다.

사비성 안에는 사비궁을 비롯해서 망해궁, 황화궁, 태자궁에 의하면 무왕 35년(635)에는 그 장소가 어느 곳인지 확실치 않으나 물을 20여 리나 끌어 들여서 궁궐 남쪽에 못을 만들고 그 못 한가운데에 신선이 사는 방장과 같은 섬을 만들었다는 기록이 보인다. 그 후 의자왕은 망해정을 궁궐 남쪽에 만들고 태자궁을 화려하게 지었다고 한다.

## ▌ 주요 내용 정리하기

1. 백제시대 문화적 특징에 관하여 정리해보자.

2. 한성시대의 각 도성의 특징에 관하여 정리해보자.

3. 웅지시대의 각 도성의 특징에 관하여 정리해보자.

3. 사비시대의 각 도성의 특징에 관하여 정리해보자.

## ▌ 주요 용어 설명

1. 토광묘(土壙墓) : 구덩이를 파고 시체를 직접 넣거나 목관이나 목곽에 시체를 넣고 그 위에 흙을 쌓아 올린 무덤.(≒널무덤).

2. 옹관묘(甕棺墓) : 독무덤

3. 석실분(石室墳) : 돌로 널을 안치하는 방을 만들고 그 위에 흙을 쌓아 올려 봉토를 만든 무덤. 고분의 입구에서부터 시체를 두는 방까지 이르는 길(널길)이 있고 천장 구조가 다양하다. (≒석실묘 · 돌방무덤)

4. 적석총(積石塚) : 시신 위나 석곽(石槨) 위에 흙을 덮지 않고 돌을 쌓아 올린 무덤. 선사 시대부터 고구려 · 백제 초기에 나타난다. (≒돌무지 무덤).

# 5. 신라(新羅)의 도성과 궁궐

## 5-1. 시대개관 (B.C 57년 ~ A.D 935년)

신라의 역사를 A.D. 2세기경 경주를 중심으로 한 부족국가라는 학설이 있으나 삼국사기에는 시조 혁거세에 의해, B.C 57년에 국호를 서라벌로 칭하고 개국하였던 것으로 전하고 있다. 신라의 모체는 진한 12개 성읍국의 하나인 사로(斯盧:경주 월성)국이었다고 한다. '新羅'라는 의미는「삼국사기」에 의하면 「'新'은 덕업(德業)이 날로 새로움의 뜻이고 '羅'는 사방을 망라한다.」라는 뜻으로 기원전 57년(박혁거세 1년)부터 915년(경순왕 9년)까지 56대 992년 동안 존속한 고대국가이다. 그리고 건국 이래로 약 1000년 동안 수도가 경주에 위치하였으며 단지 신문왕(神文王) 9년(689)에 달구벌(대구)로 천도가 잠시 거론되었을 뿐 한 번도 천도하지 않았음은 고구려 및 백제와 다른 점이다. 이와 같이 시종일관 같은 지역에 수도가 있었던 것은 이 땅이 선조의 발상지였고 또 주위의 산악이 자연의 성곽을 형성하여 방어에 유리하였던 원인에서 비롯된 것이다. 진흥왕 때에는 가야를 병합하였으며, 태종 무열왕 때에 백제를, 문무왕 때에 고구려를 멸하고 삼국을 통일하였으나, 935년에 고려 태조 왕건에게 망하였다. 경주는 분지와 같은 지형을 이루는데 이곳은 처음에 금성이라는 왕성이 있었고 뒤에 월성이 왕궁으로 조성되었다고 「삼국사기」에 전한다. 그 주변의 서쪽(선도봉), 동쪽(명활산), 남쪽(남산), 북쪽(금강산)에 각각 선도산성, 명활산성, 남산성이 둘러싸고 있어서 도성과 산성이 분리된 형식을 취하고 있다.

신라의 왕경(王京)은 다른 궁성과 비교해 보면 백제의 사비성과 고구려의 장안성은 도시의 시가지를 위요하여 나성을 만들었는데 신라의 왕경에서는 그러한 흔적을 찾아 볼 수 없다. 왕경 안에 있는 금성(金城), 월성(月城), 만월성(滿月城)은 견고한 요새로 만들어서 그 속에 왕궁을 만든 궁성과 같은 것으로서 그 규모가 작았으며, 도시 전체의 외곽을 둘러싸는 나성(羅城)은 없었으나 도시를 둘러싸고 있는 산을 이용하여 여러 산성을 만들어서 나성역할을 하게 하였던 점이 특이하다.

신라의 역사는 크게 통일을 전후한 두 시기로 나눌 수 있으며 이를 다시 세분하여 세 시기 또는 여섯 시기로 나누기도 한다. 본서에서는 여러 시기 구분법을 고루 설명하기고 한다.[4] 이러한 시기 구분은 궁궐 건축의 발전 과정을 이해하는데 유용하다고 생각되는데 그 이유는 고대 국가의 형성 과정과 왕권의 변천을 기준으로 한 시기 구분이기 때문이다.

---

4) 이강근, 한국의 궁궐, 대원사, 1997 p.49

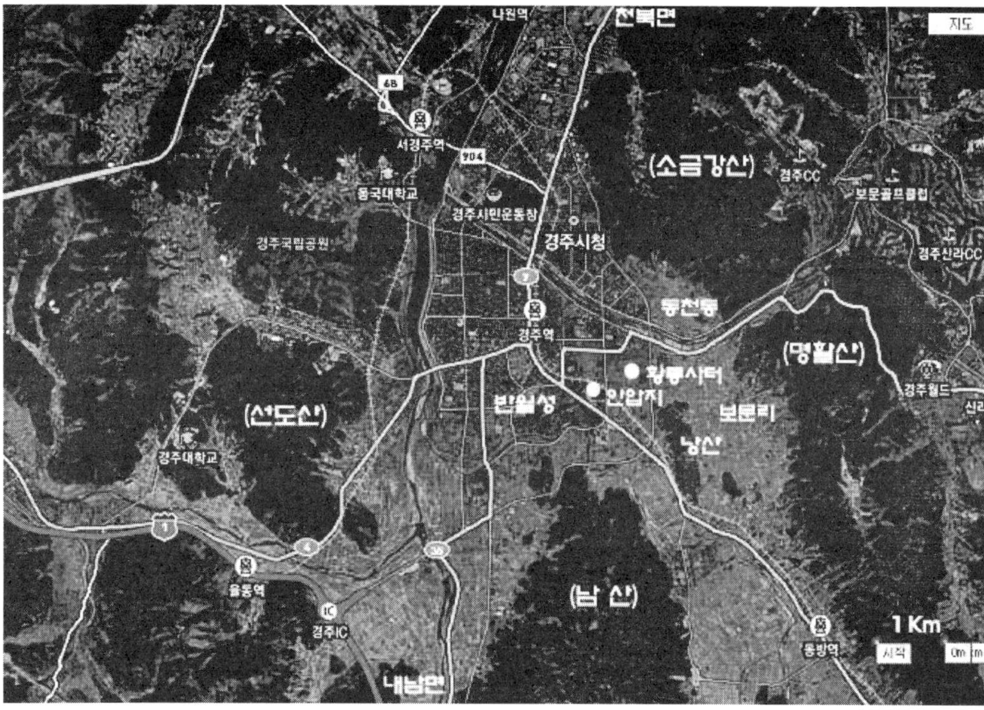


동서남북으로 산으로 둘러싸인 분지인 경주시와 주변의 항공사진

### 1) 2 시기 구분

신라시대는 전기와 후기로 나누어 각각 고신라시대, 통일신라시대 2시기로 구분한다(한국건축사, 대한건축학회, 기문당, 1998 p.184) 전기인 고신라시대는 혁거세거서간 원년(기원전 57)부터 진덕여왕(647~654)이 죽고 태종무열왕이 즉위하기(654)전까지, 후기인 통일신라시대는 그 이후부터 신라가 고려에 통한된 경순왕 9년(935)까지 본다.

### 2) 3 시기 구분

일본학자 藤島亥治郎(등도해치랑)에 의하면 신라 왕경건설을 3단계로 구분하였는데 제1기를 신라건축에서부터 469년의 방리명(坊里名)을 지정한 때까지, 제2기 계획은 성적동방(城跡東方) 동서남북 3리 4방으로 중앙에 황룡사를 건립하고 시가지를 동남의 두 방향으로 확대하여 남쪽은 남천안(南川岸)까지 동쪽은 낭산(狼山)을 포함해서 보문리까지 뻗은 시기를, 제3기 계획은 679년 사천왕사 조영시대로서 북천(北川)을 넘어 천북면(川北面)일대와 서부남방으로는 사정리에서 남천(南川)

을 넘어 내남리까지 확산되어 간 시기로 보고 있다. 그 외 「三國史記」에서는 上代(혁거세~진덕왕), 中代(무열왕~혜공왕), 下代(선덕왕~경순왕)으로 보고「三國遺事」에서는 上古(혁거세~지증왕), 中古(법흥왕~진덕왕), 下古(무열왕~경순왕)으로 보고 있다.

### 3) 6 시기 구분[5)]

**① 제 1 기 :** 기원전 57년 ~ 356년(흘해니사금 47년)

연맹왕국의 완성기로 다른 초기국가와 마찬가지로 성읍국가로 출발한 시기이다. 「三國史記」와 「三國遺事」에 혁거세 21년(기원전 37)에 금성을 쌓고 경성으로 삼았으며 5대 파사니사금 22년(101)에 월성을 쌓고 왕이 이곳으로 옮겨 거처하였다. 이 때 궁궐은 어떤 건물로 구성되었는지 알 수 없고 지배자의 권력에 대응하는 소규모의 건물들로 이루어졌을 것으로 짐작된다.

**② 제 2 기 :** 356년(내물마립간 1년) ~ 514년(지증왕 15년)

귀족국가 태동기로 이 시기를 마립간 시대라고도 한다. 대내적으로는 중앙집권 체제를 이룩하고 469년(자비마립간 12년)에는 왕경인 경주의 방리(坊里)이름을 정하고, 487년(소지마립간 9년)에는 사방에 우역(郵驛)을 설치하였으며 다시 490년에는 수도에 시사(市肆:시장거리에 있는 가게)를 열어 사방의 물자를 유통하게 하였다. 509년(지증왕 10년)에는 동쪽시장(東市)를 설치하였다.

**③ 제 3 기 :** 514년(법흥왕 1년) ~ 654년(진덕여왕 8년)

귀족 세력의 연합기라 불리는데 신라가 비약적으로 발전하여 삼국 통일의 기반을 마련한 시기로 법흥왕은 율령을 반포하고 중요 관부를 설치하며 진골귀족 회의를 제도화하는 등 국가 체제를 법제화, 조직화하였으며 불교를 공인하면서 호국사찰이 많이 세워졌는데 흥륜사(544년)를 지은 지 10년 만에 신궁(新宮)을 짓는다는 구실 아래 월성 동쪽에 거대한 규모의 새로운 절 황룡사를 지었다. 진평왕(579~631)에는 확대된 국력을 바탕으로 중국과 교류함으로써 고구려와 백제를 견제하는 한편 왕성 주변의 남산과 명활산에 있는 산성을 보완하여 수도방어를 튼튼히 하였다.

**④ 제 4 기 :** 654년(태종 무열왕 1년) ~ 780년(혜공왕 16년)

전체 왕권기로 불리는 통일신라의 황금시대이다. 문무왕(661~680)은 668년에 고구려를 멸망

---

5) 이강근, 한국의 궁궐, 대원사, 1997, pp.49~68

시켜 삼국통일을 이룩하였을 뿐 아니라, 고구려와 백제를 정복함으로써 얻게 된 막대한 재물과 노동력을 활용하여 경주를 통일 왕조의 수도답게 변모시키려 하였다.

통일의 위업을 달성한 신라는 월성의 북동쪽으로 도성을 확장하였다. 남북3리 규모로 확장된 도성 신시가지는 고구려 척으로 대략 400척 간격으로 구획하였으며, 주요 도로의 폭은 중앙 대로가 80척, 그 밖의 도로는 40척으로 하였다. 삼국사기에는 '도성내에 10만호가 있었으며 6부로 구분되어 방(坊)이 1,360개, 리가 55개, 그리고 35채의 금칠한 집이 있었다.'고 하여 왕경의 크고 화려함을 말해주고 있다. 이 과정에서 경주의 도시전체를 일신시키려던 계획은 실현되지 못했지만 선왕으로부터 물려 받은 궁궐을 장려하게 수리하는 한편 새로운 궁궐로서 동궁(안압지)을 창조하였다.

⑤ **제 5 기** : 780년(선덕왕 1년) ~ 889년(진덕여왕 3년)

호족 세력 등장기로 신라의 쇠퇴가 빠르게 진행된 시기이다. 이 시기는 지방의 호족 세력이 크게 대두되면서 궁궐을 새로 짓거나 도성을 보강하는 공사를 크게 벌인 적은 없으며 건물 하나를 세우거나 궁궐 안 중요 건물을 중수하는 것이 고작이었다. 다만 사찰 건축으로는 봉은사(794), 해인사(802), 황룡사 9층탑(873)이 이 시기에 이룩되었다.

⑥ **제 6 기** : 889년(진성여왕 3년) ~ 935년(경순왕 9년)

신라의 멸망기이다. 이 시기 전국 도처에 군웅들이 할거하여 지방의 통제가 불가능하였고 왕궁의 수비도 무방비 상태가 되었다. 이 가운데 견훤과 궁예는 각기 후백제와 후고구려는 나라를 세우고 왕을 칭하고 도읍지를 정하여 궁궐을 짓기까지 하였다. 이 시기에 지어진 궁궐은 신흥국가인 후백제와 후고구려의 것이다. 918년 궁예를 쓰러트리고 즉위한 태조 왕건은 국호를 고려라 고치고 송악(개성)에 서울을 정하였다. 이후 935년 신라의 항복을 받고 936년 후백제를 멸망시키고 후삼국을 통일하면서 경주는 지방의 한 도시로 전락하고 말았다.

## 5-2. 문화적 특성

고신라는 경주평야를 중심으로 혈연적 유대를 기반으로 한 12개의 부족국가 중의 하나인 사로(斯盧 또는 斯羅)가 경주지방을 중심으로 주위의 세력들을 통합하면서 연맹왕국으로 성장하였다. 지증마립간 4년(503)에 이르러 정식으로 '신라'라는 국호를, '마립간'대신에 중국식 호칭인 '왕'이라는 존호를 쓰기 시작하였다.

고신라는 제도를 정비하고, 유교와 불교를 수용하고, 한자를 받아들이고, 외국과 문물을 교류하는 등 고대 국가로서의 지배체제를 갖추면서 개별적인 생산력을 중앙의 통치세력 아래 집중시켜 6세기를 전후하여 본격적인 대규모의 건축을 하기 시작하였다. 특히 궁전이나 불교사원은 규모가 장대하고 건물의 배치가 질서 정연한 점 등으로 보아 이 당시에 이미 고도의 전문기술자가 있었고 많은 노동력을 효과적으로 작업에 투입시킬 수 있는 체계적인 공사조직이 있었을 것으로 판단된다.[6)]

신라 주택에 관한 자료로는 홍덕왕 9년(834년)에 제정된『삼국사기』권 33 잡지 「옥사(屋舍)조」에서 신분을 4등급으로 구분하여 사회계급에 따른 주택을 규제한 내용이 있다. 여기에서는 신라의 신분제도인 골품(骨品)제도에 따라 진골(眞骨)에서 4두품 이하의 백성에 이르기까지 각 계급에 있어서 주택의 규모, 형태, 재료, 장식 등을 제한하고 있다. 그 밖에 약간의 문헌자료와 주로 가야(伽倻)지방에서 출토된 가형토기가 있다.

이들 자료에 의하면 고신라의 초기 즉 신라에 새로운 건축기법과 자재에 의한 건축이 도입되기 전인 5세기 초까지는 지배계급이나 일반 서민들의 주택은 규모의 차이는 있었을 것이나 모두 원시적인 주택건물이었고, 따라서 아직 완전한 기능이 분화되지 못한 주택이었을 것으로 짐작된다. 그리고 신건축이 도입된 직후에도 얼마동안은 비록 기와집으로 변하기는 했을 것이나 지배계급 사람들의 주택은 그 이전과 비슷했을 것으로 추정된다. 그와 같은 사실은 가야 지방에 출토된 주택 안채를 모조한 한 가형토기를 통해서 짐작된다. 그러나 점차 지배 계급이나 귀족들의 주택은 고구려에서와 같이 기능이 분화되고 또 각 기능에 따라 독립된 건물들로 주택이 형성되었고, 주로 거주했던 공간 역시 단일 공간으로 된 건물이었던 것으로 보인다.

신라 주택에 관한 자료로는 홍덕왕 9년(834년)에 제정된『삼국사기』권 33 잡지 「옥사(屋舍)조」에서 신분을 4등급으로 구분하여 사회계급에 따른 주택을 규제한 내용이 있다.

현재로서 옥사조의 내용이 충분히 파악되었다고는 말하기 어려우며 해석상에 여러 가지 다른 견해도 있다. 삼중계(三重階), 이중계(二重階), 건계(巾階) 등에 관해 학자마다 기단, 또는 계단으로

6) 김동욱, 韓國建築工匠史연구, 기문당, 1993. pp13~14

해석을 달리하고 있다. 만일 삼중계가 기단을 의미하고 있다면 이것을 세 겹으로 쌓은 기단의 모습일 것이며, 계단을 의미하고 있다면 세 폭의 통로로 나누어진 계단의 모습일 것이다. 그러나 이 자료를 통하여 신라는 신분에 따른 엄격한 주택제한을 법령으로 다루고 있었음을 알 수 있다. 옥사조의 내용을 기준으로 주택의 모습을 간접적으로 추측해보면 대부분의 주택들은 기단을 갖추었으며 지붕은 기와를 덮고 있었고 6두품 이상이 되면 공포를 짠 지붕틀을 갖추고 있었음을 알 수 있다. 또한 귀족들의 주생활은 고구려와 같이 단일공간으로 된 건물에서 침대나 의자를 이용하고, 병풍이나 발을 사용하여 방을 구획하여 생활한 것으로 보인다. 부엌이나 창고, 마구간 등은 각각 별도로 독립된 건물로 만들고 이에 따른 작업 활동은 하인(下人)들이 맡았던 것이다. 일반 서민들의 주택은 기거공간과 취사공간이 한 건물에 만들어지고, 집 둘레에는 담장이 갖추어지고 여기에 대문을 다는 것이 일반적이었고 그 밖의 부속건물도 계층의 차에 따라 한, 두 채 만들어졌을 것으로 짐작된다.

고신라시대 건축물의 배치를 알 수 있는 유구로는 황룡사지, 분황사지, 반월성터 등이 있다. 특히 불교가 들어오면서 나타나는 가람배치는 건축공간 구성과 건축배치 방법에 뿐 아니라 당시 건축발전에 큰 영향을 주었을 것으로 판단되나 현존하는 것이 없어 실제 모습을 파악하기는 어렵다.

이중계의 모습(기단의 경우)

현어 (일본 큐슈의 고쿠라성)

5량 집 구조

우물 반자

경주박물관의 가형토기

창덕궁의 삼중계(계단의 경우)

창덕궁 연경당 협문

단청된 부연과 서까래의 모습

| 분 류 | 진 골 | 육두품 | 오두품 | 사두품 |
|---|---|---|---|---|
| 실의 폭과 너비 | 24척 이내 | 21척 이내 | 18척 이내 | 15척 이내 |
| 기와 | 막새기와 금지 | | | |
| 지붕구조 | 부연 금지 | 오량구조 및 공포(공아) 금지 | | 우물반자(藻井)금지 |
| 지붕장식 | 현어 금지 | | 수두 금지 | |
| 건축재료 | 금, 은, 유석 금지 | 백랍 금지 | 동랍 금지 | 산느릅나무 금지 |
| 채색 | 단청 금지 | | | |
| 기단과 계단 | 삼중계 금지 | 건계 및 이중계 금지 | | |
| 석재 | 다듬은 돌 금지 | | | 산석 금지 |
| 담장구조, 높이 | 양동, 석회칠 금지 | 높이 8척 이내 | 높이 7척 이내 | 높이 6척 이내 |
| 대문 | - | 중문, 사방문 금지 | 대문, 사방문 금지 | |
| 발과 병풍장식 | 비단 자수의 금지 | | | |
| 침상 재료 | 대모, 침향 금지 | 회양목 금지 | | |
| 말의 수 | - | 5필 이내 | 3필 이내 | 2필 이내 |

자료 : 옥사조 내용 (주거론, 대한건축학회, 1997. p.73 참조)

* 삼중계(三重階), 이중계(二重階) : 계단을 셋 또는 둘을 나란히 두는 것 또는 기단으로 해석된다.
* 중문(中門, 重門) : 공간과 공간사이에 담장이 있고 중심축선상에 위치한 문
* 협문(夾門) : 중심축선상이 아닌 측면 부속 건물로 이동하기 위해 샛담에 달린 문을 가리킨다.

## 5-3. 도성과 궁궐7)

신라 도성의 성곽체계는 앞에서 언급된 바와 같이 크게 궁성과 산성으로 나누어 이루어졌다. 궁성은 왕궁과 관부(官府)를 보호하기 위한 왕성인 재성(在城)이다. 경주 왕경에는 재성만 있었고 도성 외곽을 둘러싸는 둘레 성인 나성, 즉 외성은 없었다. 그 대신 궁성 주변에 전개된 백성들의 주거지 둘레로 산성을 쌓아 전시에는 거기에 들어가 적을 방어하였다. 즉, 산성은 평시에는 크게 사용하지 않고 전시에서 적을 방어하기 위하여 쌓은 것으로서 고신라시대에는 동으로 명활성, 남으로 남산성 등 산성이 나성의 역할을 대신하였다.

고신라의 왕경은 처음 금성(확실한 위치를 고증할 수 없음)을 건립하고, 그 후 월성을 축조하면서 월성의 궁성을 중심으로 점차 확장되어간 과정이라고 볼 수 있다. 이 과정에서 처음에는 자연발생적인 도읍 형태에서 시작하여 점차 국가 체제가 정비되고, 도시의 규모가 커지면서 정비된 형태로 도성을 건설하여 갔을 것으로 짐작되며 도성에 궁성과 성곽의 건설과 방리(坊里)제도의 실시를 바탕으로 궁실, 단묘(壇廟), 사원, 관아, 민가, 시사(시전(市典)), 능묘, 교량, 그리고 조원 등을 건설하였다. 고신라시대 왕경이 도성의 모습을 제대로 갖추기 시작한 것은 자비마립간 12년(469)경도에 방리 이름을 정하면서부터이다. 방리에 이름을 정했다는 사실은 이 시기를 전후하여 고신라의 행정구역이 이전 시기의 6촌 중심에서 6부제로 바뀌기 시작하였으며 동시에 왕경의 가로망이 정비되기 시작하였음을 뜻한다.

왕경의 제1차 확장은 월성 왕궁의 동쪽을 중심으로 새로운 도성 제도가 채택되며 이루어졌을 것이며, 그 후 지금의 안압지 위치로 판단되는 곳에 동궁이 창건되면서(문무왕 19년, 679) 통일신라 초기에 이르러 더욱 확충되었을 것으로 판단된다. 도성의 제2차 확장은 사천왕사의 조성(679)과 효소왕 4년(695)에 서시(西市)와 남시(南市)를 설치한 사실로 미루어 월성 왕궁의 서쪽 방향과 동남 방향으로 진행되었을 것으로 추정된다. 특히 6세기부터 7세기 전반에 걸쳐 이루어진 경주왕경의 확장은 근세까지의 경주 시가지 항공사진 및 황룡사 주변에 발굴된 방리 구획의 유구 등으로 판단할 때 격자형으로 계획된 가로망을 건설한 것으로 판단되며, 통일신라시대에 이르러 도성의 방리제

7) 대한건축학회, 한국건축사, 기문당, 1998. pp189~195

도와 규모가 확정된다.

박혁거세는 재위 21년(BC 37)에 금성을 만들고 궁실을 세웠다는 기록이 있으나 궁궐의 위치와 규모 등에 대해서는 확실하게 고증하기 어렵다. 그 후 금성 동남에 월성을 쌓고 그곳으로 왕실을 옮겨 궁전을 지은 것은 파사니사금 22년(101)때라고 하는데(삼국사기)그 때의 모습 역시 오늘날 파악할 수 없다.

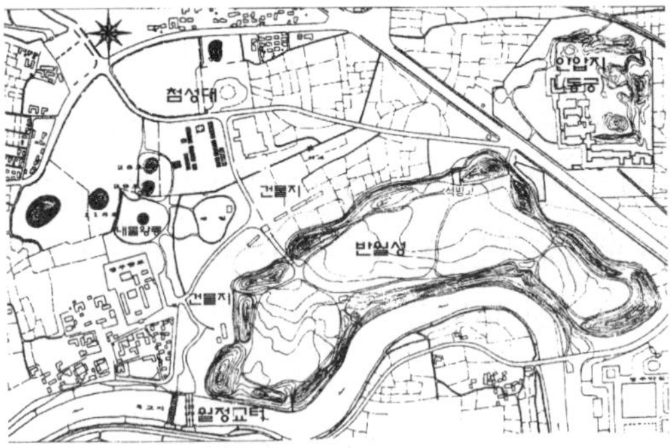


반월성 지도 - 월정교 터 등

현재 반월성 항공사진

모형에 의한 반월성 내의 궁궐의 모습 - 자연해자의 모습과 반월성 중심으로 뻗어나온 대로가 보인다.

궁성인 월성은 그 모양이 초승달 모양이기 때문에 반월성 또는 신월성이라고도 하였고 임금이 사는 성이라 하여 재성(在城)이라 부르기도 했다. 반월성이라고 불리어 지기 시작한 것은 조선시대부터이고 오늘날까지 반월성이라 불리어지고 있다. 반월성의 규모에 대하여는 「구당서」 및 「신당서」 에 둘레가 약 7~8리가 되며 왕성을 수비하는 부대로 3,000명으로 구성된 사자대(獅子隊)를 두었다는 기록이 있다. 현재 성의 규모는 동서 길이가 약 850m가 되며 높이는 약 10~18m 정도이며 성안에는 초석이 일부 노출되어 있고 성의 사방에는 문이 있었던 것으로 추측되며, 1척 내외의 돌을 흙과 돌을 혼합해서 높이 20척 정도의 성벽을 쌓았을 것으로 추정하기도 한다. 남쪽으로는 남천이 흘러 자연적인 방어 시설이 되었고 동쪽·북쪽·서쪽으로는 적의 침입을 막기 위해 넓은 도랑인 해자(垓字)를 팠다. 남문·북문·인화문 등과 임해전으로 통하던 임해문이 있었으며, 그 밖에 많은 부속건물들이 있었다. 성 안에는 조선시대 얼음 창고인 석빙고가 남아 있다. 궁궐 건축의 유적으로 남아 있는 것이 없으나 발견된 초석과 기와 등으로 미루어 보면 매우 웅대한 건물들로 건축 형식은 고구려, 백제의 건축 형식과 큰 차이가 없는 것으로 생각된다.

월성을 중심으로 주변의 여러 관련시설

남산주변의 사지(寺地)위치

▌신라 (경주 한 곳이 계속 도성으로 이용)

| 1. B.C 사로국에서 시작 | 2. 계속되는 백제의 침략 | 3. 경주북방에 정착 |
|---|---|---|
| - B.C57년 (박)혁거세가 왕으로 추대(혁거세-밝음, 하늘의 아들이라는 의미)<br>- 화백제도 - 만장일치제 채택<br>- 신라의 의미<br>• 황화강 유역을 의미<br>• 새로운 땅과 강의 의미<br>(실제 황화강 인근에 신라라는 지명이 있었다고 함) | - 3대와 이사금 낙랑의 침입으로 낭자곡성(청주)로 이동<br>- 백제의 계속적 침략은 실패하고 와산성(보은)으로 쫓겨남<br>- 초기신라:박씨와 김씨 양성이 정권<br>- 위치:바위산 위(산성)<br>- 산성이라 인구수용에 제약 | - 서기 93년에 경주북방에 정착<br>- 경주 도성은<br>• 분지-초기 금성후기 월성(왕궁)<br>• 동쪽 명활산성/서쪽-선도산성/남쪽-남산성<br>• 산성과 도성의 분리 형식<br>• 도성재에는 방리제 (당나라 장안성 모방)<br>• 사찰-도성주변-강력한 왕권비호 아래 성장 |

## 5-4. 삼국 도성의 특성 비교

삼국의 도성 형식은 중국형식을 근간으로 하고 있지만, 도성이 입지한 지형과 정세에 따라 약간의 차이를 보이고 있다. 그러나 삼국의 모든 도성의 경우, 고구려의 평양성은 대동강을, 백제는 백마강(금강)을 자연해자로 삼았고, 신라는 고구려, 백제와 달리 남산, 명활산, 소금강산 등 주변을 둘러싸고 있는 산을 산성으로 이용하는 것과 같이 자연의 지형지세를 최대한으로 이용하였다.

그 기본에 있어서 고구려는 낙랑(樂浪)의 영향을 받으면서도 한편으로는 독자적인 형식으로 발전시켜 배후에 산성을 가지고, 그 밑에 도성을 축조하는 수법을 쓰고 있다. 백제는 이러한 고구려양식을 개조하고 대륙양식을 혼합하여 백제식 도성계획을 성립시켰다. 즉 배산임수(背山臨水)의 분지 또는 평지에 남향으로 자리 잡고 도성을 만들어서 평시에 주거지역으로 하고 근방의 험준한 산곡에 산성을 따로 만들어 전시 때 피난처로 삼은 고구려의 분리형의 도성제에서 생기는 방비상의 불합리한 점을 개선하여 분리형의 선만식(鮮滿式) 산성과 중국의 시가지 포위식 축성법을 절충하여 사비성의 경우는 도성과 외곽에 나성을 축조하였다.

신라는 고구려, 백제와 달리 건국 이래 수도를 옮기지 않고 줄곧 경주에 위치하였다. 초기에 금성의 배후에 남산을 둔 고구려 양식이었으나 그 후 왕궁이 동북방으로 이동하여 반월성을 구축할 무렵에는 신라식인 3산성(三山城)에 둘러싸인 분지에 도성계획을 수립하기에 이르렀다. 신라왕경은 금성, 월성, 만월성을 견고한 요새로 만들어서 그 속에 왕궁을 만드는 형식으로 규모도 작고 사비성이나 장안성(평양성)에서와 같이 도시 전체를 둘러싸는 나성이 없었다는 점이 특이하다. 다만 위와 같은 결점을 보충하기 위해 도시주위의 산 정상에 산성을 만들어 나성의 역할을 대행하도록 하였다.

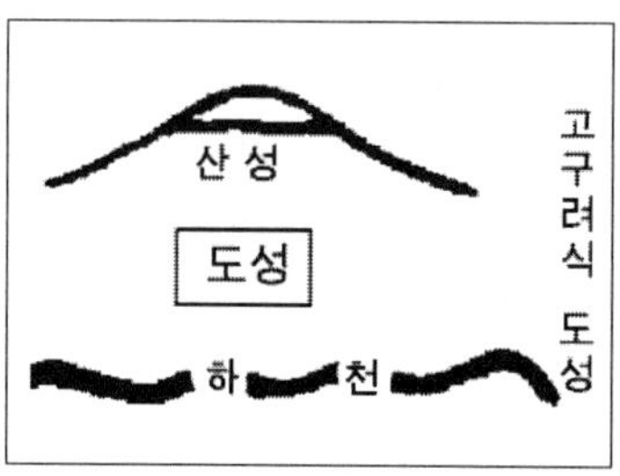

고구려식 도성

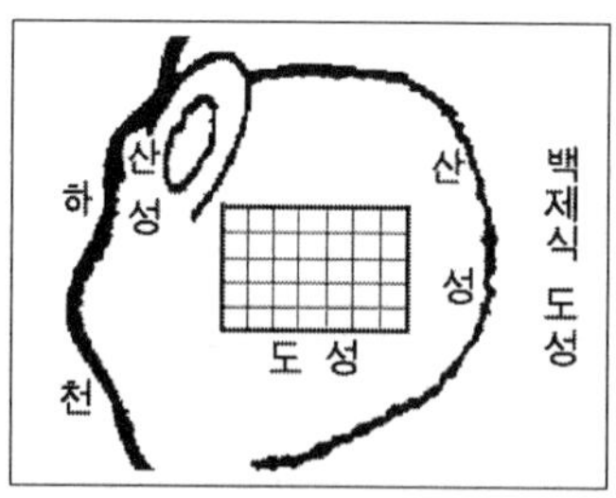

백제식 도성

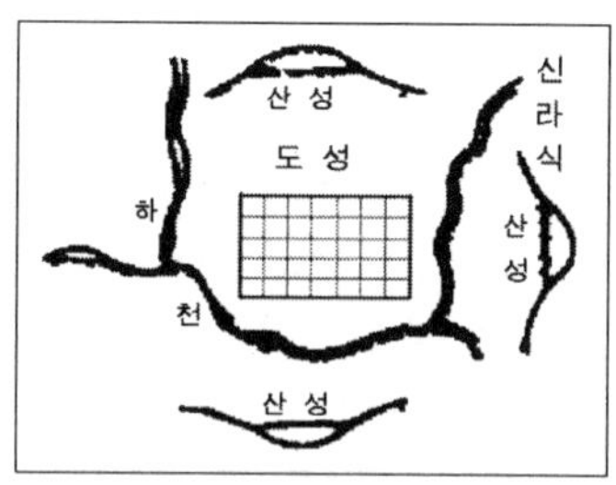

신라식 도성

## 주요내용 정리하기

1. 신라의 도성과 백제, 고구려의 도성과 차이점을 정리해보자.

2. 신라시대 신분에 따라 건축물을 규제한 내용이 기록된 옥사조에 관한 내용을 정리해보자

3. 신라 도성과 궁궐의 간단히 정리해보자.

4. 현어, 부연, 양동, 우물반자, 오량구조, 이(삼)중계 등 옥사조에 나온 용어를 정리해보자.

## 주요용어 해설

1. 삼국사기[ 三國史記 ]

1981년 7월 15일(보물 제722호), 1981년 7월 15일(보물 제723호 · 보물 제525호) 1145년(인종 23)경에 김부식(金富軾) 등이 고려 인종의 명을 받아 편찬한 삼국시대의 정사를 기전체로 기록한 역사서로서 본기 28권(고구려 10권, 백제 6권, 신라 · 통일신라 12권), 지(志) 9권, 표 3권, 열전 10권으로 이루어져 있다.

2. 삼국유사[ 三國遺事 ]

고려시대의 것으로 1999년 11월 19일 부산유형문화재 31호로 지정으로 고려 충렬왕(忠烈王) 때의 보각국사(普覺國師) 일연(一然:1206~89)이 신라 · 고구려 · 백제 3국의 유사(遺事)를 모아서 지은 역사서으로 활자본이며, 5권 2책으로 구성되었다. 편찬 연대는 미상이나, 1281~1283년(충렬왕 7~9) 사이로 보는 것이 통설이다. 현재까지 고려시대의 각본(刻本)은 발견되지 않았고, 완본으로는 1512년(조선 중종 7) 경주부사(慶州府使) 이계복(李繼福)에 의하여 중간(重刊)된 정덕본(正德本)이 최고본(最古本)이며, 그 이전에 판각(板刻)된 듯한 영본(零本)이 전한다.

# IV.

# 삼국의 사찰건축

## 1. 삼국의 불교 건축

### 1-1. 삼국의 불교

불교사찰의 가람(伽藍)이라는 단어는 범어(梵語)의 상가라마(Sangarama)에서 유래되어 한자로 음역(音譯)하여 승가람마(僧伽藍磨)이다. 그리고 이 가람은 석가모니의 무덤에서부터 비롯된다. 석가의 사리를 8개소에 배분하면서 그것을 담았던 그릇과 화장에 사용했던 숯까지도 모두 10등분하여, 인도의 10종족국 지역에 보관하기 위해 'Stupa'를 만든 것이 불교사찰의 효시이다.

흔히 인더스 문명을 불교와 연관시키지만 본래 힌두교가 주축이고, 불교는 힌두교에서 분파되어 나온 것이라 볼 수 있다. 이렇게 인도에서 불교가 정착하여 동남아시아를 통해 중국에 전파되었다.

불교가 한반도에 도입된 것은 4세기 중엽으로 중국인 승려가 고구려에 들어와 불상과 불경을 전한 것으로 알려져 있다. 백제에는 이보다 조금 늦은 389년 인도승이 직접 백제에 와서 전했다고 한다. 두 나라는 불교를 호의적으로 받아들였다. 신라는 처음에는 불교도입에 갈등이 있었지만 6세기경에 들어와 불교를 공식으로 인정하였다. 세 나라 모두 불교를 적극적으로 수용한 것은 왕실과 귀족계층 이었다. 인도에서 출발한 불교는 국경을 초월한 범국가적인 종교이념을 갖고 널리 전파되는 힘을 가지고 있었다. 여기에 선진 외국문물에 대한 적극적인 수용태세를 가진 고대 왕권이 한몫을 더해서 외래 종교인 불교는 빠르게 세 나라 지배계층의 종교로 자리 잡을 수 있었다.

세 나라의 왕들은 종교를 통하여 왕의 권위를 확고히 하려는 의도를 갖고 있었다. 따라서 왕들은 나라의 힘을 기울여 장대한 불교사원을 세우는데 적극적이었다. 불교를 도입함에 따라 세 나라 도성에는 불교사원이 속속 건립되기 시작했다. 불교사원의 건립은 왕의 권력이 강성해진 5, 6세기 사이에 매우 활발하게 진행되었다. 불교가 중국을 통하여 도입되었기 때문에 지어진 불교사원은 자연히 중국식의 건축으로 지어질 수밖에 없었다. 이 과정에서 중국의 건축술은 빠른 속도로 고구려나 백제에 전파되었다. 또 이러한 건축술은 후진적이었던 신라와 일본에도 전해졌다. 불교사원의 건립을 통해서 세 나라 건축은 중국을 중심으로 하는 동아시아의 국제적인 건축세계에 진입할 수 있었다. 동시에 세 나라 건축은 원시적인 토착성을 탈피하여 세계에 통용되는 건축의 보편성을 획득하게 되었다.

7세기 8세기 사이에 한반도에는 사찰건축과 더불어 석탑 조성이 가장 활발히 이루어지고 또 조형적으로 완숙한 단계에 이른다. 이 시기 신라는 화강석을 재료로 한 석탑에서 독창적인 조형예술(다보탑 등)을 창출해 낸다. 또한 이 시기에는 도성 주변에서 왕실을 호위하는 호국사찰이 아니고 신라 귀족층을 위시한 폭넓은 계층의 신앙 대상으로 한반도에 뿌리내리게 된다. 이와 같이 사찰에서 탑이 중요시된 이유는 불교가 전파된 인도의 'Stupa'나 중국의 가람은 하나의 사리탑만이 사찰의 전부였다. 이들 최초의 탑은 외형이 가지는 상징성과 신성성의 표현이었고 차츰 탑 내부에 공간을 구성하여 사찰의식이 행해졌기 때문이다. 한국 역시 사찰 건축 초기에는 사리가 있는 탑을 절대적인 신앙 및 의식의 대상으로 하였다.

초기 삼국의 사찰들은 거대한 목탑이 가람의 중심이 되고 가람의 중요한 위치에 자리한 것도 이와 같은 이유에서이고 특히 목탑의 심주(心柱)나 심주 초석에는 사리를 안치하여, 인도의 'Stupa'와 같은 석가를 대신하는 불교신앙의 상징적 대상으로 섬겼다. (익산 미륵사 심주에서도 사리가 발견되었다)

산티(Shanti) 스투파의 사례

신라는 삼국을 통일하는 과정에서 당나라의 지원을 얻게 되고 당의 불교는 인도로부터 새로운 사상적 자극을 받아 교리상의 성숙단계에 있었다. 신라의 승려 의상은 당의 새로운 교리를 익혀 신라사회에 영향을 주었다. 이러한 불교 교리의 확대와 다변화는 당연히 사찰 건축에도 영향을 미쳤다.

## 1-2. 사찰건축의 중요성

한국 건축사에서 조선시대 이후에는 성리학으로 인하여 사원, 향교 등 다양한 건축분야에 관하여 다루고 있지만 조선시대 이전까지 많은 부분이 불교건축에 편중되어 있다. 이는 중세 서양건축이 성당건축이 중심이 되었듯이 당시 불교는 삼국시대의 중심적 역할을 담당했기 때문이기도 하고 또한 사찰건축이 건축사 부분에서 중요한 부분을 자치하고 있는 몇 가지 특징적인 것이 있다.

**첫째,** 불교건축은 국내에 불교가 수입된 4세기 이후부터 현재까지 1600여 년에 걸쳐 지속적인 생명력을 가지고 있는 희소한 건축유형이다. 궁궐건축은 왕조시대가 몰락하여 왕족에서 시민으로 주인이 바뀌어 공원이 되어버렸고, 유교건축 역시 종교적 교육적 기능을 잃어버린 유적지로 변화되었으며 건축문화의 근간을 이루는 주거건축마저 새로운 기능과 공법을 가진 현대주거로 전환되었다. 그러나 불교건축은 아직도 승단이 거주하며 많은 신도들이 이용하고 건축적 형식도 전통적인 맥을 이어오고 있다.

**둘째,** 시대에 따라 건축형식이 몇 차례의 계기적 변화를 거듭하면서 전개되어온 장대한 건축의 역사를 간직하고 있다. 고대의 정형적인 가람에서 고려시대의 다양한 시대를 거쳐 조선시대 산중사찰 형식, 그리고 현대의 도시사찰의 모색 등 한국의 사상사나 문화사와 궤를 함께 하면서 끊임없이 변화해 왔다. 한국건축사의 각 시대적 성격을 잘 반영한 채로 보존되어 있는 거의 유일한 건축유형이다.

**셋째,** 불교건축의 범위는 현존하는 목조건축물 뿐 아니라, 석굴과 석탑 등 석조건축물, 수 없이 산재하는 폐사지들까지 다양하게 존재한다. 종류만 다양한 것이 아니라 현존 건조문화재 가운데 압도적인 비율을 점할 만큼 많은 양의 유구들이 남아있어서 가장 확실한 건축적 텍스트들이 되고 있다. 또한, 건축사적 연구 뿐 아니라 불교학과 고고학, 미술사 등 인접 학문들과 빈번한 교류가 요구되고 있는 분야이기도 하다.

넷째, 한국불교사가 복잡하고 다양한 전개과정과 마찬가지로 다양한 건축형식이 존재한다. 시대적인 구성형식의 변화 뿐 아니라 뚜렷한 지역적 차이도 존재하며, 특히 종파적 신앙적 특성에 따라 차별적 형식들이 나타난다는 것이다.(한국 건축사 연구1, 발언, p.62)

## 1-3. 가람 배치 - 탑과 사찰건축의 배치

사찰 건축에서 탑의 위치를 기준으로 풀이한 연구의 효시는 후지시마의 분류방법으로 79년대 학자들에게 하나의 규범으로 이어졌다. 윤장섭은 후지시마의 분류를 따르면서 탑이 없는 무탑형식을 선종가람형식이라는 이름으로 추가하여 1탑식이나 2탑을 가진 전형적인 형식에서 탑이 없는 비정형적 선종형식으로 변화하는 것이 한국 불교건축의 대체적 추세였다고 보기도 했다.

탑제, 입지, 축선형 등을 기본으로 한 배치 형식 분류법은 불교건축의 계획적 형상을 묘사하고 분류하는데 기본적인 접근이라 할 수 있지만 이들의 접근 계획의 근본적인 의도를 밝히지 못하는 형식론적인 연구에 그치기 쉽다. 우선 대부분의 연구대상을 고대에 건립된 가람들에 한정함으로써 시대적 한계를 가지고 있다. 현존 유구의 대부분을 차지하는 조선 후기의 소형 사찰들에 대한 형식적 고찰이 생략되어 있다. 일각에서는 현존하는 산지 사찰들을 대상으로 배치형식을 탐구하여 그 보완[8]이 이루어지기도 했다.

일제 강점기에도 고대가람의 배치형식에 대한 연구가 있기는 했지만 당시는 본격적인 발굴조사가 시행되지 않아 지표면에 노출된 흔적만을 유추하는 수준이었다. 1980년대 들어서 비로소 미륵사지, 황룡사지 등의 발굴조사 결과가 공표되면서 고대가람 연구가 활성화되었다. 특히 장경호는 미륵사지 발굴을 지휘하면서 얻은 깊은 지식들을 중심으로 「백제사찰건축」이라는 저서를 출간하였다. 미륵사지와 정림사지로 대표되는 백제가람들의 연구 성과를 총 정리하고, 그 가람배치의 기하학적 수학적 특징을 밝힘과 동시에 추정 복원까지 시도한 의미있는 저작으로 평가되고 있다.

분단 상황 때문에 북한 지역의 고구려 불교건축에 대한 연구는 일제기의 빈약한 자료에 의존할 수 밖에 없지만 북한의 현지 학자들은 간헐적인 연구를 진행하고 있다. 대표적으로 한인호로 해방 후 발굴된 정릉사지 유적을 중심으로 고구려 팔각목탑과 3금당 형식에 대한 치밀한 논증을 계속하였다. (한국 건축사 연구1, 발언, pp.66-76)

---

8) 김동욱, 산지사찰의 배치형식에 관한 연구, 고려대 석사논문, 1976

# 2. 고구려(高句麗)의 사찰건축

## 2-1. 고구려의 사찰건축

고구려시대에는 불교를 받아들이고 이를 널리 보급하기 위하여 사찰을 많이 건립하였다. 소수림왕 2년(372)에는 전진(前秦)의 왕(符堅)이 사신과 승려(順道)를 보내어 불교를 전하였고 「삼국사기」에 의하면 고구려는 372년 불교가 전래되고 나서 3년이 지난 375년(소수림왕 5년)에 기록상 우리나라 최초의 사찰이 되는 이불란사(伊弗蘭寺)와 초문사(肖門寺)를 창건하였다고 한다. 광개토왕 2년(403)에는 평양에 9개의 사찰이 창건되었고 문자왕(文咨王) 7년(498)에는 평양 금강사(金剛寺)가 창건되었다. 이외에도 여러 사찰들이 세워졌으나 그 위치는 확실하지 않다. 그 터가 알려져 있는 사찰은 평양의 금강사지, 광법사지, 상오리사지, 영명(永明)사지 등이 있으며 실제 발굴조사에 의해 확인된 고구려 사원 터는 대부분 평양부근에 집중되어 있다. 그리고 평양 교외의 정릉사지와 청암리사지가 있다.

당시 불교를 수입한 후에는 귀족층들의 적극적인 지원과 왕권 강화 유지에 어느 정도 목적을 두고 있었기 때문에 불교의 성격으로 보아 도성 가까이 불사가 건립되었을 것으로 생각된다. 단편적이기는 하나 평지에 가람을 조영하였으므로 당탑(堂搭)이 매우 장엄하였을 것으로 추측된다.

## 2-2. 고구려의 대표적 사찰건축

고구려 시대의 사지는 평양부근에 집중되어 위치하고 있는데 평원군 덕산면 원오리에서 발견된 원오리사지, 대동군 임원면 상오리의 상오리사지, 평양 교외의 정릉사지와 청암리사지이다. 이 가운데 원오리사지는 거의 배치상태를 추정하기 어려운 상태이고 나머지 세 곳이 비교적 사지 중심부가 확인되고 있다. 이들 유적은 모두 중심에 8각형의 탑지로 보이는 건물터가 있는 공통점이 있다.

청암리사지는 한반도에서 가장 오래된 가람양식으로 추정되며 팔각의 건축지를 중심으로 동과 서의 당(堂)이, 남으로는 중문지, 북으로는 동서의 당 규모보다 큰 당을 배치하여 모두가 정연한 구성을 이루고 있다. 중앙의 팔각 건물지는 사리를 안치한 목탑으로 동서에 각각 법당을 두고 북쪽에 불상을 둔 법당인데, 세 개의 금당으로 구성된 소위 **1탑 3금당식(三金堂式)가람배치**로 구성되어 있다.

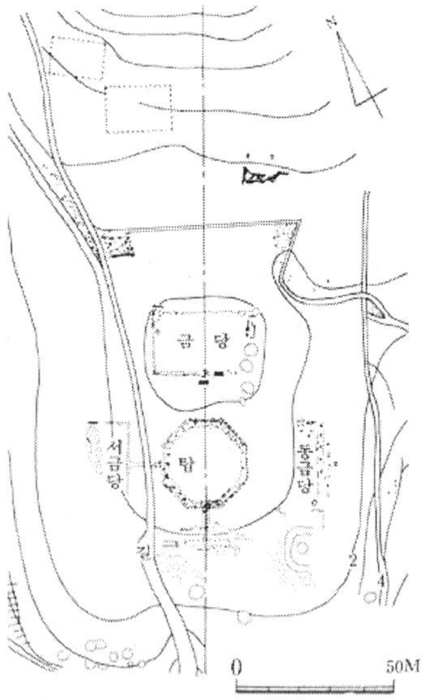


청암리 사지 배치도

정릉사지는 장수왕이 도성을 평양으로 옮긴 직후에 시조왕인 동명왕의 무덤을 이곳으로 옮기면서 자신의 장수와 국가의 안녕을 기원하여 창건한 것으로 본다. 평양시 역포 구역 무진리에 있는 동명왕릉에서 남쪽으로 약 150m 떨어진 산기슭에 있다. 정릉사지로 부른 것은 이 유적에서 '정릉(定陵)', '능사(陵寺)'라 새긴 토기편이 발견되었기 때문이다. 사지의 남북길이는 132.8m, 동서길이는 223m이고 총 대지면적은 3만㎡이며 건물터는 18개이고 회랑터는 10개이다. 정릉사지는 금강사지나 상오리 사지와는 달리 정확한 대칭구조에서 벗어난 가람배치를 보여준다. 발굴조사 결과 노출된 유구를 보면 남북 중심축선상에 팔각탑이 있고 이 탑의 동서에 각각 정면 3칸, 측면 2칸인 동·서 금당지가 위치하고 북쪽에는 북금당지가 있으며 이 금당지 북쪽으로 정면 13칸, 측면 4칸인 강당지가 있다.

북 금당지의 동서에는 각각 정면 3칸, 측면 1칸의 종루지와 정면 5칸, 측면 2칸의 경루지가 남향하여 자리잡고 있다. 이는 금강사지 등에서도 볼 수 있는 고구려의 전형적인 **1탑(塔) 3금당식(金堂式) 가람배치(伽藍配置)**이다.

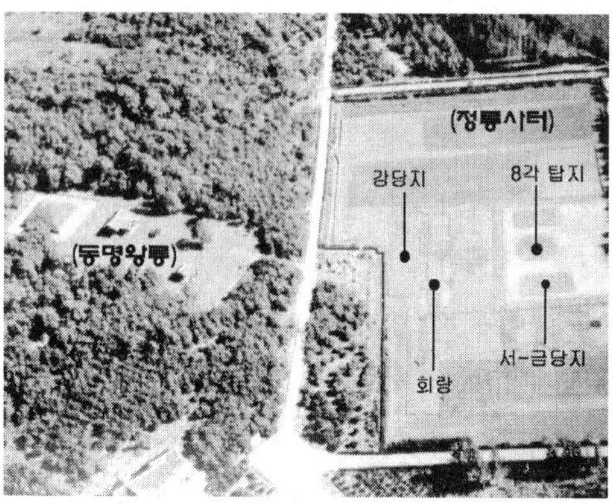


정릉사지 항공사진

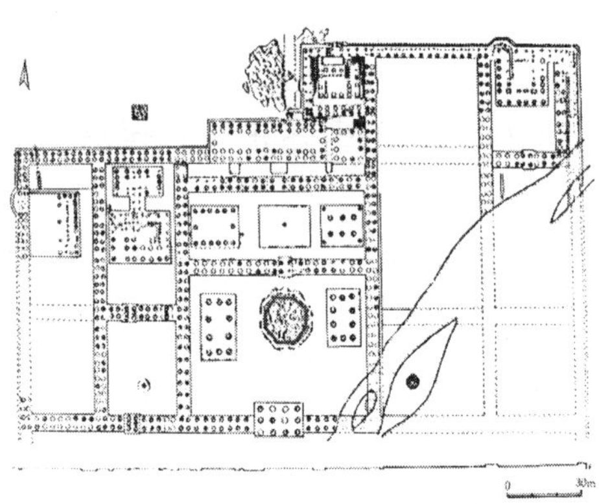

정릉사지 배치도

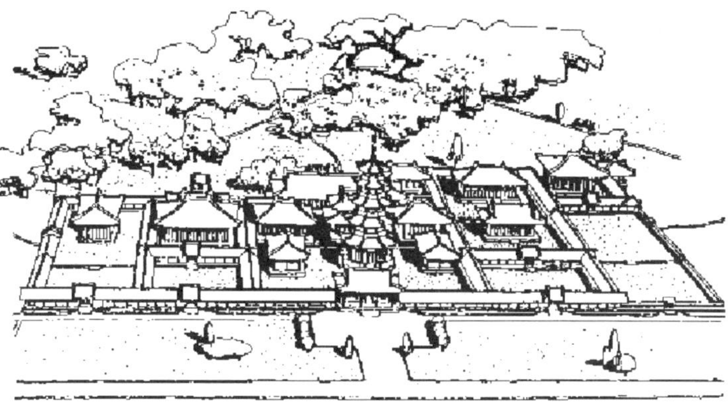

정릉사 복원도(한국건축학회, 한국건축사, p.111참조)

이제까지 발굴된 고구려 사지(寺址)의 특징(한국건축사, 대한건축학회, P.112)을 정리하면 다음과 같다.

- **첫째** : 남북 자오선을 배치의 주축으로 하였으며 그 축선상에 중문, 탑, 금당을 일렬로 두고 탑의 동서에는 동서금당을 대칭으로 배치하는 소위 1금당식 가람을 이룬다는 것이다.
- **둘째** : 가람 조영시의 척도로 고려척을 사용하며 탑 기단의 절반을 단위기준으로 건물의 크기와 간격을 정하였다.
- **셋째** : 1:2, 2:√2, 1: 1.616와 같은 비례체계를 많이 사용하였고 정사각형, 정팔각형과 같은 기하학적 도형을 많이 사용하였다는 점이다.
- **넷째** : 건축물의 구조적 특성을 정확하게 파악하여 단층건물에는 독립기초를 사용하고 탑과 같이 하중을 많이 받는 부분은 전면막돌다짐 기초를 사용하여 구조적 안정성이 보장되도록 하였다.

평양 사찰복원 - 금당과 고구려시대의 전형적인 팔각형탑이 복원되어있다.

평양사찰복원 - 고구려 무덤에서 볼 수 있는 전형적인 고형식과 人대공이 보인다.

# 3. 백제(百濟)의 사찰건축

## 3-1. 백제의 사찰건축

삼국시대 건축문화는 우리나라에 불교가 전래되면서 더욱 발전하게 되었고, 결과적으로 통일신라시대의 건축문화 황금기를 이루는 기반이 되었다. 이중에서도 가장 선진적으로 우리나라 전통건축형식을 이루었다고 볼 수 있는 것이 백제의 불교건축문화라고 할 수 있다. 백제에 불교가 처음으로 들어온 것은 고구려가 불교를 받아들인 지 12년 후인 침류왕 원년 때(384)로 호승(胡僧) 마라난타에 의하여 전하여 졌다. 이듬해에는 한산(漢山)에 불사가 창건되었다. 그 후 백제가 도읍을 공주를 거쳐 부여로 옮기고 나서 성왕에 의해 불교가 많이 진흥되었고 또 일본에 불교를 전해주는 등 활약이 컸던 것으로 믿어진다. 그러므로 백제의 사원건물터가 밝혀지는 곳도 거의가 부여 지방이고 한강 유역이나 공주 지방에서는 거의 밝혀지지 않고 있다. 그러나 백제가 삼국 중에서 일본의 불교건축에 가장 많은 영향을 주었기 때문에 우리나라의 일제강점기 때 일본인들은 자국의 사찰건축에 대한 연구를 위하여 부여지역을 중심으로 많은 백제시대 사지의 발굴을 진행하기도 했다

기록에 의하면 왕흥사(王興寺, 부여 규암면), 담악사(淡岳寺, 부여), 조합사(鳥合寺), 천왕사(天王寺), 백석사(白石寺), 미륵사(彌勒寺), 오암사(虎岩寺, 부여 규암면), 사자사(獅子寺, 익산 금마), 수덕사(修德寺, 충남 예산), 전주의 보광사(普光寺), 익산의 오금사(五金寺), 전주의 경복사 등이 유명한 것이었다. 이 중 왕흥사(王興寺)는 국가적 조형의 대사찰로 법왕 2년으로부터 무왕 35년까지 전후 35년간 조영한 대사찰로 절이 강가에 면했고 건물에 색채를 입히는 등 장식을 화려하게 했으며 왕이 나룻배를 타고 절에 가서 의식에 참여했다고 전한다. 그러나 나머지 대부분 사찰은 현재 남아 있는 사지를 찾아볼 수 없으며 익산 미륵사지와 부여 정림사지, 부여 군수리(軍守里), 그리고 가탑리(佳塔里), 동남리(東南里)에 있는 이름 없는 사지와 부여군 은산면 금공리(夫餘郡 恩山面 琴公里) 금강사지 및 적성면(積誠面) 현북리(懸北里)사지, 공주 대통(大通)사지, 서혈(西穴)사지 등의 사지가 남아 있어서 백제의 가람배치의 대강을 알아 볼 수 있게 되어 있다. (한국건축사, 윤장섭, 동명사, p.81)

특히 군수리, 동남리, 금강, 서북, 정림사지 등에 공통적으로 보이는 가람 중심부의 배치모습은 남북 방향의 직선 축을 따라 「문 → 탑 → 금당 → 강당」이 일직선상에 놓이고 문 좌우로 연결된 회랑이 남북으로 긴 장방형을 이루면서 탑과 금당을 둘러싸고 강당 좌우로 연결된 것이다. 이런 배치를 흔히 **『일탑식(一塔式) 일금당(一金堂) 가람배치』**로 부른다. 부여의 각 사지는 기본적으로는 대개 일탑식 배치를 취하지만 각 절터는 건물배치에서 서로 다른 차이를 보이고 있다.

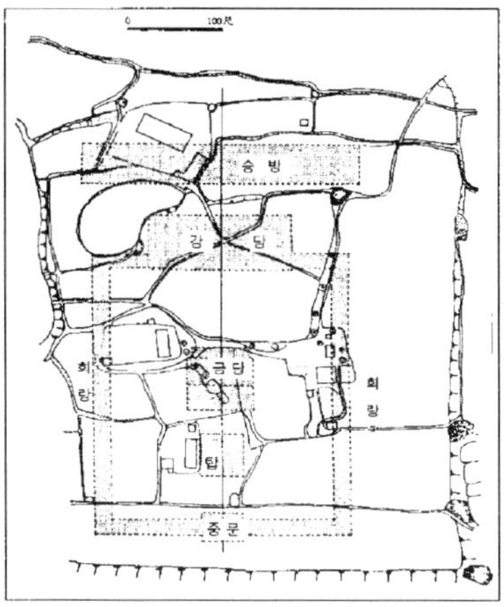

부여 금강사지 배치도

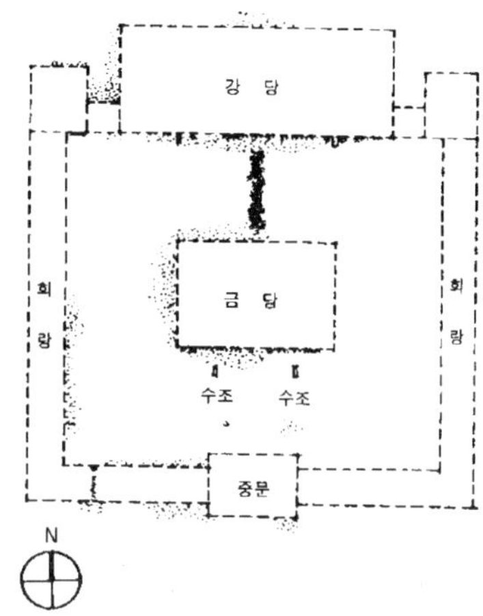

동남리사지 배치도

## 3-2. 백제의 대표적 사찰

### 1) 군수리(軍守里) 사지

부여읍 군수리에 있는 이 절터는 1935~36년에 일본인 이시다 모사쿠(石田茂作)에 의해 발굴조사 되었다. 발굴결과 군수리 사지의 가람은 남향한 1탑식으로 남쪽에서부터 중문→탑→금당→강당이 남북축에 맞추어 배열되고 중문터 양측과 강당터 양측을 연결하는 회랑터가 중심부를 방형 평면을 이루면서 둘러져 있다. 금당은 이중기단으로, 목탑지에서 북편으로 8.9m 떨어져 있으며, 전체 규모는 동서 너비가 27.27m, 남북 길이 18.18m이다. 또한 금당지의 주축 방향은 자북에서 동쪽으로 약 5도 기울어져 있다. 금당지의 기단흙 축조기법에 있어 기단 흙은 자연지형을 이용하여 구축한 것으로 적갈색 점질토 등이 기단토로 사용되고 있었다.

군수리 사지의 가장 큰 특징은 금당지의 기단 축조방식인데, 일종의 와적기단으로 기와를 人 자형으로 맞물리게 하여 기단을 축조하였다. 남면의 경우는 이러한 합장식 와적기단이나 동·서·북면은 암기와를 수직으로 세운 수직 횡렬식 와적기단이다. 이 중에 합장식 와적기단의 경우, 현재 우리나라에서는 군수리사지에서만 유일하게 나타나는 기단축조방식이다.

목탑지의 위치는 금당지 남편으로 8.9m, 추정 중문지 북편에서 15m, 동·서의 회랑지로부터 각 약26m정도 떨어진 사역의 중심부에 위치하고 있으며 주축방향은 금당지와 일직선축을 이루고 있다. 규모는 동서남북이 모두 14.14m로 정방형을 이루고 있다.

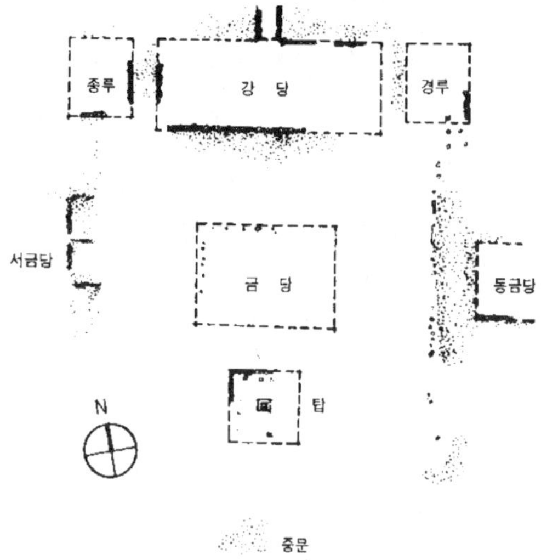


군수리사지 배치도

합장식 와적기단

수직 횡렬식 와적기단

* 참고: 부여 군수리사지와 능산리 사지의 발굴결과 비교를 통한 금당지와 목탑지의 구축기법 해석, 대한건축학회 학술발표논문, 김태형 외 1인, 2007. 10 pp613~614

### 2) 미륵사(彌勒寺)

미륵사가 건립된 것은 백제가 부여에 도읍을 정하고 한창 국력이 회복되고 왕권의 전제화가 실현된 시기인 무왕(600~641)때이다. 절터는 도성 부여에서 멀리 떨어진 익산 금마면의 용화산 바로 아래로 무왕이 또 다른 도성을 세울 계획을 세웠던 곳이라고 알려져 있다.

전체적으로 산기슭으로 감싸여 있는 평지에 가까운 지역에 남향하여 있고 가장 큰 특징은 동·서원(금당)에는 석탑을 두고, 중원에는 목탑을 두어 각 금당 앞에 탑을 각각 위치시켜 3탑 3금당을 이루는 소위 「삼원식(三院式)」 배치를 하고 있다는 것이다. 이러한 삼원식 가람구성은 창건 설화에 나오는 미륵 삼존불을 각기 모시고자 한 것과 '용화삼화(龍華三會)'를 상징하기 위한 구성법이라고도 이야기 한다. 또 가람의 남쪽 동·서에는 당간지주가 각 1개씩 놓여 대칭을 이루고 있다.

좀 더 자세히 배치방식을 정리하면 삼원병열식 가람으로 동·서 및 중원으로 구획되어 있는데, 각 원에서는 중문과 탑·금당을 1동씩 두어 일탑식 가람을 동서축선상에 나란히 배치하고 강당은 중원 북쪽에 하나만 두고 있다. 또 동·서원에는 석탑을 두고 중원에는 목탑을 두어 3탑, 3금당을 이루고 승방은 동·서원 북쪽에 있어 남북으로 뻗게 하여 그 양퇴간(兩退間)을 열주로 터서 강당터로 통하는 회랑의 연속으로도 이용하고 있다. 이와 같이 3구역의 가람을 나란히 배치한 것은 『삼국유사』 창건기에는 "삼소창(三所創)"이라고 기록되어 있다.

미륵은 인도의 바라나국 겁파리촌의 귀족 집안에서 태어나 젊은 나이에 죽은 뒤 도솔천에 왕생하여 미륵보살이 되었다. 이 과정을 '미륵상생(彌勒上生)'이라 부른다. 미륵보살은 도솔천의 하늘나라 사람들을 위해서 설법을 하고 있으며, 56억 7천만년 후에 지상에 내려와서 3번의 설법을 통해서 이 땅의 중생들을 구제할 예정이다. 도솔천의 미륵보살이 지상의 미륵불로 하강하는 과정을 '미륵하생(彌勒下生)'이라 부르고, 미륵불이 행하는 3번의 설법장을 '용화삼회(龍華三會)'라 한다. 미륵불이 이 땅에 여는 세계를 '용화세계'라 칭한다. 미륵불 만은 아직 출현하지 않은 유일한 미래의 부처다. 따라서 현실의 변혁과 변화를 갈구하는 이들에게 미륵불은 구원의 메시아로 각광을 받았다. 미륵신앙은 한때 지배자들에게 가장 인기 있는 대상이었지만, 점차 피지배자의 메시아적 민중 신앙으로 확산되었다. 「시대를 담는 그릇 1, 월간이상 건축, 김봉렬, p.88」

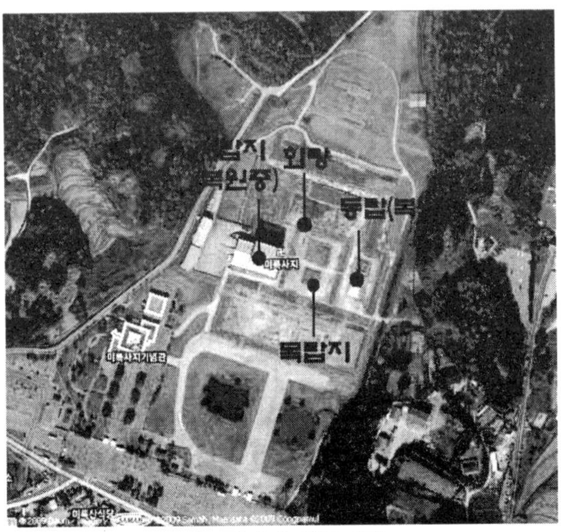

미륵사지의 항공사진

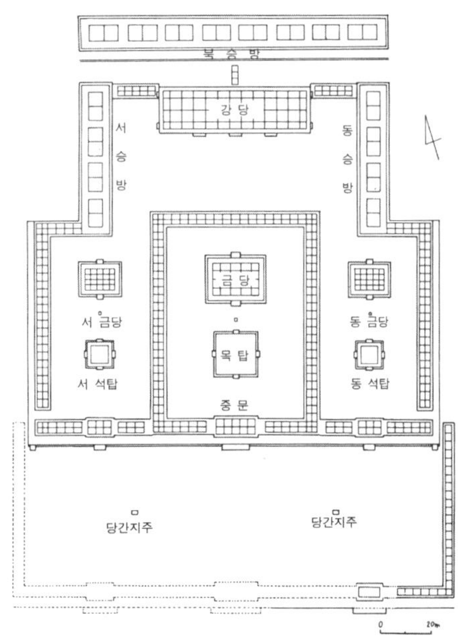

미륵사지의 배치도

미륵사의 평면계획은 우리나라 고대사찰 중 그 어느 것보다도 거의 완벽하게 기하학적으로 규제되어음을 알 수 있다. 가람 전체의 규모는 남회랑터의 동·서 기단 끝까지의 길이가 고려척(약 35.5

㎝)으로 490자이고, 중원가람의 동·서 회랑터의 건물 중심선간 거리는 190자이며 남·북 회랑터의 건물 중심간은 246자이다. 그리고 동·서 회랑터간이 거리는 140자이며 가람 북쪽 강당구역에서 동·서 승방터 외측 기단의 거리는 379자로 중문터에서 강당터 중심간 거리인 380자에 가깝다. 또 중문터에서 탑자리까지의 중심거리는 88자이다. 중원 가람에서 중문과 금당터 중심간의 거리인 176자는 중원 동·서 회랑터의 내측 변주열간(邊柱列間) 거리와 같다. 그러므로 탑의 심주자리를 중심으로 176자를 한 변으로 하는 정사각형을 그릴 수 있는데, 이것이 미륵사 가람의 규모를 정해주는 기본 길이가 된다. 이 정방형의 대각선 길이는 계산상으로 248.8자가 되는데 이것은 중원의 남회랑에서 북회랑 중심 간의 거리인 246자와 거의 같다. 그러나 본래의 강당기단인 북변이 현재의 기단보다 약 1.2m 북쪽에 있었던 것을 감안한다면 본래 강당터 기단 북변 중앙에 그 정점이 놓이는 것을 알 수 있다. 이러한 가람의 남북 총길이는 전술한 정방형의 한 변인 176자를 한 변으로 하는 정팔각형으로도 한정되어 이 팔각형의 전폭은 계산상으로 176+ (176×1.414)=424.86자가 된다. 또 이 기본 정사각형을 북쪽으로 연속하여 하나를 더 그려보면 이 북쪽변은 강당 기단의 남변에 일치되어 계산상으로 중금당터에서 강당터 중심간의 거리인 204자에서 강당터 기단의 남북폭 56자의 반을 제하면 176자로 일치된다.

또 강당터의 동서 주칸 총길이는 176자로 동·서 승방터의 남북 주칸 총길이와 일치된다. 동·서원에서는 남회랑 기단 북변에서 금당터 남변까지의 거리 153자를 한 변으로 하는 정사각형을 그리면 각 동·서 회랑터의 외변주열에 한정되며 또 금당 기단의 남변을 한변으로 하는 정팔각형의 남변은 석탑 하층기단 남변에 떨어져 남북길이가 85자가 된다. 결국 미륵사의 가람 조영계획은 정삼각·사각·팔각형으로 규제되고 있음을 알 수 있고, 이에 따라 건물의 위치를 정한 것으로 믿어지며 아래의 가람 배치 원리에서 보는 바와 같이 여러 방법으로 도식이 이루어짐을 알 수 있다.

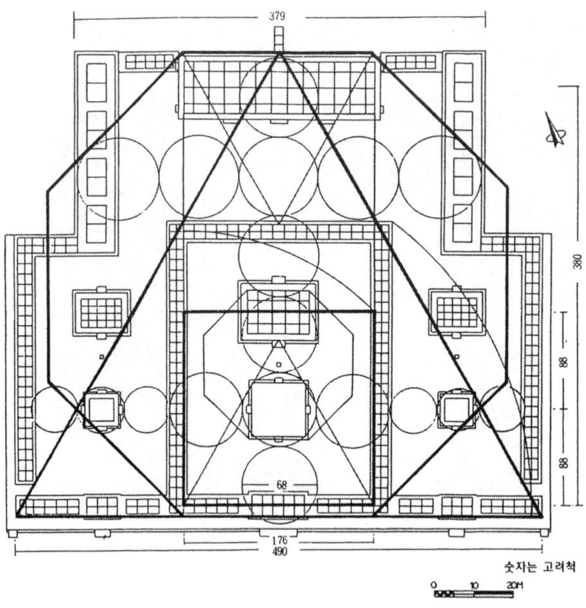


미륵사의 배치 원리

금당 유구의 가장 흥미로운 점은 바닥구조인데 바닥에 지대석을 놓고 그 위에 높이 약 1m 정도의 주춧돌을 45° 돌려놓았다. 주춧돌 위는 인방을 걸친 흔적도 있어서 금당 바닥이 빈 공간을 이루도록 하였음을 알 수 있다. 이는 창건설화에 나오듯이 이 절이 용을 상징하는 미륵 삼존불을 모신 곳이므로 금당 바닥을 물이 채워져 흐르는 연못으로 상징한 것이라는 설명도 있고 일종의 마루구조를 상징한 것이라는 설명도 있다.

미륵사지 서탑은 기단부의 이상의 유구가 남아있고 해체조사 과정(2001)에서 건립 연대가 밝혀진 유일한 한국의 고대 건축물이라 할 수 있다. 또한 고층의 대형 불탑으로서 비록 일부가 붕괴된 상태로 존재하였으나 발굴조사를 통해 얻을 수 있는 유지 및 유구, 그리고 관련 유물들과 더불어 고대 건축 연구, 특히 백제 사찰건축에 있어서 향상 관심과 논의의 대상이 되어 왔다. 기존의 연구에서 미륵사지 서탑은 백제의 시원형 석탑으로서 따라서 당시 목탑을 석재로써 표현한 최초의 시도로 인식되고 있다.

복원되기 전의 서탑 모습

서탑 해체분해과정에서 사리장엄이 발굴되었다. - 사진 중앙부 볼록하게 올라온 돌 부분

석탑을 해체하는 과정에서 1층 심주석 중앙 방향 사리공(한변 25cm, 깊이 27cm) 안에서 사리호 등 19종 638점의 국보급 유물이 출토되었다. 출토 유물 중 사리호는 외호, 내호, 유리병의 3중 구조로 밝혀졌으며 금제사리봉안기의 명문으로 이 석탑이 백제 무왕 639년에 창건되었음이 확인되었다.

복원된 동탑과 복원중인 서탑(덧집-복원중)이 있는 터

서금당지의 장초석과 지대석의 모습 - 금당 바닥에 빈 공간을 조성하기 위하여 장초석을 사용하였다.

### 3) 정림사 (定林寺)

정림사터는 충청남도 부여군 부여읍 동남리에 위치하고 있다. 1942년과 1943년에 걸쳐 일본인 후지사와가즈오(藤澤一夫)에 의하여 부분적으로 발굴조사 되었는데, 당시 발굴된 기와에 정림사라는 글자가 새겨진 것으로 정림사터임을 알 수 있었다. 절터에는 백제 5층 석탑과 그 북쪽에 강당터로 보이는 고려시대의 것으로 보이는 석불좌상이 남아 있다. 정림사지 5층 석탑은 석탑 양식의 초기적인 성질이 잘 나타나 있는 우아하고 아름다운 석탑이다. 맨 아리 층 옥신에 '大唐平百濟國(대당평백제국)'이라는 각명이 있어 흔히 일제 때에는 '대당 평제탑'이라고 불렸으며 백제 멸망의 비운을 전해 주는 탑으로 잘 알려져 있다. 좁고 낮은 단층 기단은 중간의 받침 기둥만이 약간 아래가 넓을 뿐 귀기둥은 변화가 없다. 옥신부는 전체 한 칸면이 두 매의 판석으로 구성되고, 귀기둥은 배흘림 기둥의 형식을 취하고 있다. 각 층 옥개석과 옥신 괴임돌 큰 판석으로 되어 있다. 특히, 옥개석의 받침은 미륵탑이나 왕궁리 석탑과 같이 층단형이 아닌 긴 판석을 평방 형식으로 놓았다. 그 위에 목조건물의 두공 형식을 변형시킨 옥개석 하면의 받침을 두었다. 이는 다른 불탑에서는 볼 수 없는 형식으로 미륵사지 석탑의 시원적 성격에서 벗어나 발전된 수법으로 보이고 있어 형식이 정제되어 가는 과정을 보여주는 좋은 예이다.

정림사터의 위성사진 (2009)

정림사 5층석탑과 복원된 강당의 모습

금당이 정면 7칸에 측면 9량 구조로 복원된 모습

금당의 공포는 사라진 하앙구조로 복원되었다.

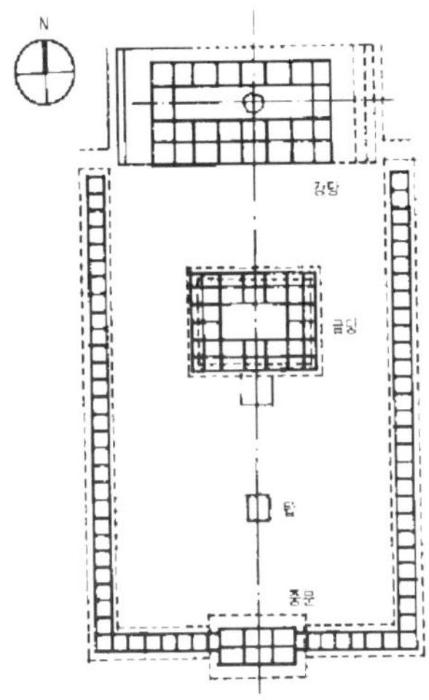


부여 정림사지 배치도

1979년과 1980년 본격적으로 발굴 조사하여 가람의 성격을 알 수 있었다. 남향한 일탑식 가람으로서 남쪽에서부터 중문터와 5층 석탑, 금당터, 강당터 등이 남북축선상에 놓였고 강당터 좌우에는 작은 건물이 각 한 개씩 놓였던 것 같고 중문과 이 건물터 사이에 회랑이 연결되었다. 또 중문 남쪽에는 남문터가 있었으며 그 앞 양쪽에는 연못자리가 노출되어 있다.

중심곽의 규모는 동서 폭이 고려척(약 35.3㎝)으로 130자, 중문에서 강당터까지의 중심거리가 220자로 비교적 폭이 좁고 긴 구획을 이루고 있다. 중문터에서 석탑까지의 중심거리는 고려척으로 55척이고, 석탑에서 금당터 사이 중심거리는 75자로 뒤에 설명할 절터들처럼 같은 거리가 아니고 탑에서 금당까지의 거리가 더 길다. 또 금당에서 강당터까지의 중심거리는 90자가 되어 비례가 1:1.36:1.64가 되므로 좋은 비례를 보이지 않는다.

출토 유물로 보아 6세기에 속하는 것이 초창기의 것으로 추정된다. 그러나 석탑의 양식으로 보면 7세기에 세운 것으로 추정되는 익산 미륵사 석탑보다 시대가 앞서는 것은 아니다. 그러므로 이 석탑은 정림사 초창기의 것이 아니라 중창기에 목탑 대신 세워진 것이 아닌가 추측된다.

## 4. 신라(新羅)의 사찰건축

"삼국사기", "신라본기(新羅本紀)" 법흥왕조(法興王條)에 신라에 불교가 전해진 설화가 기록되어 있다. 이 기록에 의하면 고구려로부터 승려 묵호자(墨胡子)가 선산(善山)에 먼저 들어와 포교하기 시작했고 이 후 고구려 승려 아도(阿道) 등이 들어와 전도한 후에 신도가 늘었고 그러다가 이차돈의 순교가 있었던 법흥왕 14년(527) 이후에 공인 되면서 사찰 조영이 시작되었다.

신라시대에 가장 먼저 조영된 불사건축은 흥륜사(興輪寺)와 영흥사(永興寺)였다. 삼국유사 흥법조(興法條)에 의하면 이 두 사찰은 승려 아도에 의하여 같이 조영되었다고 하고 한쪽에서는 흥륜사는 법흥왕 21년(534)에 시작되어 진흥왕 5년(544)에 낙성되었다고도 하여 확실한 연대는 알 수 없지만 그 수의 기록으로 보아 흥륜사에는 전각과 탑, 경루와 남문, 좌 · 우 회랑 그리고 남쪽에 연못 등이 있었고 통일신라시대에도 대대적인 중수가 있었음을 추측할 수 있다.

신라의 사지는 크게 통일신라시대 전(신라시대)의 사찰건축과 통일 후의 사찰건축으로 구분할 수 있다.

### 4-1. 신라의 사찰건축

신라는 고구려에서 불교가 공인된 후 150년이나 소요된 시기였고, 고구려, 백제와 달리 민간종교로 시작되어 결국 국가의 공인(법흥왕 15년, 528년)이 이루어졌다는 특성이 있다. 이후 흥륜사와 영흥사가 먼저 건립되고 이어서 황룡사, 기원사, 삼랑사, 분황사 등이 창건되었다고 한다. 왕국의 사상 통일의 요구와 왕권 강화를 위하여 호국적 성질을 띤 불교는 왕실과 국가의 비호로 차차 성장하게 되어서 도성을 중심으로 불탑의 건립이 크게 성행하게 되어 4C~7C 중반 사이에 고구려 백제와 더불어 도성 내에 수많은 사찰이 세워졌다고 전해진다. 흥륜사는 대표적 사찰이었고 사찰의 전모가 드러나 있는 곳을 황룡사 뿐이다. 황룡사 전체 배치는 고구려와 백제의 영향을 받으면서 세부에는 신라 토착요소를 살린 신라 최대의 거찰이다.

## 4-2. 신라의 대표적 사찰건축

### 1) 황룡사 (黃龍寺)

황룡사가 처음 지어지기 시작한 것은 553(진흥왕 14년), 569년 주변의 담장까지 완성되고(1차 가람) 5년 후인 574년(진흥왕 35년)에는 장육존상(丈六尊像) 그리고 다시 10년 뒤에는 절을 완전히 새롭게 조성하면서 금당을 완성하고, 645년(선덕왕 14년) 9층 목탑의 완성을 보게 되었다. 그 뒤에도 부분적인 개수 공사가 있었다. 흔히 창건 때는 가람을 1차 가람이라고 하고, 진흥왕에서 선덕왕 사이에 목탑이 조성된 가람을 2차 가람이라고 하는데 황룡사의 본격적인 건축적 특징이 나타나는 것은 2차람에서이다. 3차 가람은 황룡사의 동쪽에 있는 종이 주조된 754년경에 성립된 것으로 구분하여 생각할 수 있다.

가람별 특징으로 살려보면 1차 가람은 2차 가람을 만들면서 크게 파괴되어 탑과 금당이 확인되지 않으나 탑과 금당이 1개일 것으로 생각하고 있으며 탑은 목탑일 가능성이 크며, 1차 가람은 중문과 남회랑, 동회랑을 놓아 백제의 일탑일금당 형식이었다.

2차 가람을 이룬 때는 584년에 금당을 신축하고 목탑을 계획하던 시기로, 645년에 목탑을 세움으로써 이룩되는 장대한 기간이다. 목탑이 세워질 때를 전후한 시기까지 비교적 오랜 기간에 걸쳐 이루어졌으나 처음부터 계획이 있었는지는 분명하지 않다. 장육존상은 중금당에 있는 불대좌에 새겨진 불상과 광배를 끼웠던 홈 구멍으로 미루어 서 있는 불상이었을 것으로 생각된다. 2차 가람은 645년 구층 목탑을 건립하면서 완공된 것으로서, 내부를 구획하던 회랑이 없어지고 중문을 창건하여 가람의 남쪽에 새로 설치하였다. 또한 그 북쪽에 목탑, 중금당, 강당을 남북 일직선상에 배치하고 중금당의 동서쪽에 동서금당을 남향으로 배치한 일탑삼금당의 배치 형식을 취하고 있다.

2차 가람 완성 이후 여러 차례 걸쳐 수리와 중건이 계속되면서 황룡사의 가람 배치도 변화가 일어난다. 그 후 통일신라시대에 들어와 황룡사의 가람 배치는 다시 한 번 변화가 생기게 된다. 황룡사의 남쪽에서부터 남문, 중문, 탑, 금당, 강당이 중심선상에 자리잡고, 중금당 좌우에 각각 회랑을 갖춘 동서 금당이 위치한 일탑삼금당의 독특한 가람 배치가 이루어진다. 또한 목탑 좌우에는 정방형의 종루(鐘樓)와 경루(經樓)가 세워진다. 현재 각 건물들의 초석이 잘 남아 있어서 남쪽으로부터 중문, 탑, 금당, 강당자리를 볼 수 있고, 회랑 자리도 초석 흔적들이 남아 있다. 3차 가람은

2차 가람을 기본으로 탑과 남회랑 사이의 동쪽, 서쪽에 경루와 종루가 들어선 평면 배치의 가람이다. 이 가람은 2차 가람에 경루와 종루가 덧붙여짐에 따라 남회랑과 중문이 남쪽으로 약간 이동하여 위치하게 되고 남 회랑이 동·서 회랑보다 더 동쪽과 서쪽으로 연장되어 있다.

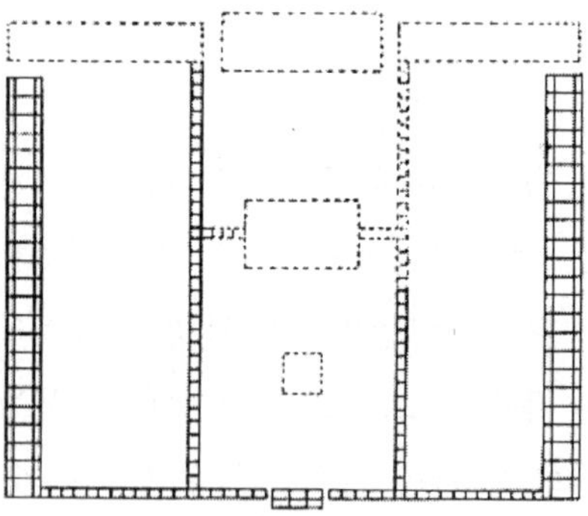

1차 - 창건 가람

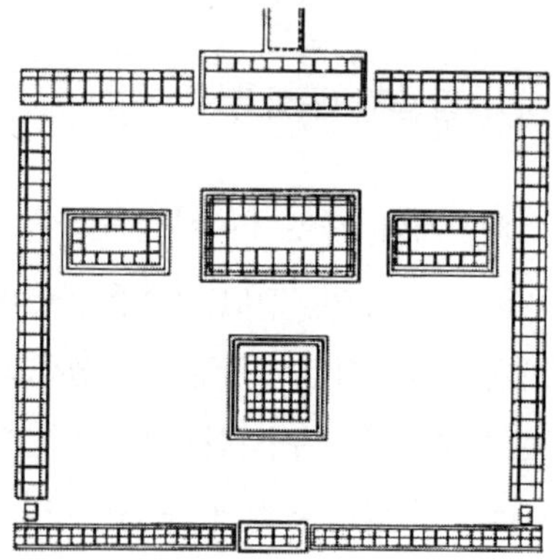

2차 - 중건 가람

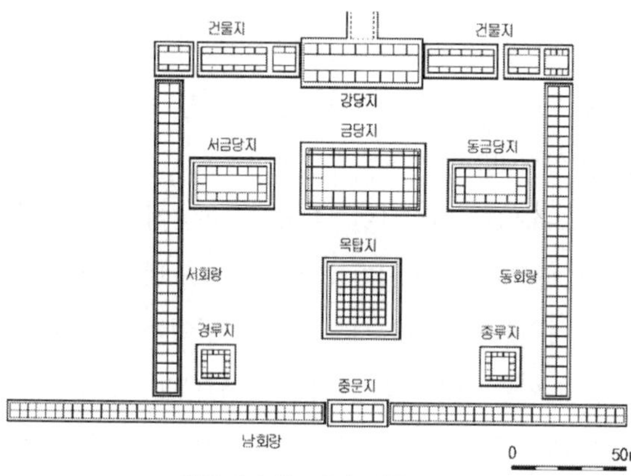


황룡사 3차 가람-최종가람

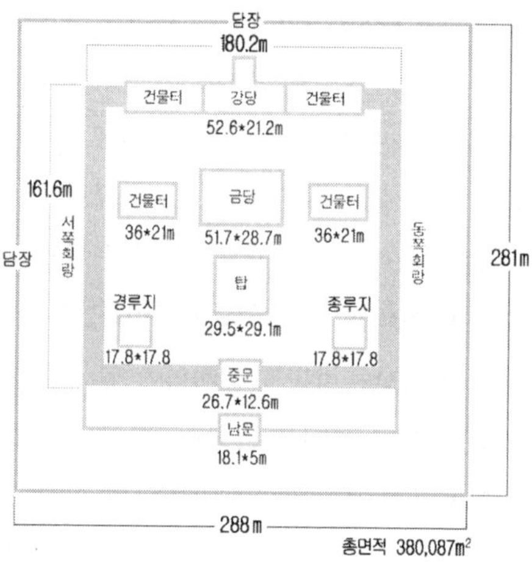


황룡사의 동종은 754년에 49만여 근의 구리를 들여 만들었다고 『삼국유사』에 기록되어 있다. 현재 경주박물관에 있는 성덕대왕신종의 무게가 12만여 근이므로, 황룡사종의 크기를 미루어 짐작할 수 있다. 황룡사는 산속에 위치하고 있는 다른 절과는 달리 평지에 위치함으로써 아늑한 느낌을 받을 수 없다는 단점이 있다. 황룡사는 이를 보완하기 위하여 가람 배치를 남문 3칸, 중문 5칸, 목탑 7칸, 금당 9칸, 강당 11칸으로 점차 칸수를 늘려 절 안으로 들어갈수록 부처님의 넓은 세계로 들어서는 느낌이 들도록 배려하였다.

황룡사탑은 9층 목탑으로 각 층은 주변의 아홉 나라를 의미하며, 이들로부터의 재해를 막기 위하여 지은 것이라 한다. 그 크기는 기단 한 변 길이가 22m, 층높이 약 80m로, 한 측면이 일곱 칸인 사각형 건물이다.

황룡사 3차 가람지 발굴현장

금당지에서 발굴된
182㎝높이의 치미

황룡사 복원 모형 - 9층 목탑과 종루 경루가 보임

### 2) 감은사(感恩寺)

경주군 양북면 용당리에 위치한 감은사는 682년 망덕사 보다 3년 일찍 지어졌다. 삼국유사에 의하면 문무왕이 681년 세상을 떠나면서 지의법사(智義法師)에게 죽은 후에 나라를 지키는 동해의 용이 되어 불법을 받들고 나라를 수호하겠다고 말하였다고 한다. 그리하여 동해변에 가람을 세워 불교의 힘으로 왜구를 격퇴시키려 했다. 그러나 그 절을 완성시키지 못한 채 승하하니 그의 아들인 신문왕이 부왕의 유지를 받들어 절을 완공하고 절의 이름을 감은사라 하였다고 한다. 문무왕의 유언에 따라 시신을 화장하고 유골은 감은사에서 한 눈에 볼 수 있는 동해바다 대왕암에 매장한 것으로 믿어진다.

감은사는 쌍탑식 가람의 전형적인 배치를 갖추면서 여기에 목탑이 아닌 석조 쌍탑을 세운 최초의 사찰이다. 배치는 회랑이 거의 정방형을 이루고 중심축 선상에 중문과 금당, 강당이 놓이며 금당 좌우에 익랑이라 부르는 회랑이 연결된다. 그 결과 회랑내부가 둘로 나뉘고 그 나뉜 공간은 동서방향으로 긴 형태를 취한다. 강당터 양측의 장방형 건물터는 규모로 보아 승방의 일종으로 추측된다. 가람의 규모를 보면 동서 회랑간의 중심거리가 약 70m이고 중문에서 탑까지의 축선거리는 탑에서 금당까지의 축선거리와 같아 약 15.6m로서 중문에서 금당까지는 약 31.2m이며, 금당에서 강당까지의 중심거리는 약 32.5m로서 전자와 거리가 거의 같고, 중문에서 강당터까지의 중심거리는 약 63.7m이다. 그러므로 가람은 남북 폭보다 동서 길이가 더 긴 특수한 형태를 보인다.

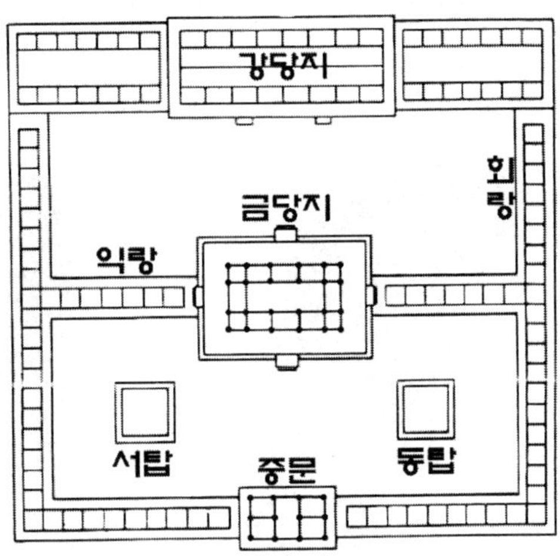


감은사지 - 배치도(강당지, 금당지, 익랑, 회랑 동・서탑 중문의 위치

이것은 아마도 산기슭에 위치한 지형상의 이유로 남북길이가 더 이상 길게 조성하기 어려워서가 아닐까 생각한다. 특이한 점은 금당의 바닥을 돌을 깍아 마루를 놓듯이 설치한 것인데 지면과 금당 바닥사이에 공간을 남기기 위한 수법으로 금당 바닥 서남쪽 모서리에서 동북쪽으로 하나의 지하 통로구조가 설치되고 동편으로 외부로 통하는 출구를 냈다. 이는 문무왕이 해용(海龍)이 되어 나라를 지킨다는 유언과 관계있는 것으로 보인다. 이런 구조는 백제시대의 익사 미륵사지의 금당 바닥 구조와 유사할 뿐 아니라 미륵 역시 용과 관련된 전설을 가지고 있는 점을 고려할 때 금당이 용으로 화한 절대적 권력자의 거처를 상징하는 신성한 공간임을 암시하는 것으로 사료된다.

감은사지 - 수리보수 중인 서탑과 회랑, 그리고 익랑의 초석들이 희미하게 보인다.

감은사 금당의 바닥 구조 - 돌바닥 아래로 공간이 보인다.

감은사 탑은 한국에서 가장 크고 오래된 석탑이다. 감은사 이후의 신라 사찰에서는 전형적으로 석쌍탑이 사용되기 때문에 신라 석탑의 시작으로서 중요한 의미를 지닌다. 석탑의 조성은 이미 백제 때 목탑의 형태를 석재로 재현한 것이 부여나 익산에서 나타났다. 신라 석탑은 기본적으로 그러한 백제 석탑을 계승한 것이라 할 수 있다. 신라 석탑의 구성요소는 기단부, 탑신부, 상륜부 3부분으로 나눈다. 기단은 보통 하단과 상단으로 된 이중 기단인데 기단 면에 기둥 모양으로 새긴 탱주와 면석, 그리고 상부를 덮는 갑석으로 구성된다. 탑신부는 탑의 몸체가 되는 탑신과 지붕인 옥개석이 기본이 되며 상륜부는 노반을 제일 밑에 두고 중간에 몇 겹의 둥근 접시 모향의 보륜이 중첩되고 꼭대기에 수연과 보주가 장식된다. 탑의 높이는 노반까지 약 10m정도이며 옥개석은 위로 올라가면서 눈에 띄게 줄어들어 강한 체감률을 보이며 전체적인 느낌은 거대하고 당당하며 절제하여 단순화시키고 기단을 강조하고 3층 지붕의 체감률을 높인 데서 오는 조형의 효과가 극치를 이룬다.

감은사의 동탑과 서탑의 모습 - 석탑의 3개 구성요소

감은사탑의 기단부 세부 명칭

신라의 경우는 황룡사지에서 보이듯이 탑은 사찰의 가람에서 중요한 위치를 차지하여 금당의 중심축선상에 위치하고 삼국통일 이후에는 감은사지 등에서 보이듯이 금당의 동서에 쌍탑이 놓이는 방식으로 발전되며 또한 석탑으로의 재료적 변형도 나타나고 있다.

### 3) 쌍탑의 의미

황룡사 이전의 모든 사찰의 탑은 단탑(單塔)이었고 사천왕사 이후의 모든 탑은 쌍탑이었다. 탑이 하나에서 둘로 변하는 것이 통일 후 사찰 건축에서 가장 큰 변화인데 이는 고대 불교 건축사의 흐름으로 볼 때 사오백년 동안 흘러내려 오던 기본적인 형식 자체가 변한 것이다.

불교사찰의 시작은 당이 아닌 탑의 건립으로 시작되어 탑 주변에 당이 세워지는 방식으로 흘러왔다. 즉 탑의 주변에 2금당에서 3금당으로, 그리고 다시 일금당으로 바뀌는 과정을 겪는다. 그러나 일탑 일금당이 되면서 금당의 비중이 이미 탑과 대등하거나 탑보다 커진 것을 확인 할 수 있다. 다시 말해서 쌍탑의 출현은 금당과 탑의 세력다툼의 과정으로 몇 백 년의 시간을 보내고 난 후 얻어진 하나의 도달점이었고 그 과정은 탑에 대해 당이 점진적인 우위 확보의 과정이었다. 탑이 둘로 나뉜다는 것은 과거에 중심구조물이었던 탑이 금당의 좌우에서 금당을 옹위하는 부속적 구조물로 전락하였다는 것을 의미한다.

## 4-3. 통일신라 이후 사찰건축

### 1) 시대적 배경

신라가 삼국통일을 이룩하도록 사상적인 뒷받침을 해준 것은 불교문화의 발전이다. 황룡사의 9층 목탑은 신라의 왕도 어디에서나 바라볼 수 있도록 높고 크게 건립하여 국민들의 구심점이 되도록 하였고, 화랑을 미륵신앙과 결부시켜 나라를 구하고 평화로운 황금시대를 이룩하는 수단으로 이용하여 결국 통일을 이룩하는데 성공한 것이다. 또 사천왕사의 조영도 신라인의 통일을 염원한 하나의 상징이었음을 알 수 있다.

이렇게 염원과 수단으로 삼국통일을 이룩한 만큼 통일 수 불교문화는 황금시대를 맞게 되며 따라서 신라는 삼국을 통일한 693년을 기점으로 7~9세기에는 불교를 중심으로 한 문화적 전성기를 이룬 시기라고 할 수 있을 것이다. 신라가 당의 세력을 무력으로 몰아내고 통일을 쟁취하였던 사실은 당시 당나라의 국력과 위세를 감안할 때 통일은 더욱 값진 것이다. 또한 통일 후 얻어진 막대한 영토와 인구에 힘입어 새로운 정치적 · 사회적 발전을 이룩하게 되지만 여러 문물제도에 있어서는 당나라의 제도와 문화를 수용할 수밖에 없었고 그러한 과정에서 어느 정도의 중국화를 면치 못한 것도 사실이다. 그러나 한편으로 신라는 통일 후 고구려의 문화를 수입하면서 대륙문화의 전반적 윤곽을 이해하게 되고 백제문화를 통해서 세련미를 획득하는 등 고구려와 백제의 문화를 계승하여 새로운 통일신라의 문화로 발전시키기도 했다.

간단히 통일신라시대의 문화적 특징을 요약하면 삼국문화를 계승하고 당(唐)문화라는 국제적 조류에 적극적으로 참여하면서 민족문화의 고대적 정통성과 자주성을 확립한 경우라고 할 수 있다. 이러한 성격은 다른 어느 방면에서 보다도 예술에서 가장 잘 드러난다. 통일신라시대의 미술은 삼국미술이 내향적이고 정신적인 면이 강했던 점과 비교할 때 보다 외향적이고 정신적인 면보다 외형에서 세련과 미를 추구하였던 것으로 관찰된다.

반면에 경주중심의 행정, 경제, 문화가 너무 오래 지속되면서 문화적 정체성도 심각하여 중앙과 지방과의 불균형과 부조화가 신라문화 발전에 걸림돌이 되기도 했지만 불교가 전국민을 하나로 엮어주는 정신적 구심적 역할을 잘 해주어 어느 정도 지탱할 수 있었지만 결국에는 중앙과 지방의 부조화 때문에 나라를 잃는 결과에 이르게 된다.

### 2) 신라말 불교사찰

9세기 이후부터는 복잡한 교리대신 심성을 도야하는데 치중하는 선종이 보급되기 시작한다. 특히 지방의 호족들에게 환영받는 교파로서 점차 그 영향력이 커지면서 한반도 불교의 중심적 교파로 자리 잡게 된다. 이런 영향으로 9~10세기 사이에 불교사찰의 건립은 한반도 각 지역으로 널리 확산되었을 뿐 아니라 불교는 사회, 문화의 모든 영역에 깊게 자리 잡으면서 정신적 지주의 역할을 담당하게 된다.

사찰의 배치에서는 신라의 반도 통일이후부터 유행되어 온 쌍탑식 가람구성이 여전히 계승되었지만 탑을 하나만 건립하는 것이 더 널리 수용되었고 또한 전혀 탑을 갖추지 않는 사찰도 나타났다. 전반적으로 8세기 이전까지 지속되던 고대적 규범에서 벗어나는 경향이 지배적이었다. 이는 9세기 이후에 들어오면서 세워지는 쌍탑가람은 금당과 탑의 기하학적인 비례관계보다는 가람이 들어선 지형조건을 더 고려하여 신축성 있는 구성을 한 것으로 생각된다. 다시 말해 탑이 일정한 위치에 자리하는 것이 아니라 지형에 따라 탑의 자리가 자유롭게 배치되었다.

쌍탑식보다 이 시기에 더 보편적으로 나타난 방식은 금당 주변에 탑을 하나만 조성하는 것이다.

탑을 대칭으로 둘 세우는 것이 아니기 때문에 탑을 세는 방식에 훨씬 다양성이 가미되고 탑은 불전 바로 앞에 세우는 것이 일반적이지만 불전 측면이나 지형상 알맞은 곳이면 형식에 구애받지 않고 탑을 세우기도 했다. 따라서 일탑식이라고는 하지만 백제 때 부여지방에서 볼 수 있는 전형적인 일탑식 가람과는 전혀 성격이 다르다고 하겠다. 탑을 하나 두는지 둘 두는지 하는 문제보다 더 획기적으로 나타나는 변화는 가람구성 방식 자체를 새롭게 꾸미는 것이었다.

9세기로 넘어 가면서 불교사찰은 쌍탑식 가람으로 대표되는 신라의 정형적인 가람구성의 규범을 벗어난 모습들을 보여준다. 이러한 변화는 당문화와 교류를 통하여 신라의 승려들이 중국에서 유학을 마치고 돌아오면서 불교계에 새로운 바람을 일으킨 영향도 크다고 할 수 있다.

8세기 이전에 사찰의 창건은 대개 왕실이나 귀족의 지원 아래 이루어졌다. 그러나 9세기 선사상에 투철한 승려들은 귀족층의 지원에 연연하지 않고 자급자족적인 정신으로 사찰을 개창하게 되면서 적은 자본으로 소규모 사찰들이 많이 지어졌다. 그리고 왕실의 지원에 의존하지 않고 독자적으로 조성되는 사찰들은 경제적으로 부담이 없는 도시보다 산지가람으로 조성되면서 회랑을 두르고 좌우 대칭의 엄격한 격식을 중시하는 건물 구성보다 실질적인 종교의식에 충실한 공간구성이 우선되었다고 할 수 있다. 반면에 9세기 이후 신라는 왕권이 약화되면서 귀족세력이 대두되는 정치적 혼란기에는 지방 호족들이 자신의 지배력을 강조하기 위한 목적으로, 다른 한편으로는 순수한 종교적 열정으로 사찰 건립에 많은 지원을 아끼지 않기도 했다. 이런 지방의 호족의 영향은 이제까지 중앙 왕권의 상징물이던 고대적 건축규범에 대신해서 지역의 문화 특성을 반영한 새로운 건축이 전국적으로 형성되기 시작한다.

## 4-4. 통일신라 이후 대표적 사찰건축

### 1) 사천왕사와 망덕사지

신라의 불사건축은 삼국통일 이후(676년)에도 더욱 융성하게 된다. 이 시대에 창건된 불사로 삼국사기, 삼국유사 등의 문헌상에 기록된 불사만 해도 160여 개가 넘는다. 그리고 통일신라시대(7~8C) 때에는 불교문화가 고대문화를 꽃피운 시대인 동시에 정신적 지주역할은 물론 호국불교로서 국민에게 인식되었다.

사천왕사의 경우에는 일제시대 때 조사하였는데 문무왕 19년(679) 때 당군(唐軍)으로부터의 안위를 목적으로 지은 사찰로 현지에는 주초석이 비교적 잘 남아 있었지만 일본에 의해 금당터와 강당터 사이에 철길을 건설하는 등 무자비한 발굴로 인하여 배치를 확실히 읽을 낼 수 있는 상황은 아니다. 사천왕사(四天王寺)는 남회랑(南廻廊.22칸) 중앙에 전체 사찰 대문인 중문(中門.3칸×2칸)을 배치하고, 이 중문을 출발해 남북 일직선상에 금당(金堂.5칸×3칸)과 강당(講堂.미발굴)을 세웠으며, 금당 남쪽 동서 양측에다가 목탑(木塔)을 만들었다 금당(정면 5칸, 측면 3칸) 뒤편으로 강당이 위치하고 금당과 강당 양측 사이에는 좌 · 우 경루(經樓)가 위치하고 있다. 회랑은 단랑으로 중문에서 연결되어 탑 · 금당 · 경루(사방 3칸)를 에워싸고 강당 양측에 접하였는데 평면으로 보아 방형으로 이루어진 것으로 추정하고 있다. 현재 절터에는 입구에 당간지주가 1기 있고 각 건물터 별로 기단과 초석이 비교적 잘 남아 있다. 전체적으로 금당을 중심으로 동 · 서 양탑과 좌 · 우 경루가 서로 대칭되게 높이면서 구심성을 가지고 있는 배치라고 할 수 있다.

망덕사지(望德寺址)는 신문왕 5년(685)에 완공된 사찰이며 창건연기(創建緣起)는 사천왕사의 연기와 아울러 삼국유사에 자세히 기록되어 있다. 정확한 배치계획은 알 수 없고 사천왕사지 남동약 300m 떨어진 곳에 위치하고 있다. 일제 때 추정 복원한 배치도가 내용의 전부이다. 규모와 배치계획은 사천왕사와 거의 동일하나 종루와 경장이 회랑내에 포함되어 있지 않은 점이 다르다.

통일전과 비교 할 때 가장 두드러지는 차이점은 금당 앞에 탑이 한 개가 아니고 두 개로 늘어났다는 점이다. 그리고 종루(鐘樓)와 경장(經藏)이 회랑 내에 금당과 강당사이 양쪽에 독립적으로 위치하고 있다는 점이다. 쌍탑의 경우는 사천왕사 이후 모든 통일 신라 사찰에서 공통된 경우이고 종루와 경장의 문제는 이 사찰에서만 특수한 경우이다. (참고 : 사천왕사 이후 모두 단탑이다.)

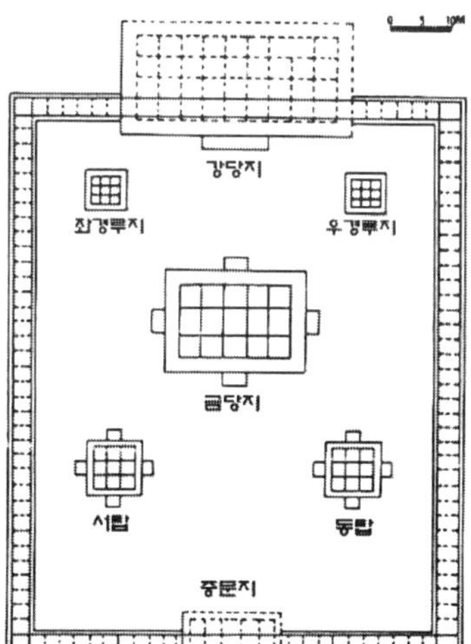

사천왕사의 추정 배치도

절터를 가로지르는 철길의 모습이 보이는 사천왕사의 현재 모습

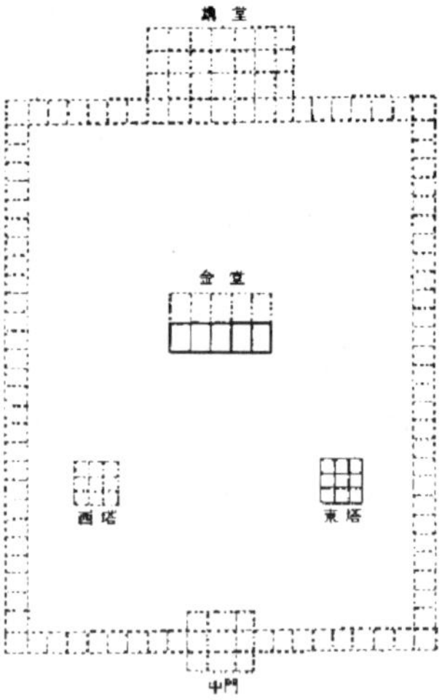


망덕사지 추정 배치도

남산 주변의 사지 위치

#### 2) 불국사(佛國寺)

신라는 삼국을 통일하는 과정에 당나라의 지원을 얻고 당의 문화 수용에 적극적이었다. 당시 당나라는 지구상에서 가장 앞선 문명을 자랑하는 대제국이었고 당의 불교는 인도로부터 새로운 사상적 자극을 받아 교리상의 성숙단계에 있었다. 신라의 유학승들은 당의 새로운 교리를 익혀 신라사회에 영향을 주었다. 의상에 의해 전파된 화엄사상은 그 대표적인 것이다. 또한 삼국통일 전의 삼국의 불교사찰들은 대부분 왕이 사는 도성 주변에서 왕실을 호위하는 호국사찰이었다면 통일 후에는 신라 귀족층을 위시한 폭넓은 계층의 신앙 대상으로 한반도에 뿌리내리게 되면서 불교 교리의 확대·다변화되고 이런 변화를 수용하기위해 자연히 그 건축구성 방식도 다양한 교리를 반영한 복합적인 내용을 담게 되었다. 즉, 이전까지 가람구성이 하나의 회랑 안에 통일된 예불공간을 갖던 것에 비해서 원효가 주지로 있던 고선사(경주시 암곡동)의 경우 금당이 사지 동편에 네모난 회랑으로 둘러싸이고 그 뒤에 강당이 위치하고 이 회랑 바로 서쪽에 탑 하나가 독립해서 회랑에 둘러쌓여있는 방식의 복합적 예불공간은 바로 불교의 사상적 다양성을 반영하는 것으로 이해된다. 이와 같은 맥락에서 불국사(佛國寺) 역시 법화사상과 정토신앙이 결합하여 하나의 종교적 완성체를 이룬 절이라 평가된다. 동시에 경주 토함산의 경사지 지형을 뛰어난 조형기법으로 살려낸 8세기 조형예술의 결정체라고 할 수 있다.

불국사는 경주 토함산 서북 기슭에 위치하여 남향인 2탑식 가람으로 건물구역은 크게 나누어 동쪽에 대웅전을 중심으로 배치된 구역과 서쪽에 극락전을 중심으로 한 구역으로 나누어져있다.

동쪽의 대웅전 전방 동·서 양측에는 다보탑과 석가탑이 놓이고, 정면에 석등과 자하문이 있다. 후측에는 강당인 무설전이 놓였으며 다시 그 뒤쪽 높은 지대에 관음전과 비로전이 놓였다. 또 무설전과 자하문을 연결하는 회랑이 있어 대웅전 구역을 둘러막고 있으며, 대웅전 좌우 양측에는 익랑이 놓여 동·서 회랑과 연결되고 있다. 회랑 남측 귀에는 동·서로 좌경루와 범영루가 놓여 회랑과 연결된다. 자하문 앞에는 아름답게 축조된 석축단과 조화를 이룬 청운·백운교의 계단이 놓이고, 그 앞에는 평지를 이루며 서쪽으로 약간 치우친 곳에 구품연지가 있었으나 지금을 매몰되어 있다.

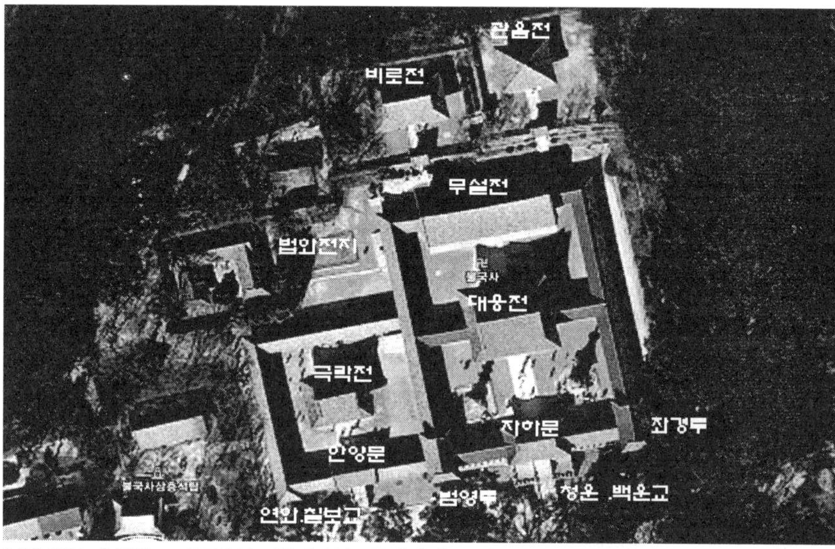


불국사의 배치도 : 비로전의 화엄사상, 극락전의 극락정토신앙, 대웅전의 법화사상 등 8세기 신라의 복합적인 불교교리를 반영하고 있다.

①밑부분의 든든한 자연석 기단과 ②가구식+면석 기단의 모습이 보이고 그 경계선부분에 그렝이 한 모양이 보인다

③가구식+자연석기단과 청운교·백운교 아래의 ④가구식+판석이 결구된 기단

가람 서쪽에 있는 극락전 중심의 구역은 대웅전구역보다 한단 낮추어 배치되었는데, 여기에서는 탑을 두지 않고 극락전 앞에 석등만을 놓았으며 정면에는 안양문을 세우고, 그 앞에는 연화 · 칠보교의 계단을 청운 · 백운교의 것과 비슷한 수법으로 축조하였다. 극락전 주위에는 안양문과 연결하여 회랑이 둘러졌는데 동쪽에는 대웅전 회랑과 연결되어 별도의 회랑을 두지 않았다.

안양문과 자하문 앞에는 아름답게 꾸민 석축이 동 · 서로 놓였는데 이 석축의 표현을 구성하는 형태는 크게 4 가지로 분류된다. ① 그냥 거칠게 다듬은 큰 석재를 쌓은 것으로 이것은 힘을 가장 많이 받는 대웅전 일곽의 전면 하단 석축의 제일 아래쪽에 사용되었고 ② 기둥과 보가 짜인 결구모습을 하고 그 사이에 넓은 면석을 넣은 것으로 대웅전 전면의 하단 큰 석재로 채운 위쪽과 청운교 백운교의 돌출된 부분에 사용되었고 ③ 둘째와 같이 기둥과 보 모양의 격자형 결구 사이를 사람 머리 크기의 돌로 면을 가지런히 채워 넣는 것으로 이것이 불국사 석축의 가장 기본적인 표면처리 수법으로 이 방식은 극락전 일곽의 하단 석축과 대웅전 일곽의 상단 석축에 채택되어 있다. ④ 석재를 마치 판자 모양으로 다듬어 기둥과 보로 결구된 면을 채워 넣은 것으로 연화 · 칠보교의 돌출 부분에 사용된 방식이다.

범영루-목조건축의 세부가 석조로 표편되었고 이는 수미산이 구름위에 있음을 의미하는 표현이기도 하다.

이렇게 변화있는 전체 구성과 표면의 독특한 의장을 가미하면서 범종루의 기둥을 받치는 하부는 석재를 십자형으로 만들어져 있는데 마치 공포 부재의 첨차가 중첩되어 구름 모양을 연상시키는 곡선으로 표현하고 있다. 또 자하문 앞 백운교의 돌출부 전면에는 석재로 기둥과 창방, 그리고 그 상부에 첨차가 돌출하여 처마를 받치는 형상까지 새겨 넣었다.

이처럼 불국사 석축은 구조적인 안정과 조형상의 뛰어난 구성을 보이고 있는데 그 기본적인 개념은 목조 가구의 결구 방식을 석재로 재현한 것이다.

그리고 8세기 불교의 복합적인 사상과 신앙이 하나의 가람 안에 수렴되고 각각의 사상과 신앙을 반영한 독립된 건축공간들이 집합체를 이루어 통일성을 갖고 구체화된 것이다.

특히 경사진 지형을 적절히 살려 각 공간의 위계질서를 살리고 유기적인 연속된 공간구성을 이룬 점과 독립된 건축공간이 경사진 지형 속에서 하나의 통일된 건축공간으로 구성된 것은 감은사, 사천왕사 등에서 전혀 볼 수 없었던 것이며 이 점이 불국사가 갖는 가장 중요한 특성이라 할 수 있겠다.

### 3) 석굴암(石窟庵 : 국보 제24호)

석굴 건축의 기원은 인도 초기 불교의 가람제도에 의해서 시작된 것이다. 그 연대는 알 수 있는 석굴로 가장 오래된 것은 인도의 아소카와 시대 것으로 평면은 원형이고 직사각형으로 된 두 개의 실이 결합된 형태를 하고 있다. 인도에서는 기원전 2세기부터 기원 후 1세기에 걸쳐 석굴이 유행하였다. 경주의 석굴암은 이런 석굴사원의 전통을 계승하면서도 천연 암굴에 의존하지 않고 인공적으로 석굴을 석축하고 여기에 부처의 세계를 예술성 높게 구현한 점에서 단연 그 독창성이 뛰어난 작품이다.

석굴암은 신라 경덕왕 10년(751)에 당시 재상이었던 김대성이 창건을 시작하여 혜공왕 10년(774)에 완성하였으며, 건립 당시에는 석불사라고 불렀다. 경덕왕은 신라 중기의 임금으로 그의 재위기간(742~765) 동안 신라의 불교예술이 전성기를 이루게 되는데, 석굴암 외에도 불국사, 다보탑, 석가탑, 황룡사종 등 많은 문화재들이 이때 만들어졌다.

토함산 중턱에 백색의 화강암을 이용하여 인위적으로 석굴을 만들고, 내부공간에 본존불인 석가여래불상을 중심으로 그 주위 벽면에 보살상 및 제자상과 역사상, 천왕상 등 총 40구의 불상을 조각했으나 지금은 38구만이 남아있다. 석굴암 석굴의 구조는 입구인 직사각형의 전실과 원형의 주실이 복도 역할을 하는 통로로 연결되어 있으며, 360여 개의 넓적한 돌로 원형 주실의 반구형 천장은 지붕의 하중을 적절히 분배시키고 석재들을 단단히 고정시키기 위해 독특한 석재 구조 기법을 구사한 것으로 세계에 유례가 없는 뛰어난 기술이다. 천장 제일 높은 중심부에 연꽃무늬를 조각한 커다란 천장돌이 놓이고 그 옆으로 동심원을 그리면서 여러 석재 조각들이 둥근 천장 면을 구성하는데 이 중 폭이 좁은 석재들은 표면이 약간 돌출되어 생동감 있는 변화를 만들어 준다. 이 돌출한 석재는 일종의 심주(心柱)역할을 하는 것들이다. 이 심주들이 천장의 바깥쪽으로 길게 뻗어 나가면서 천장 위에 덮인 흙의 누르는 힘을 지탱하고 있다.

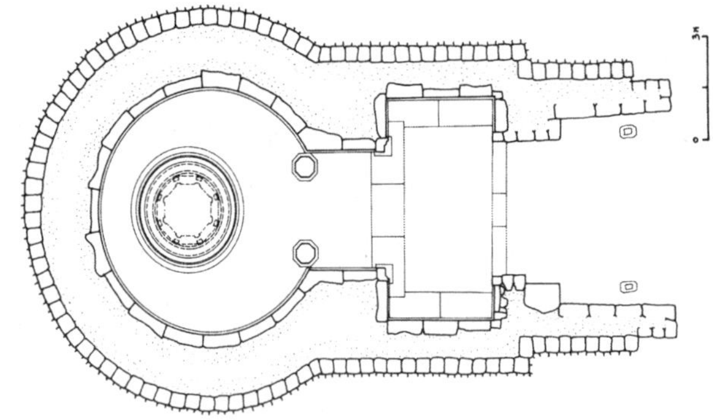

석굴암의 평면도

주실 입구에는 좌우로 8각의 돌기둥과 천장내부에 돌출되어 생동감있는 변화를 만들어 주는 심주(心柱)의 모습이 보인다.

석굴암 석굴의 입구에 해당하는 전실에는 좌우로 4구씩 팔부신장상을 두고 있고, 통로 좌우 입구에는 금강역사상을 조각하였으며, 좁은 통로에는 좌우로 2구씩 동서남북 사방을 수호하는 사천왕상을 조각하였다. 원형의 주실 입구에는 좌우로 8각의 돌기둥을 세우고, 주실 안에는 본존불이 중심에서 약간 뒤쪽에 안치되어 있다. 주실의 벽면에는 입구에서부터 천부상 2구, 보살상 2구, 나한상 10구가 채워지고, 본존불 뒷면 둥근 벽에는 석굴 안에서 가장 정교하게 조각된 십일면관음보살상이 서 있다.

원숙한 조각 기법과 사실적인 표현으로 완벽하게 형상화된 본존불, 얼굴과 온몸이 화려하게 조각된 십일면관음보살상, 용맹스런 인왕상, 위엄있는 모습의 사천왕상, 유연하고 우아한 모습의 각종 보살상, 저마다 개성있는 표현을 하고 있는 나한상 등 이곳에 만들어진 모든 조각품들은 동아시아 불교조각에서 최고의 걸작품으로 손색이 없다. 특히 주실 안에 모시고 있는 본존불의 고요한 모습은 석굴 전체에서 풍기는 은밀한 분위기 속에서 신비로움의 깊이를 더해주고 있다. 지극히 자연스러운 모습의 본존불은 내면에 깊고 숭고한 마음을 간직한 가장 이상적인 모습으로 모든 중생들에게 자비로움이 저절로 전해질 듯 하다.

석굴암 석굴은 신라 불교예술의 전성기에 이룩된 최고 걸작으로 건축, 수리, 기하학, 종교, 예술 등이 유기적으로 결합되어 있어 더욱 돋보인다. 현재 석굴암 석굴은 국보 제24호로 지정되어 관리되고 있으며, 석굴암은 1995년 12월 불국사와 함께 유네스코 세계문화유산으로 공동 등록되었다.

현재 토함산의 석굴암의 모습-중안의 건축물 뒤쪽으로 조그마한 흙봉우리가 석굴암이다.

석굴암이 복원되기 전에 일제시대 때 훼손된 모습

석굴암의 단면도 - 천장부분에 심주가 보인다.

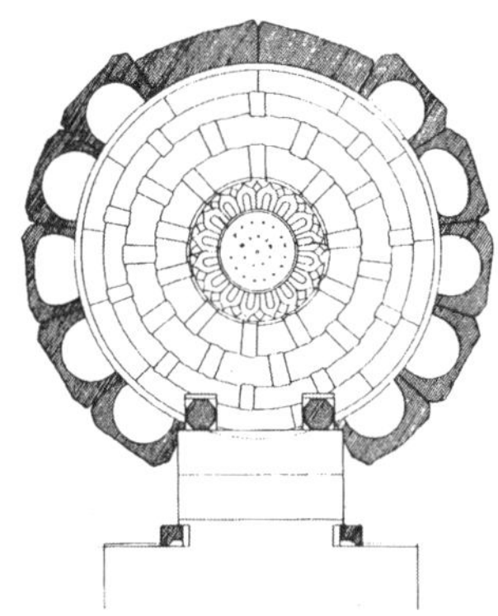

석굴암 천장부분 앙시도

그 외 통일신라시대에 조영된 불사건축으로 경북 영주에 있는 부석사가 문무왕 16년(676)에 의상대사가 창건하였고, 전라남도 구례군 지리산 동쪽 계곡에 위치하고 있는 화엄사가 진흥왕 5년(554)에 창건되었는데, 현존하는 석조물 등의 유구로 보아 통일신라 경덕왕 때에 중건된 것이 주를 이루고 있다고 추측된다.

▼ 통일 전•후 신라시대 사찰의 비교

| | 성격 | 규모 | 위치 | 탑 | 비고 |
|---|---|---|---|---|---|
| 통일 전 | 호국/왕실불교 | 초대형(황룡사/미륵사) | 평지가람(도성내/왕실부근) | 1탑식 | 탑 중심 |
| 통일 후 | 약화 | 소규모(사천왕사/망덕사) | 도성외/도성주변 | 2탑식 | 금당 중심 |

## 5. 삼국 사찰건축의 특징

삼국시대 건축문화는 우리나라에 불교가 전래되면서 더욱 발전하게 되었고, 결과적으로 통일신라시대의 건축문화 황금기를 이루는 기반이 되었다. 신라 경주의 황룡사와 백제 익산의 미륵사 같은 대사찰은 고대 왕권이 창출해낸 거대가람이다. 황룡사와 미륵사는 건립된 시기가 비슷하고 공통적으로 용과 관련된 전설을 갖고 있으며 장대한 규모로 건립되었다. 두 사찰의 공통된 특징으로 **첫 번째는 전체적인 계획성을 들 수 있다.** 황룡사 2차 가람은 전체 회랑 앞쪽 양끝과 뒤편 강당의 건물 중심을 연결하면 정확히 정삼각형을 이루게 되고 금당의 뒤편 양 모서리는 이 삼각형의 변에 맞닿게 된다. 또 동서 양끝의 회랑 사이는 구층탑의 한 변 길이 80척을 지름으로 하는 동심원 여섯 개가 정확히 들어맞는 크기이다. 미륵사 역시 전면 회랑 양끝과 후면 강당 중심에서 정확히 한번 460척의 정삼각형을 이루고 그 밖에도 각 부분들이 정삼각형과 사각형, 팔각형에 맞아 떨어지는 위치에 자리 잡고 있다고 한다. 이런 기하학적 구성은 두 사찰 외에 백제의 몇몇 사지에서도 발견된다. 백제 일탑식 가람은 중문에서 탑까지의 중심거리와 탑에서 금당까지 중심거리가 동일하게 배치된 예가 많다고 한다. 군수리사지는 문에서 탑, 탑에서 강당 사이가 정확히 70척의 등 간격으로 금강사지도 거의 65척으로 수렴된다. 즉, 하나의 사원을 조성할 때 사원 전체의 크기나 중요 건물의 위치 등 건물의 배치와 구성을 전체적으로 계획하여 만들어낸 것을 의미한다. 특히 황룡사의 경우 격자형의 방리에 맞추어 네 개의 방을 전체 절터로 설정한 것으로 알려져 있는데 이것을 사찰 계획이 도시 전체의 틀 속에서 이루어 졌음을 말해 준다.

**두 번째 특징은 사찰의 상징적인 성격이다.** 황룡사 구층탑은 물론 고대 주요 사찰 중심은 탑이었다. 본래 탑은 석가모니의 사리를 모신 곳이므로 탑은 내부 공간을 갖고 실내를 이용하는 것이 아니고 단지 거기 탑이 서 있는 것으로 종교적인 예배의 대상이 되는 것이다. 불전 특히 금당 역시 내부 공간은 사람이 들어가는 곳이 아니고 다만 불상을 모신 신성한 집일 따름이다. 금당 자체가 하나의 예배 대상은 되지만 그것이 건축의 내부 공간을 사람에게 제공되지는 않았다. 부여의 일탑식 가람 역시 탑과 금당은 마찬가지 기능을 갖는다. 또한 탑과 금당이 일직선상에 위치하고 회랑 전체는 하나의 신성한 예배 대상이 되며 그 안의 탑과 금당은 신성한 상징물이 된다. 이 경우 가람의 중심부는 전체가 하나의 상징물로 존재한다고 말할 수 있을 것이다.

**세 번째는 거대 사찰은 왕권을 보호하고 상징하는 역할을 위해 수용되었다.** 고대 왕권이 국력을 기울여 거대한 사찰을 조성한 것도 결국은 강력한 왕권의 존재를 드러내기 위해서였다. 이들 사찰 건축이 갖는 인공적인 건축구성, 전체적인 정연한 계획성은 모두 왕권을 불법(佛法)에 의지해 상징하고자 한 수단이었다고 말할 수 있다.

즉 삼국의 거대사찰은 건축의 상징적 의미, 전체적인 계획성은 고대 건축의 보편적인 특성으로 정의될 수 있다. 여기에 더하여 황룡사와 미륵사는 전제왕권의 주도하에 거대한 규모를 갖추게 된 것이다. 이런 점에서 두 사찰은 한국 고대 건축의 모든 특성을 가장 극명하게 보여주는 사례로 평가 될 만하다.

## ■ 주요 내용 정리하기

1. 사찰건축이 건축사적으로 중요한 의미를 정리해 보자

2. 사찰 건축에서 금당과 탑의 관계를 정리해 보자

3. 고구려시대의 사찰가람 방식과 대표적인 사찰을 정리해 보자

4. 백제시대의 사찰가람 방식과 대표적인 사찰을 정리해 보자

5. 통일전 신라와 통일 후 신라 사찰가람 방식을 비교하고 대표적인 사찰을 정리해 보자

6. 미륵사와 황룡사 같은 거대사찰의 특징을 비교 정리해 보자

## ■ 주요 용어 설명

1) 화엄사상(華嚴思想) : 우주의 모든 사물은 그 어느 하나라도 홀로 있거나 일어나는 일이 없이 모두가 끝없는 시간과 공간 속에서 서로의 원인이 되며, 대립을 초월하여 하나로 융합하고 있다는 사상으로, 화엄에서 가르치는 무진연기(無盡緣起)의 법칙이다

2) 용화삼회(龍華三會) : 미륵이 56억 7천만 년 후에 세상에 나타나서 용화수 밑에서 도를 이루고 세 차례의 설법을 한다는 의미이다.

3) 장육존상(丈六尊像) : 금당에 모신 황금 도금 부처님 불상으로 고귀한 사람(붇다)의 상을 의미하는 것으로 거대한 부처상을 의미하기도 한다.

4) 황룡사 9층 목탑 : 9층 목탑을 세우면 주변의 9개 나라의 침략으로부터 신라를 지켜줄 것이라는 자장의 건의에 따라서 목탑을 세우기 되었다. 탑의 높이는 탑신부 약 65m, 상륜부 15m로 전체 80m이며 이 탑의 기둥 속에는 자장이 중국에서 가져온 부처의 진신사리 등을 봉안했다

고 한다. 1층은 일본, 2층은 중화(中華), 3층은 오월(吳越), 4층은 탁라(托羅), 5층은 응유(鷹遊), 6층은 말갈(靺鞨), 7층은 단국(丹國), 8층은 여적(女狄), 9층은 예맥(濊貊)에 대항하는 것을 상징한다.

5) 불국사(佛國寺) : 불국사는 불국의 나라라고 할 만큼 복합적인 불교의 교리가 담겨져 있음을 의미한다.

## ■ 불전의 종류

1) 대웅전(大雄殿), 대웅보전(大雄寶殿) : 대웅이란 현세불인 석가모니불을 존칭 중의 하나이다. 그래서 석가모니불을 모신 불전을 대웅전이라 한다. 한국에서 가장 많이 모신 부처가 석가모니불이다. 석가모니불 양쪽에는 협시불이 놓이는데 대개 세 종류이다.

2) 대적광전(大寂光殿), 대광명전(大光明殿), 광명전(光明殿), 비로전(毘盧殿) : 대적광전은 연화장세계의 교주인 비로자나불을 보존불로 모신 법당이다. 주로 화엄종파에서 본전으로 삼는다.

3) 극락전(極樂殿), 무량수전(無量壽殿), 미타전(彌陀殿) : 극락전은 극락세계를 관장하는 아미타불을 모신 전각이다. 한국 법당 중에서 대웅전 다음으로 많다. 아미타불을 모셨기 때문에 미타전(彌陀殿)이라고도 하며, 아미타부처님은 무량한 수명과 무량한 빛 자체이므로 무량수전(無量壽殿)이라고도 한다. 아미타부처님의 협시불로 관세음보살과 대세지보살, 또는 관세음보살과 지장보살이 모서진다.

4) 약사전(藥師殿) : 약사전은 약사여래를 모신전각을 말한다. 우리 민족이 선호하는 부처님 중 한 분이다. 중생들의 육체적 질병과 마음의 고통을 치료해주는 역할을 하는 부처님이다.

5) 미륵전(彌勒殿), 용화전(龍華殿), 자씨전(慈氏殿) : 미륵전은 용화세계(불국토)에서 중생을 교화하는 것을 상징화한 미래의 부처님인 미륵불을 모신 법당, 자씨존(慈氏尊)은 미륵보살과 같은 말로써 내세에 성불하여 사바세계에 나타나서 중생을 제도하리라는 보살을 의미한다.

6) 팔상전(捌相殿), 영산전(靈山殿) : 석가모니불의 일생을 여덟로 구분하여 표현한 모습을 팔상

(捌相)이라고 하고 팔상도를 모시고 있는 전각을 팔상전이라고 한다. 대개 팔상전에는 중앙에 석가모니부처님을 모시고 외곽에 팔상태화를 봉안는 것이 일반적이다. 5층목탑인 법주사 팔상전이 대표적이다.

7) 관음전(觀音殿), 원통전(圓通殿), 대비전(大悲殿) : 관음전은 관세음보살을 모신 법당이다. 중생의 고뇌를 씻어죽는 권능이 모든 곳에 두루 통한다고 하여 원통전이라고 한다. 중국에서는 관세음보살의 대자대비를 강조하여 대비전이라고 한다. 관세음보살은 현세에서 고통 받은 인간이 해탈을 이룰 수 있게 도와주는 부처이다.

8) 명부전(冥府殿), 지장전(地藏殿), 시왕전(十▽王殿), 쌍세전(雙世殿) : 명부전은 지옥세계에서 중생들을 구제하는 지장보살을 모신 전각이다. 지장보살을 모셨기 때문에 지장전이라고 한다. 명부란 염마왕이 다스리는 유명계 또는 명토(冥土)를 통틀어 이르는 말이고, 명부전은 지장보살을 모시고 죽은 이의 넋을 인도하여 극락왕생하도록 기원하는 기능을 하는 전각이다. 지장보살을 주불로 모신 곳이므로 지장전이라고도 하며, 지옥의 심판관 시왕을 모시 곳이므로 시왕전[十▽王殿], 저승과 이승을 연결하는 전각이므로 쌍세전(雙世殿)이라고도 한다.

9) 응진전(應眞殿), 나한전(羅漢殿) : 응진전이나 나한전은 모두 부처님의 제자를 모신 전각으로 중생들 가까이에서 중생들의 소원을 이루어주는 역할을 한다. 부처님의 16제자를 모신 전각을 응진전이라 하고 500제자를 모신 전각을 나한전이라고 한다.

# V.

# 고려시대 건축

## 1. 고려시대 개요

10세기에 시작하여 14세기 말로 이어지는 고려시대는 한국건축 역사에서 중요한 중간 단계를 차지한다. 신라 · 후백제 · 고려의 정립단계를 극복한 고려는 폭군인 궁예를 축출하고, 918년 왕건이 왕위에 올라 국호를 고려(高麗)라하고 935년 신라를 병합시키고, 936년 한반도 최초의 통일 왕국을 설립하는데 성공하지만 10세기 초 삼국통일 후 실질적으로 고려의 왕권이 반도 전 지역에 미치는 것은 아니었다. 여전히 지방 각지는 호족들의 자치세력이 강하게 남아 있었다. 즉 고려는 일종의 호족 연립적인 통치 단계에 있었던 것이다. 북진정책으로 국토를 넓히고 도읍을 개성(開城)으로 정하였으나 고구려의 뜻을 받들어 고구려의 도읍이었던 평양을 중요시하여 서경(西京)이라 하고 역대 왕이 한 해에 3개월간은 이곳에 머물면서 북쪽을 살피도록 하였다. 그리고 삼국의 문화를 비롯하여 오랜 전통을 가졌던 통일신라의 문화를 이어받아 불교를 국교로 하여 국가발전의 근본으로 삼았던 것과 도참의 풍수지리사상을 존중한 것 등은 이 시대의 민속문화는 물론 건축문화에 있어서도 새로운 각도로 선회하는 큰 영향을 주었다.

10세기 말에 거란의 1차 침입(993)을 받았으나 서희의 외교적 타결로 무사히 넘기고, 그 후 1018년 3차 침입시에는 강감찬이 대파하여 물리치면서 1019년에는 강화관계를 수립하였다. 안정된 사회를 기반으로 11세기에는 개경의 궁궐이나 사찰의 전성기를 맞이한다. 이 당시 사찰은 주로 호국적이거나 왕실의 개인 원찰이 많았고 대부분이 국력을 기울인 화려한 것들 이었다.

12세기 접어들면서 왕권과 문벌귀족간의 갈등이 심화되면서 사회는 불안한 시대를 맞이하고 이를 반영하여 지력이 쇠한 개경을 버리고 수도를 다른 곳으로 옮기려는 시도가 적극적으로 추진되어 궁궐을 여기 저기 짓기도 하였다. 1170년 12세기 말 일어난 무신란은 이제까지의 문벌귀족과 왕권 중심의 사회체제를 무너뜨리고 소수 무인 집권층이 형성되고 1세기 지속된 무인에 의한 통치로 개경 중심의 사찰들은 심대한 타격을 입게 된다. 13세기 중반에는 몽고 민족에 의한 세계 정복의 소용돌이로 인하여 약 80여 년간에 걸친 원의 정치적 간섭을 받고 이로 인하여 왕실이나 일부 불교사원에 원나라의 새로운 건축구조 기법이 확산될 수 있었고 새로운 조형이 도입되었다.

원나라 문화의 유입은 부정적인 것만은 아니었다. 신 유학이라 불리는 성리학이 고려 학자에게 전파된 것도 원나라를 통해서였다. 그러나 불교가 왕으로부터 귀족층은 물론 서민층에까지 광범위하게 종교적으로 영향을 준데 비해 유교는 왕을 중심으로 한 일부 사대부 관료층과 지식층의 관심의 대상이 되는데 그쳤다.

14세기 중반, 고려를 간섭한 원나라의 세력이 물러나고 고려는 새로운 변화를 모색하였다. 이런 새로운 변화의 중심세력은 농촌에 기반을 두고 새로운 권력층으로 대두하기 시작한 사대부들이었다. 이들은 농업기술을 바탕으로 경제력을 축척하여 하나의 정치적 세력을 키워온 신진사대부들로 유교적 예의 논리를 앞세워 조선왕조라는 새로운 왕조의 건국에 주도적 역할을 하면서 그들의 정치적 이념을 실천하기에 이른다.

이와 같이 고려시대의 건축문화는 많은 외적인 요소의 첨가와 내적인 토속적 요소의 가미로 새로운 장을 열었다고 할 수 있다. 이 시대에 있었던 건축적인 큰 사건은 평양성이나 만월대와 같은 궁성을 대대적으로 건조 또는 수축하고 많은 사찰을 건축한 업적도 있겠지만, 당시까지 연연히 보존해오던 황룡사와 같은 국보급의 유구와 문화재들을 몽고와 전쟁으로 소실시킨 재난을 겪기도 하여 오늘날 역사를 정확하게 알지 못하는 안타까운 결과를 낳게 한 것이다.

# 2. 고려의 도성과 궁궐

## 2-1. 도성 (都城)

개경(개성)은 고려 건국이래의 도성이었다. 원래 고려의 정궁은 후삼국시대에 태봉이 쌓았던 발어참성을 그대로 이용하면서 태조는 즉위 2년째 되는 해(919)에 송악산 아래로 천도하였다. 이 때 창건된 궁궐은 1011(현종 2년)에 거란의 침입으로 소실되고 1014(현종 4년)년 다시 궁궐이 재건되고 궁궐은 전성기를 맞이하고 정치가 안정되고 문물이 발달하면서 중국과의 교류도 활발한 시기였다. 현종은 두 차례에 걸쳐 궁을 중신(重新)하고 건물과 문의 이름도 개정하여 이후 100여 년 동안의 터전을 마련한다. 이후 이 터는 고려 왕조가 망할 때까지 변함없는 도성으로 자리 잡는다. 개경 외에도 평양을 서경, 경주를 동경 그리고 지금 서울 위치로 추정되는 남경을 두었지만 이 3경이 도성의 역할을 한 것은 아니었다. 그러나 1126년(인종 4년)이자겸의 난으로 궁궐은 불에 탔고 1132(인종 10년)에 재건된다. 그러나 이후 1171(명종 1년)년에도 무신간의 투쟁으로 불탔다가 중수되고 몽고의 침입으로 또 한 차례 수난을 겪었으며 고려 말 홍건적의 침입이 있을 때에 소실되고 나서는 자취를 감추었다.

한나라의 도읍이 되기 위해서는 풍수적 관점뿐만 아니라 국방 및 교통 그리고 물산(物産) 및 문화의 중심지 역할도 함께 고려되어야 한다. 동쪽으로 임진강, 서쪽으로는 예성강이 있고, 이들 하천이 만나는 하구는 한강으로 합쳐진다. 이처럼 개경은 풍수지리적 여건뿐만 아니라 재생산 구조와 제반 물류의 중심지로서의 역할도 원활히 수행할 수 있어 한 나라의 수도로서 부족함이 없다고 할 수 있다. 개경은 바다에서의 접근은 한양보다 유리한 반면, 만약 그 바다가 막힐 경우 내륙의 강을 통한 조운(漕運)은 힘들어진다. 개경 일대를 근거지로 한 해양세력 출신인 고려 태조 왕건에 의해 나라가 창업되고, 또한 당시의 활발한 교류를 바탕으로 한 고려의 해양국가적 성격을 고려한다면 바다에서의 접근이 유리한 개경이 더욱 중시되었을 것이다.

태조는 도읍을 개경으로 정하면서 송악산 아래에 궁궐을 지었는데 이를 송도(松都)라고도 한다. 궁의 위치는 도성 중심에서 약간 서북쪽으로 치우친 곳이었다. 개경이 수도로서의 확고한 위상을 가지게 된 계기는 무엇보다도 성종(재위:981-97)때부터 현종(재위:1009-31)때에 걸친 거란의 침략(1011)이었고 거란군의 침입이 있을 때 도성 전체의 외곽을 둘러싸는 성곽인 나성(외성)을 흙으로 쌓았는데(土城) 두께가 12척(尺)이라 한다. 이는 아울러 나성 축조의 중요한 배경이기도 했다. 나성은 곧 국가 경영과 왕권의 안정 등을 위한 중요한 시설의 상징이기도 하였던 것이다. 나성은 둘레가 약 23㎞이었다는 규모만으로 볼 때 조선시대의 한양성이 약 18㎞이었음을 고려하면 상당히 넓었다고 할 수 있다. 궁에는 궁성과 황성의 이중 울타리가 감싸고 있었고 나성은 궁성, 황성, 그리고 일반 거주지인 5부 방리(동부, 서부, 남부, 북부, 중부) 등을 포함하던 성곽이다. 고려의 나성은 조선시대 한성의 건국과 더불어 곧바로 축조된 데 비해 건축한 지 110년이 지나서야 축조되었다.

개경의 도시골격은 10세기에서 11세기를 거치면서 형성되었다. 산으로 둘러싸인 분지에 조성된 개경은 분지의 지리 조건을 살린 독특한 도시 형태를 이루었으며 그 형태는 동시대 중국이나 일본의 도성과 뚜렷하게 구분되는 것이었다. 개경은 고구려 평양성의 지리적 특성을 계승하면서 평양성에 비해 주민들의 도시생활을 한층 활기 있게 만들어간 새로운 도시였다.

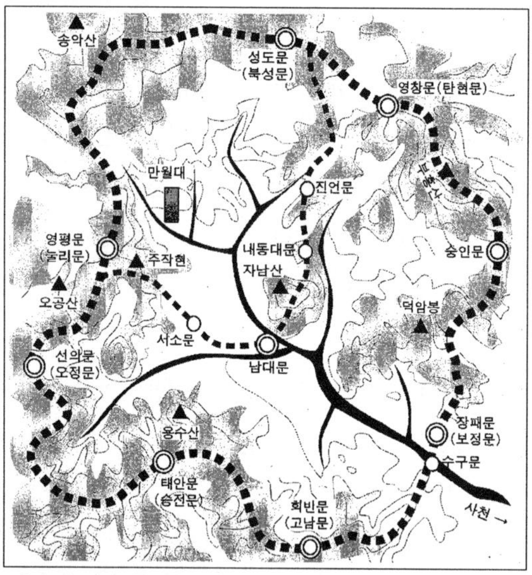


개경의 산과 물, 풍수적 요소와 직접적으로 관련되는 주위의 산과 물의 흐름을 중심으로 그린 개경의 형세이다.

개경의 영역구분-5부(部) 35방(坊) - 각부에 있는 주요 방만 표기

도성(개경)내의 수류는 세 갈래의 물줄기로 구성되는데, 만월대의 내국에서 모아지는 한 줄기와 남산 동쪽의 선죽교(善竹橋)를 지나는 한 줄기 그리고 오공산의 남쪽에서 동으로 흐르는 물줄기이다. 이 세 줄기는 내성의 남대문 밖에서 합수하여 동남방의 수구문을 통해 성 밖으로 흘러나가 사천에 합류하여 임진강으로 흘러들어가는 서출동류(西出東流)의 흐름을 가지고 있다(그림 참조). 그러나 개경의 국면(局面)이 좁은 까닭에, 자연지세상 산에서 내려오는 물이 모두 중앙으로 모이기 때문에 여름철 강우기에는 수세(水勢)가 거칠고 급격하여 순조롭지 못한 결점이 있다. 이 때문에 흔히 개경은 수덕(水德)이 부족하다고 표현되어 왔다. 따라서 물의 합류점 부근의 광명사, 일월사, 개국사 같은 절은 수세를 진압하려는 비보풍수(裨補風水)의 일환으로 세워진 것이라는 시각도 있

다. 즉, 하천의 범람이 우려되는 취약지점과 합류점에 절을 건설함으로써 인공 건조물로 하천의 측방 침식을 억제하고 승려들로 하여금 하천을 감시하게 하는 동시에 유사시에는 노동력으로 대처할 수 있도록 한 방안이었던 것이다.

개경의 성곽에는 성문이 많은 편이었다. 황성은 20개, 나성은 25개의 성문이 있었다. 나성의 성문은 "고려사"의 자안문에서 시계방향으로 그 위치를 살펴보면 교통, 주거, 유동인구, 군사 등 여러 기능들을 고려하여 만들었을 것이다. 이런 점에서 나성의 25개 성문은 황성의 성문과 더불어 성곽의 방어에서는 불리했지만 오히려 도시의 효율적 이용이나 도성 외곽과의 유기적 관계에서는 유리했다고 할 수 있다.

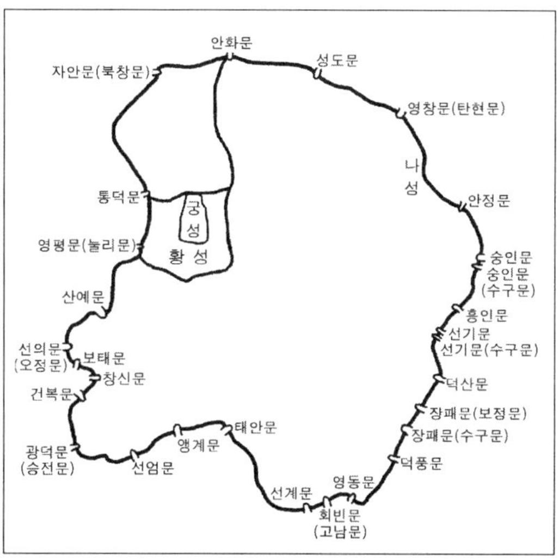

나성의 성문 위치와 명칭

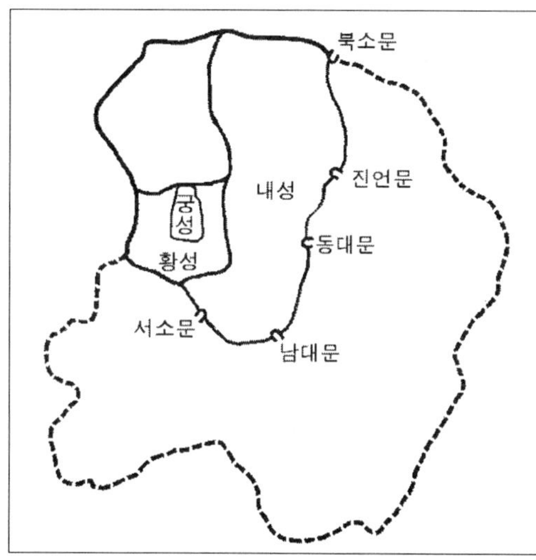

내성의 성문 위치와 명칭

주민들의 거주지는 5부 35방 344리를 기본으로 행정구역을 나누었다. 5부는 동부, 서부, 남부, 북부, 중부이고 이 5부안에는 방으로 나누어지고 방안에는 다시 주민 거주의 기본 단위인 리(동부 70, 남부 71, 서부 81, 북부 47, 중부 75)로 조성되었다. 주민 거주 단위가 리(里)를 기본으로 한다는 점에서 개경에는 일종의 방리제가 실시된 것을 알 수 있다. 그러나 개경의 방과 리는 중국 장안이나 경주에서 보는 것과 같은 네모반듯한 장방형의 방리는 아니었다. 개경의 지세가 굴곡이 많은데다 도로가 불규칙했기 때문에 방이나 리도 불규칙한 형태였던 것으로 짐작된다. 개경 시내에는 원구단이나 종묘, 사직단과 같은 국가적인 제사를 위한 시설이 여러 군데 자리 잡고 있었다. 고려시대에는 국왕에서 서민에 이르기까지 거의 모든 사람들이 불교를 신봉하였지만 나라에서는 유교적인 의례도 중요하게 여겼다. 이것은 국가의 통치 질서를 유지하는 바탕이었다.

성문은 각각 방향에 따라 그 뜻을 담은 이름을 현판에 써서 문 위에 걸었다. 정문은 정동쪽의 광화문이고 내성 안의 내부는 상서성을 비롯한 16부로 이루어져 궁성 앞에 배치되었다. 이로써 개경의 궁궐에는 삼중의 성벽이 갖추어졌다. 그러다가 중기 이후 몽고의 침략을 받아 왕이 강화로 피난하여 강도(江都)가 조영되었다. 강도에는 내성과 외성을 두고 주요 요충지에는 곳곳에 산성을 쌓았다. 즉, 고려산성, 문수(文殊)산성 고궁성 등이다. 이곳의 궁터는 지금 강화읍 북동쪽에 있는, 고려 궁터로 불리는 곳인데 이곳에 이방청(吏房廳[9])이 에워져 있고 궁터의 성격은 발굴조사가 이루어져야 알게 될 것이다. 고려는 이곳에서 39년간을 몽고군과 항쟁하면서 팔만대장경을 판각한 업적도 남겼다.

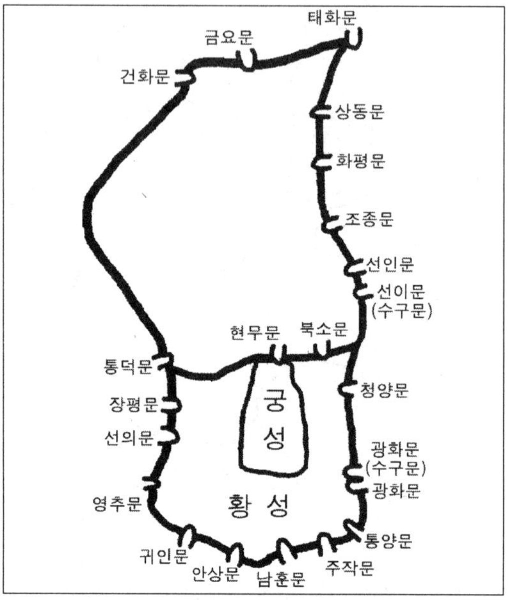


20개의 황성 성문위치와 명칭

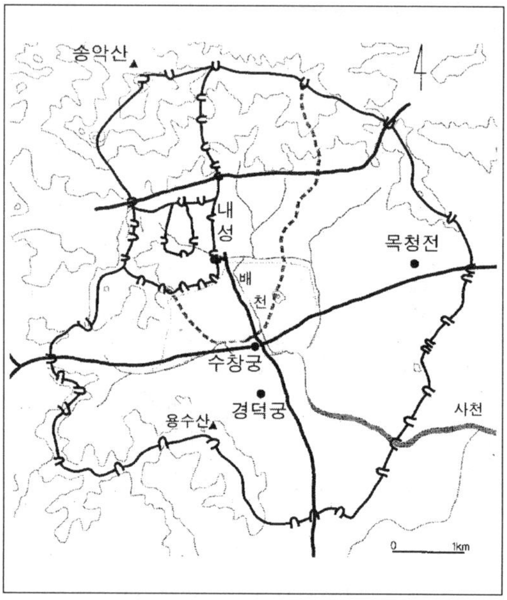


개경에 있는 조선의 궁궐

9) 고려시대 강화유수부 6방(六房) 중의 하나가 이방청(吏房廳)이다.

## 2-2. 궁궐 건축

만월대 회경전 앞 계단

고려의 정궁은 개성의 만월대이다. 만월대는 지금 그 흔적만 남아 있어 대략의 건물배치와 성격을 알 수 있다. 북쪽의 송악(松岳)을 배경으로 그 남쪽 기슭에 남북으로 길게 자리 잡고 있는데, 산지형을 따라 높은 축대 위에 건물을 배치했으나 경사에 따라 단을 형성하여 북쪽이 높고 남쪽으로 내려오면서 낮은 배치를 하고 있다.

고려에서 궁궐 건축 형성의 결정적인 시기는 초기 1백 년간이었다. 이 기간 동안에 궁궐의 입지가 확정되고 기본적인 건물배치와 진입방식이 자리 잡았다. 또한 정전을 비롯해서 편전이나 침전 등 궁궐의 일상적인 의식과 생활을 위한 공간이 두루 갖추어졌다. 즉, 현종 이후 1백 년간은 궁궐의 전각들이 늘어나고 더 다듬어진 시기이다. 특히 이 기간에 와서는 송나라 사신을 접견하고 대규모 불교행사를 치르는 회경전이 궁궐의 가장 중요한 시설로 부각되었다. 궁궐은 도성의 서북쪽 치우친 곳에 남향해서 자리 잡았다. 뒤로는 송악산이 있고 송악산 정상에서 뻗어 내려온 산줄기가 좌우로 이어진 곳이다. 궁터 오른쪽으로 하나의 큰 물줄기가 45도 방향으로 서북에서 동남쪽으로 흐르고 또 하나의 작은 물길이 왼쪽에서 흘러 내려 합류한다.

주건물은 축을 맞추어 일직선상에 놓이지 않고 축을 약간 빗겨서 있지만, 비교적 남북으로 긴 방향으로 배치하여 남쪽에서부터 궁의 정문인 승평문(昇平門)이 있고 그 북쪽에 신봉문(神鳳門)과 창합문터가 있고, 이를 지나면 4개소의 높은 계단을 꾸며 정전인 회경전 일곽으로 들어서게 되어 있다. 회경전의 기단은 높이 5장(丈:어른 키 높이)이나 되고 단청을 화려하게 꾸몄다고 하는데 계단은 전면에 4개소, 후면에 3개소, 그리고 양측면에 각 한 개소씩 있고 건물주위는 회랑으로 둘러져 있다. (회경전 앞 계단 사진 참조) 회경전 북쪽에는 축을 좀 달리하여 장화전(長和殿) 일곽이 있어 역시 주전과 익사를 둔 형식의 평면을 하고 그 주위에는 회랑을 두르고 있다. 이곳은 귀한 궁중보물을 보관했던 곳이기도 하다. 그 뒤로 유사시 동원령을 발휘했던 원덕전(元德殿)이 있고 건덕전 동쪽에는 장령전이 있으며, 그 북쪽으로 연영전(延英殿)과 자화전(慈和殿)이 있었는데 이것을 집현전의 기능을 가졌다. 또 원덕전 뒤에도 전각의 일곽이 회랑으로 둘러져 있는데 그 전각명은 확실히 알 수 없다. 이 외에도 궁 서쪽에 장서각인 임천각터와 많은 건물터가 있었던 것으로 근래의 발굴

조사에서 확인되었다. 건덕전 일곽의 남문으로 현화문(玄化門), 동문으로 동화문(東華門), 서문으로 서화문(西華門), 북쪽에 현무문(玄武門)이 있었다.

고려시대에는 정궁인 본궐 외에도 많은 별궁과 이궁을 두었다. 이궁은 이미 고려초기부터 개경과 서경 등에 세워지기 시작했다. 또한 별궁으로는 경종의 조모를 위해 건립한 것으로 개경에서는 가장 먼저 생긴 명복궁 외에도 수창궁(壽昌), 연경(延慶)궁, 학림(鶴林)궁, 인덕(仁德)궁, 강안궁(康安宮) 등의 별궁이 있었다. 강도(江都)에 고려 궁터가 있지만 그 성격은 알 수 없고, 다만 경사진 지반에 지형을 맞추어 건물을 배치한 것을 특이한 것으로 생각할 수 있다.

강화도 고려 궁지 위치

특히 강화도의 고려궁지는 고려가 대몽항쟁을 위해 고종 19년(1232)에 도읍을 강화로 옮기면서 개성의 궁궐모양을 본떠 새 궁궐을 지었다. 새 궁궐을 3년 후에 완성 됐지만 원종 11년(1270)에 몽고와 화의하고 개성으로 천도한 후 불에 타 없어졌다. 이 후 조선시대에 와서 고려궁터 위에 행궁과 강화유수부 건물들이 건축되었는데, 이들 중 장녕전과 외규장각 등 많은 건물이 병인양요 때 프랑스군에 의해 불타 없어졌다.

강화도 고려의 궁지 모습

강화도 고려의 궁지내 복원된 외규장각

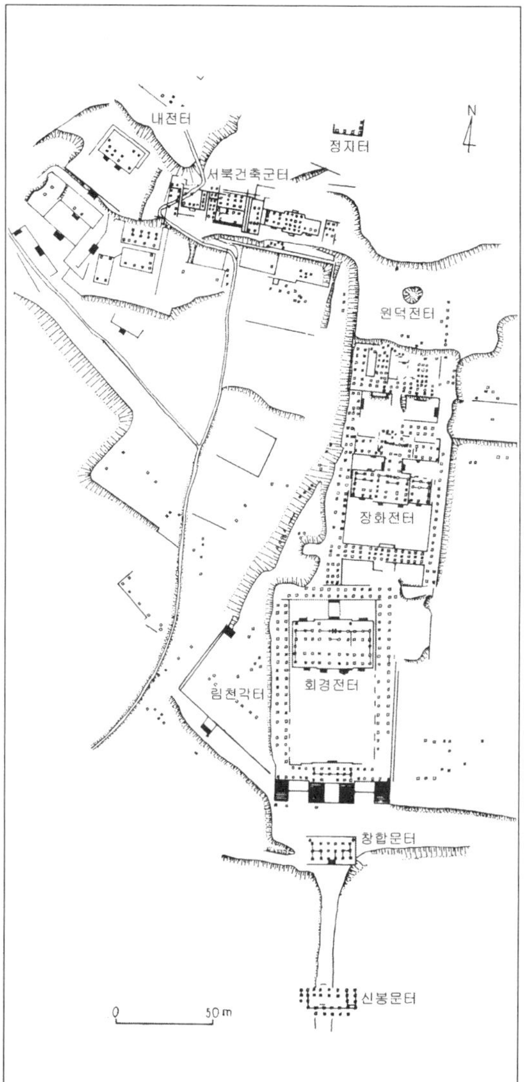


만월대 배치도

만월대 인공위성사진

만월대 복원모형

- 정궁(正宮 or 法宮) : 나라의 공식적인 궁이며 수도 중앙의 기본 궁 (경복궁)
- 이궁(離宮) : 도성내에 정궁 외의 다른 궁 (창덕궁)
- 별궁(別宮) : 왕이나 왕세자의 혼례 때 왕비나 세자빈을 맞아들이던 궁전 또는 특별히 따로 지은 궁전.(창경궁)
- 행궁(行宮) : 왕이 일정 기간씩 머무르는 지방에 있는 궁(수원 행궁, 남한산성 행궁, 북한산성 행궁, 강화도 행궁 등)
- 별관 : 지방에 행차할 때 왕실이 임시로 이용하는 곳(충주 별관, 이주 별관, 나주 별관)

## 3. 고려의 불교사찰

### 3-1. 사찰건축의 개요

우리나라의 불교미술은 통일신라시대에 가장 화려한 시기였다고는 하지만, 토속적이고 범국민적인 종교로서 불교가 성행한 것은 고려시대라고 생각할 수 있다. 특히 왕실과 지배계층의 불교에 대한 심취는 다른 어느 시대에 볼 수 없는 정도였다. 따라서 이 시대는 도교적(道教的) 요소와 풍수도참사상 또는 샤먼의 토속적인 신앙 등이 불교와 서로 융화하여 왕가를 중심으로 이른바 귀족불교를 이루면서 민간신앙으로서도 뿌리를 깊게 내린 것이다. 또한 이 시대에는 대각국사에 의해 선교(禪教)를 겸한 천태종이 일어남으로써 불교계에 새로운 기풍을 일으키고 가람형성에도 많은 영향을 주었다고 믿어진다.

9세기 이후에 들어오면서 세워지는 쌍탑식 가람은 금당과 탑의 기하학적이 비례관계보다는 가람이 들어선 지형조건을 더 고려하여 신축성 있는 구성을 한 것으로 생각되며 또한 이 시기의 쌍탑식보다 더 보편적으로 나타난 방식은 금당 주변에 탑을 하나만 조성하는 것이다. 탑을 대칭으로 둘 세우는 것이 아니기 때문에 탑을 세우는 방식에 훨씬 다양성이 가미된다. 탑을 불전 바로 앞에 세우는 것이 일반적이지만 불전 측면이나 지형상 알맞은 곳이면 구애받지 않고 탑을 세우기도 했다. 따라서 일탑식이라고는 하지만 백제 때 부여지방에서 볼 수 있는 전형적인 일탑식 가람과는 전혀 성격이 다르다고 하겠다. 즉 9세기부터 사찰은 전체 가람 구성에서 고대적 건축 규범을 벗어나 새로운 가람 구성을 추구하고 있었다. 사찰의 일부분을 형성한 석탑이나 부도에서 그런 경향은 더 가시적으로 드러났다. 비록 고대의 조형 틀을 완전히 벗어난 것은 아니었지만 그 표현에는 이미 새로운 시대를 예고하는 정신이 담겨있었다. 중앙 집권적 왕권이 안정되고 있던 11세기는 사찰 조영이 그 절정이었다. 개경 주변의 왕실 원찰은 이미 10세기 중반부터 조성되기 시작했다.

「송사(宋史)」에 "고려 왕성에는 70구(區)의 불사가 있다"라고 하였고 또 「고려도경(高麗圖經)」에도 "왕성의 긴 행각의 매(每)10칸(間) 장막에 불상을 모셨다." 등의 기록이 있어 당시 불교사찰의 건립이 성행했을 것으로 짐작할 수 있다. 특이할 만한 사항으로 제4대 광종(光宗)은 불일사(佛日寺)를 조성하였고, 1067년 제11대 문종(文宗)대에는 흥왕사(興王寺)를 창건했는데 창건 당시 규모가 2,800칸이었고 무려 12년간 국력을 기울인 공사 끝에 완성된 절이다.

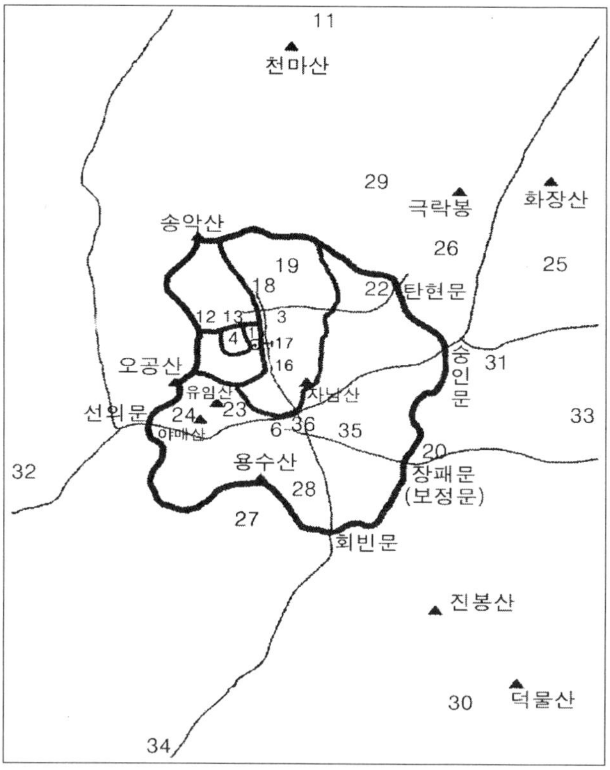


10C-14C사이에 세워진 개경주변의 사찰 위치

1번~10번까지의 사찰은 대부분 황성 주변에 세워진 태조 10찰이다. 10C에서 14C사이에 세워진 개경주변 의 사찰들은 아래표에서 볼 수 있듯이 10C에 집중적으로 건립되었고 있음을 알 수 있고 10C전반에는 그 위치도 대부분 황성 내부에 자리하고 있었지만 후반으로 접어들면서 황성 밖으로 그 위치가 옮겨가고 있음을 알 수 있다. 그리고 11C 이후부터는 대부분 황성 밖보다 더 멀리 떨어진 나성 밖에 건립되고 있음을 알 수 있다. 물의 합류점 부근의 13.광명사, 12.일월사, 20 개국사 같은 절은 수세를 진압하려는 비보풍수(裨補風水)의 일환으로 세워진 것이라는 시각도 있다.

그림에서 16번 홍국사는 도성 한복판에 위치하여 성내에 사는 일반 주민들에게는 가장 영향력 있는 사찰이었다. 이 시기에는 이외에도 지방에 많은 사찰들이 건립되었다. 고려의 사찰가람은 토속적인 신앙의 요소들이 가해져서 산신각(山神閣), 칠성각(七星閣), 응진전(應眞殿), 영산전(靈山殿) 등 불교 본연의 가람에서 벗어나 잡다한 건물의 배치가 나타나기 시작했다.

▌개경의 사찰 (10C~14C)

| 사찰명 | 창건 시기 | 위치 | 사찰명 | 창건 시기 | 위치 |
|---|---|---|---|---|---|
| 1.법왕사 (法王寺) | 919 (태조2) | 황성 안 | 19.안화사 (安和寺) | 930 (태조13) | 황성 밖(북) |
| 2.자운사 (慈雲寺) | 919 (태조2) | 황성 안 | 20.개국사 (開國寺) | 935 (태조18) | 황성밖(남동) |
| 3.왕륜사 (王輪寺) | 919 (태조2) | 황성 밖(북) | 21.내천왕사(內天王寺) | 936 (태조19) | 황성 안 |
| 4.내제석원(內帝釋院) | 919 (태조2) | 황성 안 | 22.현성사 (賢聖寺) | 936 (태조19) | 황성밖(동북) |
| 5.사나사 (舍那寺) | 919 (태조2) | 황성 안 | 23.미륵사 (彌勒寺) | 936 (태조19) | 황성밖(중서) |
| 6.보제사 (普濟寺) | 919 (태조2) | 황성 밖 | 24.봉은사 (奉恩寺) | 951 (광종2) | 황성밖 (남) |
| 7.신흥사 (新興寺) | 919 (태조2) | 황성 안 | 25.불일사 (佛日寺) | 951 (광종2) | 황성밖(동북) |
| 8.문수사 (文殊寺) | 919 (태조2) | 황성 안 | 26.귀법사 (歸法寺) | 963 (광종14) | 황성밖(동북) |
| 9.원통사 (圓通寺) | 919 (태조2) | 황성 안 | 27.진관사 (眞觀寺) | 999 (목종2) | 황성밖(성남) |
| 10.지장사 (地藏寺) | 919 (태조2) | 황성 안 | 28.숭교사 (崇教寺) | 1000 (목종3) | 황성 밖(남) |
| 11.대흥사 (大興寺) | 921 (태조4) | 황성 밖(북) | 29.현화사 (玄化寺) | 1018 (현종9) | 나성밖(동북) |
| 12.일월사 (日月寺) | 922 (태조5) | 황성 안 | 30.흥왕사 (興王寺) | 1067 (문종21) | 나성밖(동남) |
| 13.광명사 (廣明寺) | 태조 때 | 황성 안 | 31.홍호사 (弘護寺) | 1093(선종10) | 나성밖(성동) |
| 14.외제석원(外帝釋院) | 924 (태조7) | 황성 안 | 32.국청사 (國淸寺) | 1097 (숙종2) | 나성 밖(서) |
| 15.구요당 (九曜堂) | 924 (태조7) | 황성 안 | 33.천수사 (天壽寺) | 1116(예종11) | 나성 밖(동) |
| 16.흥국사 (興國寺) | 924 (태조7) | 황성 안 | 34.경천사 (敬天寺) | 1113 (예종8) | 나성밖(성남) |
| 17.묘지사 (妙智寺) | 927(태조10) | 황성 안 | 35.묘련사 (妙蓮寺) | 1283 (충렬9) | 나성밖(남동) |
| 18.구산사 (龜山寺) | 929(태조12) | 황성 밖(북) | 36.민천사 (旻天寺) | 1309 (충선1) | 나성밖(중앙) |

* 뒤 쪽에서 설명되는 사찰 중 본 표에 언급되지 않은 사찰은 개경 외의 지방에 산재된 사찰이기 때문.

이 시대의 가람의 특성을 살펴보면 첫째, 가람의 형성과 배치에 있어 지세 또는 산세에 조화되도록 하고 있어 풍수도참사상을 존중하여 가람을 조성하였음을 알 수 있다. 둘째, 일탑식 가람의 조성이 많은데 이것들을 피상적으로 보면 백제의 전형적인 가람으로 남북축선상에 중문과 탑→금당→강당을 배열한 형식과 같으나 이와 다른 다음과 같은 차이점이 있다. 차이점으로는 ① 백제 가람과 같이 일탑식의 단랑으로 된 것은 청주의 흥왕사, 원주 거돈사 외에는 알려진 것이 없고, 남원의 만복사(萬福寺)나 개성의 불일사와 같이 복합적인 배치로 조성된다. 이것은 불교 가람에 민간전통신앙인 샤먼적 요소들이 가해지기 때문이라 생각된다. ② 회랑이 백제의 경우처럼 중문과 강당을 연결되어 좌우대칭으로 완전히 둘러싸는 예가 드물고 만복사와 같이 남회랑만 중문 양측에 둔다거나 불인사와 같이 중앙지역과 서쪽지역 사이에만 두는 그런 자유로운 배치이다. 즉 배치에 있어 규범을 지키는 엄격성을 잃고 있다. ③ 일탑식이면서 익산 미륵사 가람과 같이 중원(中院)과 동·서원을 두는 예를 앞의 불일사 가람에서 볼 수 있다. 이것은 이탑식 가람인 흥왕사에서도 볼 수 있어 백제 미륵사의 영향을 받은 것으로 추측된다. 세 번째, 통일신라의 영향을 받은 것으로 보이는 이탑식 가람도 있어 전술한 흥왕사가 그 예가되고, 경우가 좀 다르기는 하지만 만복사도 현존하는 5층 석탑이 후대의 것이라면 원래의 유구인 목탑자리와 석탑자리로 보아 2개의 탑이 있었다고도 할 수 있다. 그러나 이에 대해서는 좀 더 연구되어야 할 것이다. 한편 흥왕사의 동·서 양탑은 팔각의 목탑이었다는 점이 특수가람이라 할 수 있다. 네 번째, 경기도 증암사(檜岩寺)는 사역을 지형에 맞춰 단축(段築)을 여러 곳에 두어 가람을 형성한 예인데, 여기에서는 탑자리를 발견할 수 없으므로 경내에 대형의 부도(浮屠)만을 무탑 원당일 수 있다.

다섯 번째, 고려 전기의 남원 만복사는 서전동탑식(西殿東塔式)과 일탑식이 혼용된 가람을 보이고 또 개성의 연복사(演福寺)와 같이 동전서탑식(東殿西塔式)의 가람을 갖는 것 등도 있다.

중원 미륵의 석굴사원: 인공적으로 석실을 축조하고 석불입상을 세웠다.

여섯 번째, 충남 중원 미륵사와 같은 석굴사원의 조성형식도 있는데, 이것 역시 고려시대에 사용된 가람형식의 하나라는 것으로 추정되며 이 석굴사원에서는 석굴 앞에 전실을 두었는데 이것이 금당의 기능을 하는 것이다. 이상과 같이 삼국과는 가람의 구성에 있어 조금의 차이는 있지만 그 근본은 삼국시대의 가람형식에 두고 있음은 말할 나위가 없다.

이러한 고려의 불교사원은 종교적인 공간이 동시에 정치적이 기능을 갖고 있었다는 점을 유의할 필요가 있다. 연등회나 팔관회는 단순한 종교의례에 그치지 않고 국왕과 백성을 하나로 이어주는 국가의례의 기능을 지녔다.

11~12세기에 불교는 왕실이나 귀족 지배층은 물론 일반 서민에게도 절대적인 신앙의 대상이었다. 그러다 보니 개경 뿐 만아니라 지방 각지에서도 절은 주민들의 일상과 밀접하게 존재했고 지방에서 큰 사찰들은 지역의 문화적, 경제적 구심체였기에 상징적인 높은 건물도 의도적으로 조성하는 경우가 있었다. 또한 지방의 도시들이 단지 행정적인 역할에 머물고 있을 때 사찰은 주민들의 일상생활을 지배했고 이들의 의식세계를 이끌어 갔다. 그러나 이러한 불교의 성황은 국가나 사회적으로 폐해도 많아 도를 닦아야 하는 승려들이 재산에 욕심을 갖고 재산적 이익을 위해 다투는 자가 많았고 또 많은 사탑의 건조와 잦은 불교행사로 국가재정의 낭비가 심하게 되었으며, 국가의 노동력과 생산력이 감퇴되어 국력을 상실하였다. 더욱이 묘청이나 신돈 같은 자는 정치에 야심을 가지고 사

회를 어지럽혀 선승(禪僧)의 체면을 실추시켰고, 불교자체도 말기에 와서는 기복불교(祈福佛敎)로 전락하여 미신과 결부되어 무속 · 음양 · 도참 기타 잡술을 나타내는 면도 있었다. 따라서 고려 말기에는 불교가 유학자들의 비난을 받게 되고, 배불운동이 일어나면서 유(儒) · 불(佛)이 서로 갈등과 반목하게 되며 후에 조선 왕조가 들어서면서 불교는 그 세력이 약화된다.

**참고〉** 위에서 언급한 고려 개경의 사찰들이 태조대에 많이 건축되었던 이유는 태조가 남긴 훈요십조[10]에서도 태조가 얼마나 불교행사와 불교사찰에 대해 지극한 정성이었는지 알 수 있다. 이와 반대로 성종 때 최승로의 건의를 받아 들여 유교 정치사상을 통치의 근본이념으로 삼고 여러 제도를 정비했는데 정비 계획 중 최승로의 개혁안인 시무28조(13조와 20조의 내용)를 보면 불교행사로 인하여 얼마나 많은 백성들이 생활에 어려움이 많았는지를 알 수 있다.

**〈 훈요 10조 〉**

- 불교의 힘으로 나라를 세웠으므로 사찰을 세우고 주지를 파견하여 불도를 닦도록 할 것
- 도선의 풍수 사상에 따라 사찰을 세우고, 함부로 짓지 말 것
- 왕위는 맏아들이 잇는 것을 원칙으로 하되, 맏아들이 어질지 못하면 그 다음 아들에게 전해주고, 그 아들도 어질지 못하면 형제 중에서 여러 사람의 추대를 받은 자에게 전해 줄 것
- 우리나라와 중국은 지역과 사람의 인성이 다르므로 중국 문화를 반드시 따를 필요가 없으며, 거란은 짐승과 같은 나라이므로 그들의 의관 제도는 따르지 말 것
- 서경(평양)을 중시할 것 (중국과 인접해 있고 해상 교통에서도 오히려 개경보다 나은 여건)
- 연등회와 팔관회를 성실하게 열 것
- 왕이 된 자는 바른 말을 받아들이고 남을 헐뜯는 말을 멀리할 것
- 차령산맥 이남과 공주 강 밖의 사람들은 쓰지 말 것
- 관리들의 녹봉을 함부로 가감하지 말고, 농민들의 부담을 가볍게 할 것
- 왕은 근심이 없을 때에는 경계하고 옛 일을 거울삼아 오늘을 경계할 것

**〈 최승로의 개혁안 (시무28조 중 일부) 〉**

- 우리나라에서는 봄에 연등회를 개최하고 겨울에 팔관회를 열어서 사람들을 동원하여 힘든 일을 많이 시키니, 원컨대 이를 줄여서 백성들이 힘을 펴게 하십시오.(13조)
- 불교를 믿는 것은 자신을 다스리는 근본이며, 유교를 행하는 것은 나라를 다스리는 근원을 구하는 것입니다. 자신을 다스리는 것은 내세에 복을 구하는 일이며, 나라를 다스리는 것은 오늘의 급한 일입니다. 오늘은 아주 가까운 것이요. 내세는 지극히 먼 것입니다. 가까운 것을 버리고 먼 것을 구하는 것은 또한 그릇된 것이 아니겠습니까?(20조)

10) 고려 태조가 자손들을 훈계하기 위해 942년(태조25)에 몸소 지은 열 가지 유훈(遺訓)으로 『고려사』와 『고려사절요』에 실려 있다.

## 3-2. 주요 사찰

### 1) 만복사(萬福寺)

• 위치 : 전라북도 남원시 황정동(사적 제 349호)

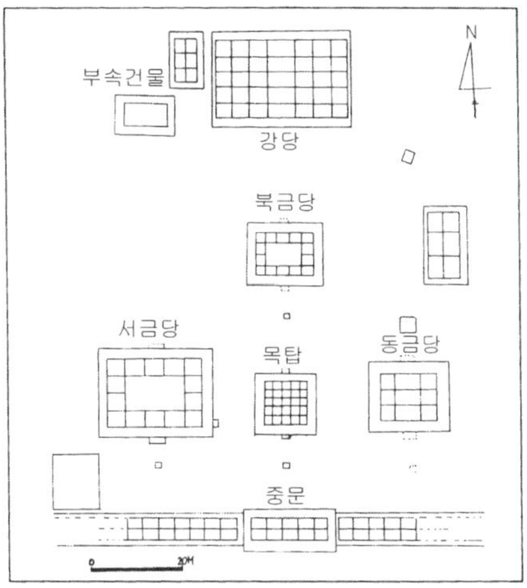

만복사 추정배치도

만복사 추정배치도 - 항공사진

만복사지는 고려 문종(1046~1083)때 조영된 것으로 북쪽에 있는 낮은 기린산(麒麟山)을 배산으로 남쪽의 광활한 들을 향하여 가람을 이루고 있다. 경내에는 보물로 지정된 5층 석탑이 있고, 그 북쪽으로 좀 떨어져서 신라 말이나 고려 초기의 것으로 믿어지는 석불입상이 지하에 깊이 묻혀 있었다. 이 석탑의 서편으로 좀 떨어져 큰 금당터가 표면에 보였고 건물 중앙 뒤편에는 6각으로 된 석좌가 있었는데, 이것이 금당의 불좌로 보인다.

가운데 북금당지와 오른쪽에 5층 석탑이 보인다.

중문 앞의 당간지주

북금당지 우측에 있는 5층 석탑

실제 발굴조사에서 통일신라시대에 속하는 와당과 유물들이 출토되었고, 현재 5층 석탑, 북쪽에 있는 석불입상 역시 통일신라시대 말까지로 볼 수 있는 것이기 때문에 이를 뒷받침 해준다. 개략적인 가람의 배치로서 남쪽에서부터 중문과 목탑, 그리고 이 목탑 좌·우 및 후측에 금당이 배치되고 그 북쪽으로 강당과 부속건물들이 있었던 유구로 노출되고, 가람 동쪽에 있는 5층 석탑의 남쪽 좀 떨어진 곳에도 통일신라식의 석탑이 있었던 것으로 밝혀졌으며 이 동쪽에서는 또 다른 장방형 건물터가 노출되었다. 그러므로 전체 가람은 목탑을 중심으로 3금당 1탑식이라 할 수 있고 또 동금당과 서금당의 건축연대를 달리 본다면 기록과 같이 서전동탑식(西殿東塔式)으로 볼 수도 있다. 조선중기까지 번창하던 만복사는 정유재란(1597)에 불타 없어졌다.

### 2) 흥왕사(興王寺)

• 위치 : 개성시 개풍군 봉동면 흥왕리(개경주변 사찰위치 그림에서 30번에 위치)

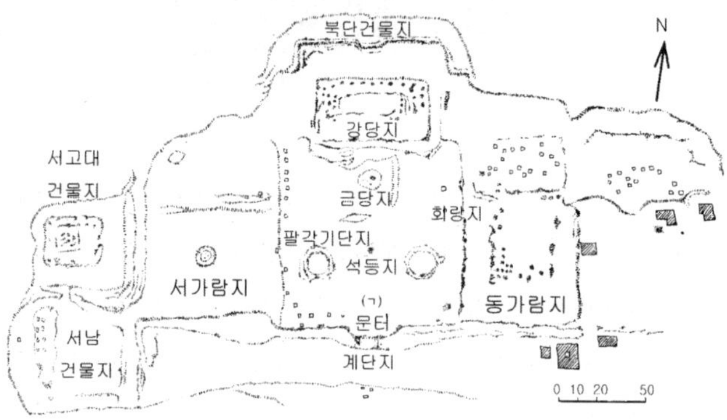


흥왕사 배치도 - 총 2,600여 칸으로 추정되며 중심부는 팔각형 쌍탑을 배치하여 2탑식 가람을 구성하고 있으며 여러 예불공간이 복합적으로 구성되어 있다.

고려 문종 1067년에 창건한 가람이다. 이 절은 고려의 대가람으로도 중요하지만 대각국사 의천이 고려 속장경(續藏經) 주조사업을 펼친 곳으로 우리 문화사의 중요한 장을 이룬 곳이다. 이 절터는 1948년 국립박물관이 5일간 짧은 기간 동안 조사하였고 절터는 광활한데 중앙부는 높고 평평한 대지 위에 있는 가람과 동·서 양측에 각각 평탄한 대지가 있어 중앙가람과 석축으로 구획된 가람으로 볼 수 있다.

세 구획으로 된 이 가람은 중심곽을 이루며 남향하고 있다. 중앙부에는 북쪽에 거대한 규모의 강당 터가 있고 그 앞에 금당 터로 추정되는 건물유구가 있으며, 남북축선상의 전방에는 석등자리가 있고 그 양쪽에는 8각의 건물터(목탑)가 놓였다. 가람 전면에는 중문 터가 있으며 이 중문과 강당 터를 둘러싼 회랑 터가 있다. 가람의 동원은 서원과 같이 석축으로 중원과 구획되어 있는데, 그 남쪽에는 중원보다 작은 석축단과 중문으로 보이는 유구가 있고 그 중앙에 계단자리가 추정되고 남쪽 중앙에 비교적 다수의 초석으로 된 건물터가 있으며 그 북쪽에도 건물터가 있다. 서원 역시 동원과 유사하게 남쪽에는 석축이 있고 그 안의 남쪽 중앙부에는 석탑자리가 있으며 북쪽에는 건물이 있었던 것으로 추정된다.

이 중심지역 외에도 서쪽의 높은 지대와 그 남쪽에 독립된 건물이 있었던 것으로 추측되므로 사역은 지극히 광대하였던 것 같다. 이곳의 석탑에 대하여는 금탑을 만들고 이를 보호하기 위하여 석탑을 세웠다고 기록되어 있다. 발굴된 흔적으로 보아 가람배치가 익산의 미륵사와 같이 동·서·중원이 병렬로 형성되었다는 것이 특이하다. 목탑자리는 석조단축기단(石造段築基壇)을 쌓았으며 맨 아래에는 지대석을 놓고 그 위에 3단의 장대석을 쌓아 면석을 이루었으며 8면에 돌귀기둥(隅柱石)을 배치한 것으로 추정된다.

### 3) 불일사(佛日寺)

• 위치 : 개성시 판문군 산적리 보봉산 남쪽 기슭 불일동(개경주변 사찰위치 그림에서25번에 위치)

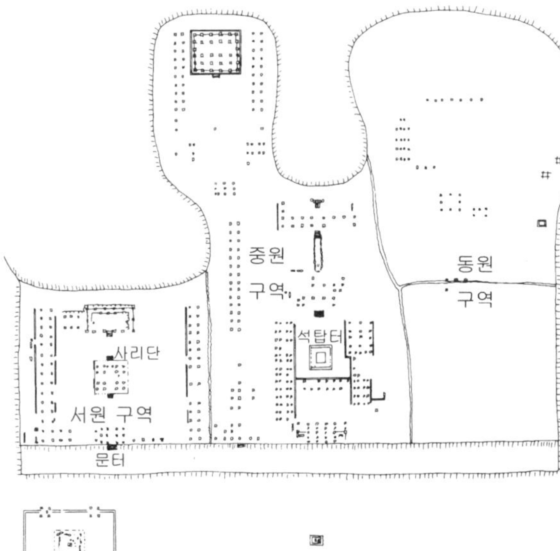


불일사 배치도

불일사 5층석탑

「고려사」의 기록에 의하면 불일사는 951년에 고려 4대 왕인 광종이 어머니인 태조비 신명왕후의 원찰로 창건했다고 한다. 비교적 넓은 대지 위에 산을 배후로 동서로 긴 방형의 고대지상에 있어 대지의 동·서 변은 산기슭에 접하여 있으며 동서 폭이 약 230m, 남북이 중앙 구역에서 115m

이고 최북단 건물터까지는 175m이다. 개략적인 가람의 형성은 동서 방향으로 3구역을 이루고 이 중에 중앙구역의 가람이 가장 짜임새 있는 중심부를 이루며 이곳에 5층 석탑을 조성하였다고 한다. (일탑식 가람배치) 서원의 가람 남쪽 문터로부터 약75m 거리에 40×32m의 방형 평면으로 주위에 담장을 에워싼 별도의 구역이 있는데 이곳의 중앙에는 방형의 사리단(舍利壇)이 있다. 동쪽구역의 가람은 중앙구역과 담으로 구획되어 있었던 것 같은데, 그 북반부에서 건물터의 유구가 다수 노출되었으나 훼손이 심하여 그 성격과 규모는 알 수 없다.

불일사 5층 석탑 - 높이는 7.94m이며 2층 기단 위에 5층으로 쌓아올린 정사각형 평면의 석탑이다. 1988년 고려박물관으로 옮겨졌고 옮길 때 1층 탑신 속에서는 3층 금동탑, 석탑 12개 사리병 3개, 2층 탑신에서는 9층 금동탑, 5층 금동탑, 작은 돌탑 10개 나왔다고 한다.

이상의 기술로 이 절터의 가람은 일탑식(一塔式) 가람인데 전술한 홍왕사나 만복사와 같이 2~3 구역으로 구획되어 있었음을 알 수 있다. 이러한 가람의 형식은 우리나라 고대가람에서 볼 수 있으므로 그것을 계승한 것으로도 볼 수 있다.

### 4) 흥덕사(興德寺)

• 위치 : 충청북도 청주시대 시작동 양악산(梁岳山) 동남 기슭(지금: 운천동)

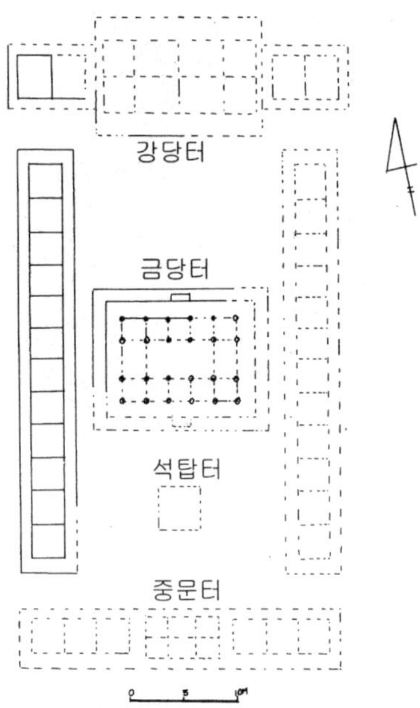


흥덕사 배치도

동북쪽은 구릉으로 둘러싸인 좁은 지역에, 평지를 이용하여 남향한 가람으로 조성되어 있다. 조사 중 서회랑터에서 '大中 三年(849)' 이라 새겨진 기와가 출토되어 이곳에는 적어도 신라 말에도 절이 있었던 것으로 추측 된다.

가람은 남·북축선상에 주요 건물을 배치한 일탑식 가람으로 석탑재가 출토되는 것으로 보아 석탑 주위를 회랑으로 두른 가람으로 추측할 수 있다.

금당은 정면 5칸, 측면 3칸의 건물로 정면 주칸은 2.1m 이고 측면은 3.4m, 협칸은 2.1m이다. 기단의 규모는 동서 53척, 남북 39척이다. 강당터는 유실이 많이 되어 확실하지는 않지만 정면 4칸, 측면 2칸으로 추정된다고 할 수 있다.

이상의 고려 절터의 실례 외에도 석굴사원으로 가람을

형성한 중원 미륵리 절터와 탑이 없이 부도를 모신 원당(願堂)으로 추측되는 경기도 양주군 회암사(檜岩寺) 등이 있다.

### 5) 회암사(檜岩寺)

• 위치 : 경기도 양주시 회암동 (사적 제128호)

회암사 복원 배치도 - 중앙부 맨 위쪽부분에 부도탑의 위치

이 절터는 천보산 기슭에 남향으로 자리 잡고 있다. 건립에 관한 자료가 없어 확실한 내용은 알 수 없으나 충숙왕 15년(1328) 원나라를 거쳐 고려에 들어온 인도의 승려 지공(指空)이 인도의 아라난타사(阿羅難陀寺)를 본떠 266칸의 대규모 사찰로 건립되었다.

그 후 중국에서 돌아온 나옹(懶翁)이 다시 지었고 그가 세상을 떠난 후 그의 제자들이 계속 중건하였다고 전해진다.

회암사는 지공이 처음 건립한 이래 보우가 거처하던 때까지 약 200여 년가량 번창하다가 그 후 절의 세력이 계속 기울어 폐사가 되었다. 회암사는 8개 구역으로 이루어졌다. 제1단 석단으로부터 제8단 석축벽까지 단을 차이 나게 하여 건물을 조성하였다. 확인된 건물지는 약 30여개 이르며 건물배치는 고려 말에서 조선 초에 이르는 다른 사찰과 다르다.

회암사터 - 항공사진

회암사터 - 여러 단(석축)으로 이루어진 모습-사진 중앙부분에 부도탑이 보인다.

개경 주변 및 지역의 몇 군데 대규모 사찰이나 그 보다 작은 사찰 예에서 한 두 가지 가람 구성상의 공통적인 특징을 정리하면 ① 예불공간이 몇 개의 구역으로 구분되어 있는 점이다. ② 회암사 등에서 보이듯이 사찰들이 산기슭에 지어짐으로써 여러 개의 문을 거쳐서 비로소 불전에 도달하도록 하여 전체 가람이 매우 깊이 있는 구성으로 이루어졌다. ③ 예불공간이 다수로 구성된 것은 예불대상이 다양하게 분화되어 있었음을 말하며 고려 불교 교리의 다양함을 반영하였다는 것이다.

## 4. 고려 후기 사회와 건축의 변화

### 4-1. 고려 후기 사회적 변화

고려 후기로 접어들면서 많은 변화가 일어난다. 이 기간에 고려의 귀족세력의 대두는 필연적으로 그들의 상호항쟁을 가져오게 하였으며, 이자겸의 난, 묘청의 난 등이 일어나게 되었고, 그 중에서도 가장 큰 것은 의종 24년(1170)에 일어난 무신의 난이었다. 이 난은 문존무비(文尊武卑)의 기존체재에 반항하여 일어난 것으로 정권이 문신으로부터 무신으로 넘어가게 되었으며, 무신은 중방(重房)을 중심으로 정권을 장악하게 되었다. 이런 정권교체는 사회적인 혼란으로 연결되면서 무인 상호간의 정권쟁취, 천민들의 반란 등을 가져왔으나 최충헌을 비롯한 최씨 무인정권이 이 혼란을 수습하고 무인정권의 기초를 확립하게 된다.

이런 와중에 몽고의 침입으로 고종 19년(1232)에 대륙전쟁에 익숙한 몽고를 피해 바다와 접한 강화로 고려의 수도를 옮기게 된다. 그러나 6차례에 걸친 침입으로 개경에 있는 백성들은 비참하게 당하게 되고 농촌은 황폐화되었고 소중한 우리의 문화재들은 소실되는 시련을 겪게 된다. 결국 1258년 최씨 정권은 최충헌의 아들들의 권력 다툼으로 몰락하고 몽고와 화의가 결정되면서 개경으로 다시 천도하면서 고려는 몽고의 지배하에 놓이게 된다.

고려말에 이르러서는 정치와 종교의 말기적인 사태에 덧붙여서 왜구(倭寇)가 자주 침입하여 해안지대의 기름진 땅을 무인지경으로 만들게 되었고 대왜구 작전에 두각을 나타낸 이성계는 위화도의 회군으로 정치실권을 장악하여 조선왕조를 건국하는 계기를 이루게 된다.

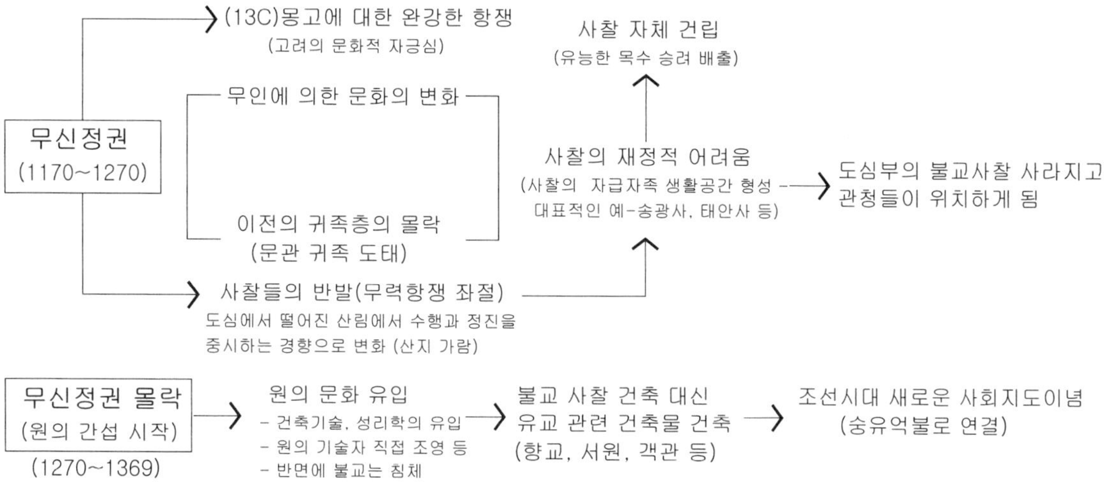


- 고려 말기 고려사회의 변화과정 -

최씨의 무인 정권시기에 문관귀족들은 철저하게 도태되고 사회 전반은 물론 문화계, 종교계에도 영향을 미치게 된다. 특히 고려전기 정치와 밀접하게 관계를 유지했고 지원을 받았던 불교계는 무신집권에 대항하여 무력 투쟁을 벌이기도 했으며 지방에서도 빈번하게 발생한 농민 반란에도 기존 대찰들이 지지를 보내는 등 대항했지만 모두 좌절되었다. 이런 상황에서 13세기 불교는 정치권을 벗어나 도성에서 멀리 떨어진 산림에서 수행과 정진을 중시하는 경향으로 변화되어 가면서 산지가람으로 변화하게 된다. 그리고 이제까지 사찰에 지원해 주던 문인과 왕실이 몰락하면서 사찰신축에 필요한 기술자들을 주변에서 구하지 않으면 안 되었기 때문에 승려 스스로 건축기술을 익혀 장인일을 하는 경우가 많아지고 목수에 능한 승려들이 많아지게 된다. 특히 선종에서는 승려들이 스스로 사찰 살림을 위해 노역하는 것을 중요한 수행과정의 하나로 생각하기도 했다. 이런 것을 증명이라도 하듯 1363년 봉정사 극락전을 중수할 때 쓴 상량문에는 공사를 주관한 기술자 우두머리인 대목일을 굉개(宏介)라는 승려가 했다고 하며 1376년 부석사 조사당의 건립에는 심경(心敬)이라는 승려가 대목 일을 맡았다고 한다.

## 4-2. 고려 후기 원의 건축적 영향

무신정권은 도성을 강화도로 옮기면서 저항했지만 결국 1260년 몽고에 굴복한고 다시 개경으로 옮기고 약 100년간의 원의 정치 간섭이 시작된다. 이 시기에 고려는 사회적으로도 말 할 수 없는 혼란은 물론이고 군사를 징벌은 말할 것도 없고 원의 일본 원정계획에 따라 수백 척의 병선을 건조하는 등 엄청난 압력을 받게 된다. 그러나 이러한 압력 외에 원의 새로운 문물과 폭넓은 교류가 이루어지면서 성리학이 고려에 알려지고 원나라의 건축장인들이 직접 고려에 들어와 활동하면서 중국의 새로운 건축술이 도입되게 된다.

특히 중국의 성리학의 도입은 가장 주목할 만한데, 원의 간섭이 많아지면서 고려의 학자들이 중국으로 유학갈 수 있는 기회도 많아졌고 중국에서 과거에 급제하여 벼슬을 하는 등 학문적 교류의 기회가 많아지면서, 당시 유학의 새로운 경향이던 성리학은 고려의 사상계에 새바람을 일으키게 된다.

이런 성리학의 번성은 건축계에도 영향을 미치게 되면서 지방도시에 향교가 확산되고 유교에 입각한 예제(禮制)의 정비는 특히 지방도시에서 눈에 띄게 활기를 띠게된다. 이런 예제에 의해 지방 고을 수령은 고을 중심부 경치 좋은 곳을 택하여 객관(客館)을 지어 왕에 대한 예를 표하도록 하였다. 이런 현상으로 인하여 지방도시에 나타난 가장 두드러진 변화는 전에 도시 중심부를 차지하던 불교사사찰이 사라지고 그 자리에 관청이 들어서는 등 성리학이 새로운 사회 지도이념으로 부각되는데 비하여 불교계는 뚜렷한 대응을 보이지 못하면서 불교계는 침체기를 맞이하게 된다. 그러나 불교사찰에도 구체적으로 원나라의 영향이 반영되는 경우도 적지 않았다. 지금 국립중앙박물관 안에 옮겨 놓은 경천사지(개성 부소산에 있던 사찰) 10층 석탑은 이 시기 원나라 기술자가 직접 고려에 와서 새로운 조형감각으로 조성한 건조물의 좋은 사례이다. 전체 백색 대리석으로 조성되고 하단 3층 기단 위에 3층의 전각이 세워지고 그 위에 7층의 탑이 올려진 모습을 하고 있다. 특히 기단과 3층의 전각은 네모난 평면의 각 면이 다시 돌출하면서 이전에 볼 수 없던 독특한 형상을 이루고 있으며 복잡하게 돌출한 각 벽면에 여러 가지 불교의 설화를 조각으로 묘사하고 있다. 가끔 이 경천사지 10층 석탑은 조선시대에 원각사에 세워진 원각사지 10층 석탑과 혼돈하는 경우가 많이 있다.

**▌원각사지 10층 석탑 (국보 제2호)**

조선 초기 원각사에 있던 높이 12m석탑이다. 세조 11년(1465)에 고려 때부터 있던 흥복사(興福寺)라는 절을 다시 짓고 이름도 원각사라 고쳤는데, 이 탑은 세조 13년(1467)에 세워진 것으로 추정하고 있다. 이 탑은 일반적인 석탑의 모양과 같이 기초가 있는 위에 탑을 차례로 쌓아 올렸다. 윗부분의 3층 탑 부분은 오랫동안 땅에 널리져 있던 것을 1947년에 원래대로 복원하였다. 대리석의 이 탑은 국보로 지정된 석탑 중 가장 후대에 속하는 것으로 그 형태와 평면이 특수하다. 또한 수법이 세련되고 꾸밈이 화려하고도 풍부하여 조선시대의 석탑으로는 그 예를 찾아 볼 수 없는 우수한 작품이다. 이 탑은 전체적인 형태나 세부구조, 표면에 새겨진 불상의 조각 등이 고려 때 세운 국보 제 86호 경천사 10층 석탑과 비슷할 뿐 아니라 사용된 재료도 대리석으로 동일하다.

유리 곽 속에 있는 원각사지 10층 석탑

원각사지 탑신에 그려져 있는 부조와 다포양식의 지붕이 섬세하게 만들어져 있다.

▲ 원각사지 10층 석탑은 현재 서울시 종로구 탑골공원에 있는 조선 초기 것으로 1962년에 국보 제2호 지정되었다. 비둘기와 비, 바람 등으로부터 보호하기 위하여 유리 곽을 만들어 보호하고 있다.

현재 용산 국립박물관에 옮겨진 경천사지 10층 석탑의 모습

탑신에 새겨진 다양한 부조와 목조건축의 지붕을 그대로 표현한 모습

▲ 경천사지 10층 석탑 : 1962년에 국보 86호로 지정되었다. 일본인에 의해 일본으로 반출되었다가 반환된 것이다. 1층 탑신 이맛돌에 새겨진 명문을 통해서 1348년 강융(姜融)과 고용봉(高龍鳳) 등이 원(元) 황제와 고려 왕실의 안녕을 기원하며 세운 것임을 알 수 있다.

## ■ 주요 내용 정리하기

1. 개경의 수도 도성의 공간구조에 관하여 간략히 정리해보자

2. 고려시대 불교사찰에 관하여 간략히 정리해보자

3. 고려시대 주요사찰과 배치의 특징을 간략히 정리해 보자

4. 고려시대 후기 사회적 배경과 사찰배치의 변화에 관하여 정리해 보자

## ■ 주요 용어 설명

1) 도교 : 무위자연설을 근간으로 하는 중국의 다신적 종교. 황제(黃帝)와 노자를 신격화한 태상노군을 숭배하며, 노장 철학을 받아들이고 여기에 음양오행설과 신선 사상을 더하여 불로장생을 추구하였는데, 후한 말기 때 장도릉(張道陵)에 의해 그 종교적인 틀이 갖추어져 중국의 민간 습속에 큰 영향을 미쳤다.

2) 묘청 : 신진세력이자 승려인 묘청이 개성의 기(氣)는 이미 쇠하여 수도를 옮겨야 한다고 주장하면서 난을 일으키지만 실패 한다. 그러나 묘청의 난은 자주적인 전통사상, 풍수지리설을 주장 결부하고 금을 정벌하고 중국과 대등한 입장에 서있자는 주장을 강조하는 등 고구려의 계승의식을 갖고 있었다.

3) 신돈 : 1365-1371년 고려 공민왕 때 승려 출신으로 정권을 쥐었던 사람으로 토지개혁 등을 단행했지만 권문세족들에게 의해 제거된다.

4) 이방청(吏房廳) : 고려시대 강화유수부 6방(六房) 중의 하나가 이방청(吏房廳)이다.

5) 훈요십조(訓要十條) : 942년(태조25)에 몸소 지은 것으로 943년 태조가 죽을 무렵에 박술희(朴述希)에게 전해 후세의 귀감으로 삼게 한 열 가지 유훈(遺訓)이다. 이 것은 고려왕실의 헌장으로 태조의 신앙 · 사상 · 정책 · 규범 등을 보여주는 귀중한 문헌이라고 할 수 있다. 『고려사』와 『고려사절요』에 실려 있다.

6) 최승로 : 927(태조 10)~989(성종 8). 고려 전기의 문신 · 재상. 신라 6두품인 은함(殷含)의 아들이다. 태조에서 경종에 이르는 다섯 왕의 치적평(治績評)과 함께 북계(北界)의 확정과 방위책, 공덕재(功德齋)의 폐지, 승려의 궁중 출입금지와 왕의 불법숭신(佛法崇信)의 억제 등 불교의 폐단에 관한 건의문과 그 밖의 사회문제 및 대중국관(對中國觀) 등 28조에 달하는 시무(時務)를 올렸다.

7) 기복불교 : 불교가 민간신앙을 흡수하여 대중화되는 과정에서 생겼다. 복을 구하는 행위나 생각은 종교의 본질적인 것이라 할 수 있으나, 기복이라는 말을 종교 앞에 붙인 경우에는 좋지 않은 뜻으로 쓰인다. 이는 자칫 종교 본래의 이타적 성격을 도외시할 우려가 있기 때문이다.

# VI. 우리나라 목조건축

## 1. 목조건축의 개요

### 1-1. 목조건축의 개요

우리나라 건축은 고대로부터 중국대륙의 영향권 안에서 발전되어 왔다. 그러나 순수한 중국식 건축의 모방이 아니었으며 단지 그들의 영향을 받으면서 발전되고 그 안에서 한국화 되었다. 이러한 경향은 한국 건축 뿐 만아니라 일본건축 역시 중국건축 계통에 속하였지만 그들은 나름대로 민족성에 알맞은 고유성을 가미시켜 독자적으로 발달하였다.

이러한 건축양식의 영향들이 언제 어떻게 전파되었는지 최초의 시기는 확실히 알 수 없으나 낙랑군이 북한 땅에 들어서던 시기부터 본격적인 한(漢)나라 문물이 직접 들어 온 것으로 추정하고 있다. 그 후 낙랑군을 멸망시킨(313) 고구려는 지역상 중국과 가장 밀접하여 백제나 신라보다 한걸음 앞서 중국의 문물을 받아 들였고 건축 활동도 활발하였으며 건축기법도 높은 수준에 도달하였다. 이것은 현존하는 고구려의 고분 벽화를 통해서 비교적 상세한 내용을 파악할 수 있으며 생활상까지 알 수 있다. 고분벽화에서 밝혀진 일반적인 건축술은 목조가 주된 형식이고 거기에 그려진 공포의 양식은 실제 목조건축에 어느 정도 반영되었을 것이라 짐작할 수 있다.

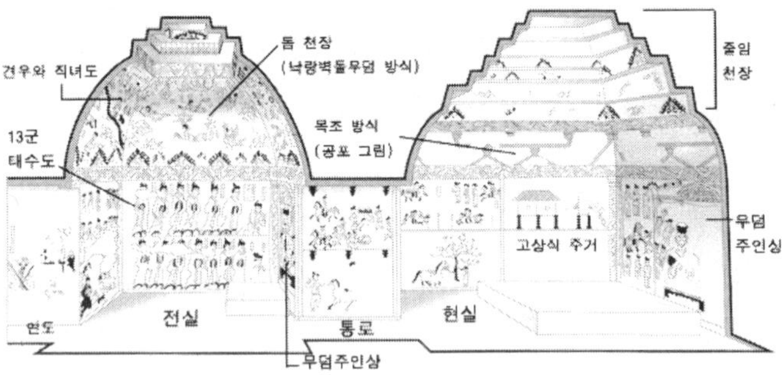


덕흥리 고분(408년, 평남 대안시 덕흥리)-전실과 후실 2실 무덤 형식, 전실천장에는 견우직녀, 사냥그림 등이 있고 후실 벽에 목조공포와 고상식(高床式)주택 모습이 보인다.

쌍영총(퉁구지방 용강군)-전실과 후실 사이의 통로에 한쌍의 팔각 석주모습, 귀접이 천장과 석주(石柱)위벽에 목조건축양식(ㅅ)의 그림이 보인다.

삼실총을 비롯하여 산연화총, 환문총 등에서는 기둥과 공포의 윤곽만을 선화(線畵)로 간단히 그렸으나 구신총, 용강대묘, 쌍영총, 안악 1, 2, 3, 호분 등에서는 구체적으로 공포의 구성을 상세하게 나타내었고 구조도 상세하게 그려져 있다.

여기에 나타나 있는 가구부재 중에서 특히 중요한 부분은 공포의 여러 가지 형태이다. 공포는 동양건축에만 보이는 특색 있는 수법으로 그 위치는 기둥과 지붕의 중간에 놓여 지붕하중을 기둥에 전달하는 구조상의 기능이 원래의 목적이다. 그러나 이러한 기능적인 역할은 차차 의장적 기능으로도 크게 발전되어 그 형태에 적지 않은 신경을 썼으며 그 결과는 시대에 따라 변화되는 과정을 예민하게 나타내는 요소가 되었다. 그래서 고건축에 사용된 공포 양식에 따라 시대를 추측하게 된다.

고구려시대 건축물로 복원된 보광전(평양)-쌍영총 무덤 그림에서 보이는 주심포 양식과 ㅅ자 형태의 대공이 보인다.

공포의 구성부재는 기둥 바로 위에 놓인 주두(柱頭)와 기둥을 중심으로 전 · 후 · 좌 · 우로 중첩되어 결구되어 있는 각 종 첨차(檐遮) 그리고 첨차와 첨차 사이를 연결시켜 소로(小累), 첨차 위에 놓여 장혀(長舌) 등으로 구성되어진다.

다포형식 -기둥위 외에 기둥사이에도 포가 놓이는 형식으로 고려후기부터 조선시대에 걸쳐 많이 사용된 공포형식

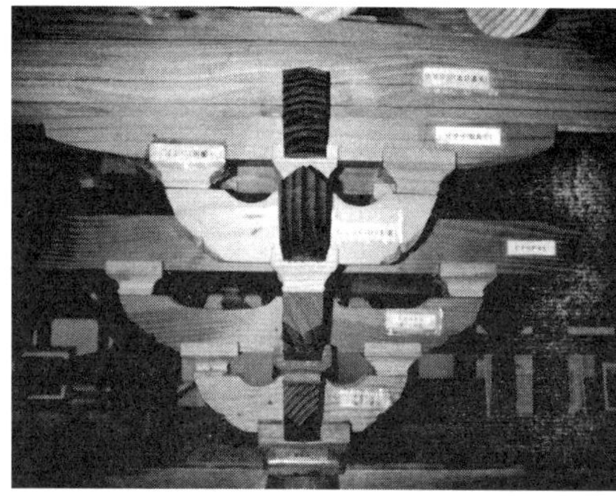

주심포형식 - 기둥위에만 공포가 놓이는 양식으로 고려시대부터 조선시대 초까지 많이 사용된 공포형식

## 1-2 우리 전통 목조건축의 미(美)와 가구법

건축과 자연과의 조화에서 한국의 목조 건축은 자연을 억압하거나 지배하지 않고 자연 속에 파고들어가 자연과 융합하여 자연의 아름다움을 더해 주며, 오히려 자연의 아름다움을 보완하는 그런 역할로 자연과 공존하는 것이다. 이런 점은 중국의 건축이나 일본의 건축과 상당히 차이 있는 요소의 하나로 한국 건축의 특징이기도 하며 아름다움의 근원이기도 하다.

이외 목조 건축에 있어서 건축 부재나 치목기법 및 가구수법에 있어 건축 부재로서 결함이 많고 제약이 많은 육송을 사용하여 그 결함과 제약을 보완하기도 하고 또 순응하면서 전통적 기법을 꾸준히 충실하게 이어 내려왔다. 그 결과 그러한 전통 기법에 의해 건립된 조형이 건축으로서의 아름다움을 나타내는 근원이 되었음을 밝혔다. 지금까지 전

내소사의 루마루 밑 자연그대로의 석재를 주초돌로 사용하고 있는 모습과 기둥 밑 부분을 새로 교체한 드잡이 모습도 볼 수 있다.

해지고, 고수되어 온 전통적 기법은 거의 대부분이 고대의 어느 시기에 우리나라에 전해졌거나 우리나라에 전해진 후 개선 창출된 그런 기법일 것이다.

개심사 부속건물 - 자연그대로의 기둥(도랑주)

개심사 부속건물 - 가공하지 않은 목재 그대로 사용한 모습

목조건축의 가구 기법에서도 오래된 수법을 그대로 사용하는 경우가 많이 있다. 그 가운데서 가장 특징적인 것은 기둥의 귀솟음, 기둥의 안쏠림 기법 그리고 지붕 처마 곡선을 만들어내는 기법이다. 기둥의 귀솟음은 건물 기둥 가운데 네 귀에 세워지는 기둥을 다른 기둥보다 좀 높게 만드는 것이다. 원래는 귓기둥 뿐이 아니고 건물 중심 기둥에서부터 밖으로 세워지는 기둥마다 조금씩 차례로 높게 만든 것인 듯하나, 지금은 보통 귓기둥만을 높인다. 이러한 수법은 고대 그리스의 석조 신전건축(대표적인 예: 파르테논 신전)에서도 사용되었던 기법으로 삼국시대부터 있었던 기법이 아닌가 싶다. 그리고 일본의 목조 건축에서는 이미 없어진 기법으로 기둥의 배흘림(엔타시스) 기법과 지붕 서까래 가운데 부채꼴(扇子椽:선자연)기법이 있다.

추녀(지붕모서리)-서까래사이 빈틈없이 연결된 선자연 서까래의 모습

영주 부석사 무량수전 - 배흘림(엔타시스) 기둥

귓기둥을 다른 기둥보다 높게 만드는 귀솟음 건물을 앞에서 바라볼 때 원근의 차이에 의하여 일어나는 시각의 오차를 없애고 건물이 수평으로 보이게 하는 효과가 있다. 만일, 건물의 기둥을 모두 같은 높이로 만들었을 때, 이를 앞에서 바라보면 건물의 양쪽 끝이 낮게 보이고 건물이 비뚤어지게 보이는 것이다. 그러나 이렇게 함으로써 건물 귀 부분의 상부 가구재를 다른 부분과 꼭 같이 균일하게 치목할 수 없는 어려움이 따른다. 이런 기법 역시 일본에서는 오래 전부터 소멸된 기법이다. 기둥의 안쏠림이란 건물의 여러 기둥 가운데 건물의 외주에 세워진 기둥을 다른 기둥들과 같이 수직으로 세우지 않고 좀 안쪽으로 기울게 세우는 기법이다. 이러한 기법으로 세워진 건물은 상부하중이 밖으로 퍼져나가 건물이 파괴되는 것을 방지하는 역할을 갖고 건물이 오랫동안 단단하게 유지되는 효과가 크다. 지붕끝 즉, 처마끝의 곡선은 앙곡(조로)와 후림 두 가지로 나누어서 생각할 수 있다. 후림은 지붕 평명형태에서 나타나는 것으로 지붕평면이 네모반듯한 장방형을 이루지 않고 네 귀가 45°방향으로 곡선을 이루면서 돌출하는 형태로 만들어지고 있다. 즉, 평면으로 본 지붕 형태는 4면이 모두 내만(內彎)한 곡선이 되는 것이다. 앙곡(조로)은 지붕을 입면으로 볼 때의 처마끝의 선이다. 우리나라 목조 건축의 처마끝 선은 입면으로 볼 때는 지붕 각 변 중앙에서 좌우로 곡율이 작은 거의 수평에 가까운 선으로 시작하여 점차 곡률이 커지면서 끝으로 갈수록 큰 곡선으로 휘어 올라가는 것이다. 그러므로 엄격히 볼 때 입면으로 본 처마끝 선도 전체에 직선부분이 없는 전곡(全曲)으로 만들어지는 것이다. 이 두 종류의 처마 곡은 각기 다른 효과를 갖고 그 건물을 균형 있게 하는 역할을 하는 것이다.

자연스러운 처마곡선(앙곡, 후림)으로 이루어진 불감사 대웅전

처마끝선이 거의 수평선으로 이루어진 일본의 동대사

평면으로 본 곡선은 원근 차이에 의해서 높이 휘어 올라간 지붕 네 귀가 보는 사람의 눈에 귀가 죽은 - 즉 시각적으로 지붕 평면이 정확한 장방형으로 된 것처럼 보이게 하기 위한 기법으로 지붕의 모습을 안전하고 반듯하게 하는 효과가 있다. 입면에서의 처마끝의 곡선 역시 시각상의 오차를 없

애는 것으로 하나는 처마의 끝이 수평으로 좌우로 뻗어나가다가 그 끝에서 아름답고 힘 있게 위로 휘어 올라가는 것처럼 보이게 하기 위하여 만드는 기법이다. 반면에 일본에서는 거의 보지 못하는 기법이며 평면으로도 거의 직선으로 만들어 졌다.

이와 같이 한국 전통목조 건축의 아름다움은 배흘림기둥, 건물에 안전감을 주는 귀솟음기둥, 부드러운 처마 곡선에만 있는 것이 아니고, 그 밖의 여러 부분에서 발견할 수 있다. 기둥 간격과 기둥의 높이, 건물의 규모와 지붕의 크기 등이 이런 한국적 전통에 입각하여 정착된 알맞은 비례에 의해 조화되었고, 건물의 지붕은 하늘 끝까지 치켜 올라 갈 듯한 힘을 지니고 여유 있게 길게 뻗어 나온 처마의 날씬한 곡선이 한없이 아름답다. 시원스럽게 앞 · 뒤로 미끄러져 흐르는 지붕 합각과 그 밑에 아담하게 쌓인 집 몸채, 한국 목조건축의 대표적인 아름다움은 이런 맞배집 측면관(側面觀)에 있기도 하다. 이러한 건축의 아름다움은 각부의 크기의 비율이 오랜 경험을 통하여 수많은 실험적 경위를 겪으면서 정착된, 말하자면 황금률적인 비율에서 이루어진 아름다움인 것이다.

하늘을 향해 치켜 올라 갈 듯한 지붕(추녀) 모습

그리고 이러한 비율은 그 나라 그 민족의 건축에 대한 근본 개념의 차이, 즉 건축을 하나의 조형미술의 구현체로서 파악하려는 전통과 건축을 사람의 옥내생활을 위한 기능적 공간으로 파악하려는, 즉 건축에 요구되는 실용적 기능에 더욱 큰 비중을 두고 발전시킨 그런 전통 등의 차이 또는 그러한 두 이념의 어느 쪽에 더 비중을 크게 두고 건축을 영위해 왔는냐에 따라 나타나는 건축의 아름다움에 차이가 나는 것이다. 그렇게 볼 때 한국의 목조건축은 건축을 하나의 조형미술의 구현체로서 파악하여 그 속에서 요구되는 공간성을 충족시키는 방향으로 발전되어 온 것이 아닌가 생각된다. 그렇게 생각될 정도로 한국의 목조건축은 아름답고 그 아름다움의 근원은 그렇게 생각함으로써 이해되는 것이다.

## 1-3. 목조건축의 구조 양식

목조건축은 돌이나 벽돌들을 쌓아 만든 조적조와는 달리 기둥과 도리, 보 등의 부재들을 이음과 맞춤에 의하여 짜 맞추어 구조체를 이룬다. 그리고 기단과 초석을 제외한 기둥(柱)과 도리(道里),

보(樑) 등 모든 구조재들은 목재를 다듬기(治木:치목)하여 만들기 때문에 목조가구식 건축인 것이다. 목조가구식 건축은 반드시 기단을 형성한다. 이는 우리나라가 연평균 강우량이 600~1,500mm이나 되는 비교적 습한 곳이기 때문에 건축의 바닥이 대지로부터 분리되어야 하기 때문이다.

기단을 형성한 후 기단 위에는 초석을 놓고, 초석 위에 기둥을 세운다. 이 또한 목재로 이루어진 기둥의 밑면이 습기에 의한 부식을 방지하기 위하여 소금이나 백반을 넣기도 한다. 기둥으로 전달되는 건축의 무게를 목재보다 단단한 초석에 전달하고, 다시 기단에 전달하여 대지에 분산시켜 줌으로써 건축물이 안정하게 서 있을 수 있게 하는 것이다. 기둥들은 여러 개의 도리와 보들로써 결구하여 건축의 축부(軸部)를 형성하고, 창호와 벽체로써 축부를 둘러싸 내부공간의 바깥면을 형성한다.

마지막으로 축부 위에 지붕틀을 짜놓고, 지붕틀을 뼈대로 하여 기와와 같은 마감재들로 덮어 지붕을 완성시킴으로써 하나의 완전한 내부공간을 형성하는 건축물을 이룬다. 이처럼 한국의 목조건축은 모두 기단과 축부(벽체), 지붕의 세 부분으로 이루어진다. 그러나 목조건축물들이 서로 다르게 하는 주된 것은 바로 축부 위에 공포(栱包)라 부르는 구조부를 짜 올려놓는가의 여부에 따른 것이다. 즉, 목조건축은 공포를 짜지 않고, 축부와 지붕틀이 직접 결구되는 민도리집 구조와, 공포를 짜서 출부 위에 놓아 지붕틀을 결구하는 포(包)집 구조로 크게 나뉜다.

지붕의 형태는 일반적으로 기와지붕 구성의 기본형을 맞배지붕, 팔작지붕, 우진각지붕, 이외 여러 형태의 지붕으로 구분하는데, 이들 지붕은 기능적인 고려와 집의 격조와 시대에 따라 발전되고 변모되어 왔고, 이들 중에 어느 지붕이 더 격조 높은 것이고 어느 것이 격조가 떨어지는 모양이라고 쉽게 단정 지어 말하기는 어렵다.

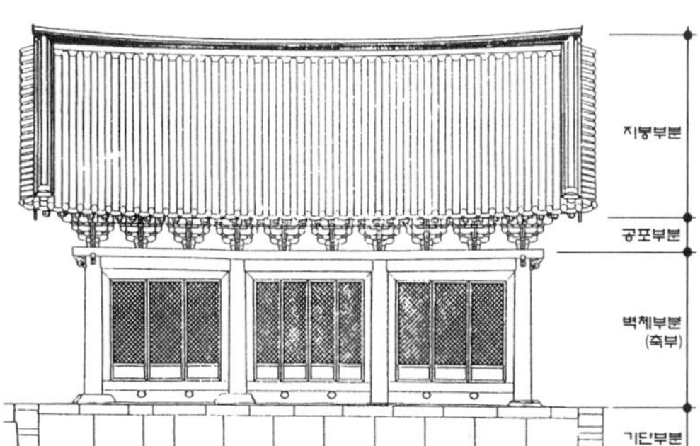

전통건축의 입면도-다포식, 맞배지붕 - 벽체(축부), 기단 3부분으로 나눈다. 그림은 개심사 입면으로 벽체와 지붕사이에 공포대 부분이 첨가 되어 지붕의 하중을 기둥으로 전달한다.

우리나라 전통 목조주택 가구의 세부 명칭

팔작지붕 (부석사 무량수전)

맞배지붕 (부석사 조사당)

우진각지붕 (남대문)

사각형 지붕 - (북경 자금성)

6각형 지붕 (경복궁-향원정)

원뿔형태의 지붕(북경의 천단)

## 2. 우리나라 목조건축

우리나라의 목조건축은 기둥위에 놓이는 포작구조에 따라 전통목조 건축을 분류하고 있다. 이러한 공포형식은 원시주거에서 기둥을 세우고 도리나 보를 걸치면서 시작되어 지붕의 무게가 무거워지고 기둥과 도리 연결부분에 대한 보강이 이루어지면서 시작되었다고 추측하고 있다. 또한 이런 포작구조에 의한 분류도 학자들마다 조금씩 차이는 있지만 일반적으로 삼국시대의 원주심포 구조(주남철, 한국건축의장)와 주로 고려시대 건축물에서 볼 수 있는 주심포식 구조(柱心包式 構造), 고려시대와 조선시대에 걸쳐 주로 사용된 다포식 구조(多包式 構造) 양식, 그리고 조선 초기부터 널리 사용된 익공식 구조(翼工式 構造)로 나눌 수 있다. 그리고 삼국시대 백제에서 사용하여, 조선 초기의 건축에서 그 사례를 찾게 된 하앙식 구조(下昻式 構造)가 있지만 현재 부여의 정림사지에 복원된 금당에서 복원된 하앙식 구조 흔적 사례를 찾아 볼 수 있지 현존하는 건축물에서는 거의 찾아볼 수 없는 양식이라 할 수 있다. 그러나 전북 완주군 화암사 극락전에서 하앙식 구조의 흔적을 찾아볼 수 있다.

불광사 大殿의 하앙구조-중국 산서성(山西城) 오태현(五台縣) 태외두촌의 산중턱에 있으며 당대(唐代) 중요한 화엄종 사찰의 하나이다.

부여출토 백제 청동탑 조각 - 부재끌의 서까래 배치와 하앙구조의 공포구조가 보임

복원된 부여 정림사 금당 - 하앙 공포구조가 보인다.

일본 교토의 청수사에서 볼 수 있는 하앙의 흔적 (다포의 쇠서 이전의 양식이라고 하는 학자도 있음)

## 2-1. 원주심포식 구조(原柱心包式構造)

원주심포식 구조의 공포(栱包)은 고구려의 벽화고분에서 찾아볼 수 있는데, 가장 오래된 안악 제3호분(4C 후반)에서 무덤의 주실과 전실사이에 선 돌기둥 위에는 돌로 된 주두와 첨차가 놓여 위의 도리석을 받치고 있으며(사진 참조), 다른 벽화고분의 벽화(그림 참조)에서도 여러 가지 공포의 모습들을 볼 수 있다. 즉, 포작집 구조는 중국 한대(漢代)에서 이미 쓰여진 구조로서 고구려시대

언제부터 이 구조가 사용되었는지 확실하게 알 수 없으나 벽화고분으로 볼 때 적어도 4세기 이전에 이미 이러한 구조가 사용되었음을 알 수 있다.

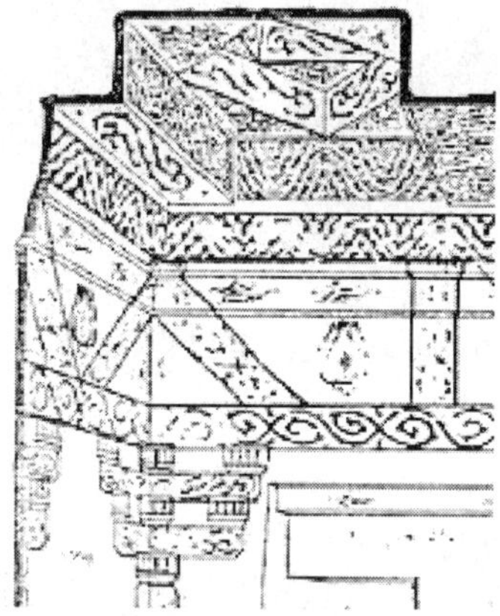

용강 안성동 대총 (고구려5C 후반)

황해도 안학 3호분 고구려 - 원주심포 공포형식 (4C 후반)

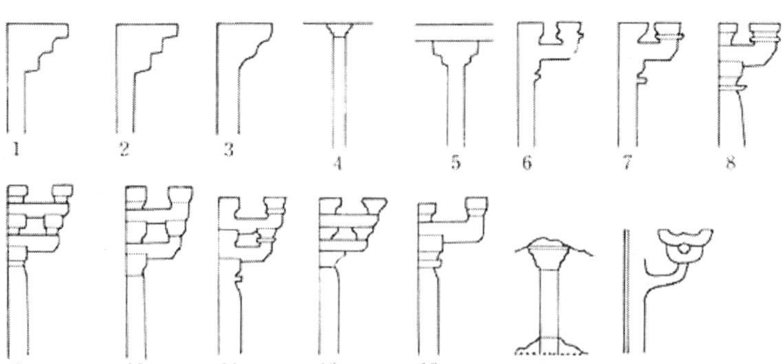


1. 삼실총 2.산연화총 3.환문총 4.대성리 제2호분 5.약수리벽화고분 6.무용총 7.각저총 8.귀갑총 9.감신총 10.용강대총 11.쌍영총 12.안악 제1호분 13.안악 제2호분 14. 복사리 고분 15.묵총

백제의 목조건축에서도 공포를 사용한 포작집 구조의 건물이 건립되었다. 현재 부여박물관 소장인 동탑편(東塔片)과 백제의 사찰건축양식이 일본에 영향을 주어 창건되었던 나라(奈良) 아스카지(飛鳥寺)나 호류지(法隆寺)의 금당과 오층탑을 참고로 할 때, 백제의 포작집 구조의 목조건축을 미루어 알 수 있다. 동탑편은 호류지(법륭사)의 오층탑과 같은 모양으로, 하앙(下昂)과 공포가 입증되며, 특히 아스카지의 발굴 조사된 절터로 볼 때 중앙에 목조탑을 두고 동, 서와 북에 각각 금당이 하나씩 위치한 이른바 삼금당일탑식 가람(三金堂一塔式 伽藍)인 것이다.

대안탑의 전경

호류지(법륭사) 금당과 5층 목탑 (8C 경)

신라에서는 당(唐)과의 교류가 활발해지면서 당의 목조건축양식의 영향을 받은 것으로 판단된다. 당의 목조건축, 특히 공포의 양식은 대안탑(大雁塔) 문틀의 윗지방돌(門眉石)에 새겨진 불전도(佛殿圖)에서 볼 수 있는 공포와 같은 모습이었음을 알 수 있다. 왜냐 하면 비록 남북국시대의 것이기는 하지만 벽돌의 전각도나 안압지에서 출토된 공포부재들과 쌍봉사 철감선사부도(徹鑑禪師浮圖)의 공포 모습들과 같은 모습인 것이다. 따라서 신라 역시 궁궐을 위시한 권위건축은 포작집구조로 건립되었음을 알 수 있다.

한편 신라의 공포에 관한 기록으로는 『삼국사기(三國史記)』 잡지(雜誌) 옥사(屋舍)조가 있다. 이 기록에서의 "공아(工牙)"와 "화두아(花頭牙)"는 바로 공포를 뜻하는 것이다. 공아는 고구려의 벽화와 통일신라시대 안압지에서 출토된 목재부재편들 중에서 보여 주고 있는 주두, 첨차, 소로들로써 짜이는 공포와 같은 것으로 판단되며, 화두아는 후일 조선시대 초기의 건축인 아산 맹씨행단에서 보여 주는 익공과 같은 것으로 판단된다. 다시 말해 삼국시대의 공포를 신라에서는 공아라 하고, 익공의 원초적인 것을 '화두아'라 한 것으로 판단된다.

고려시대의 건축은 중기까지 신라시대 주심포계 건축양식이 유행하였고 중기이후부터 고려시대 주심포계와 다포계, 고려시대 주심포계 절충양식이 혼용되었다고 추정하고 있다. 그러나 후기 이후의 건축양식은 중국대륙의 영향을 받으면서도 신라시대 주심포계 양식의 전통을 잃지 않고 기법이나 수법 상에 그 명맥이 계승되고 있다.

## 2-2. 주심포식 구조(柱心包式 構造)

### 1) 구조 형식

주심포식 구조란 기둥위에만 공포를 배치하는 형식으로 조선초기 이전에 많이 사용되었으며 지붕의 형태는 맞배지붕이 많으며 천장은 특별히 만들지 않아 서까래가 노출되어 보이는 연등천장 건물이 대부분이다. 가구재의 세부양식을 보면 공포 최하단의 주두 형태가 세가지로 나누어진다. ① 주두의 굽 형태는 그 단면이 곡선으로 된 것과 ②곡선의 굽밑에 굽받침을 가진 것 ③ 굽 단면이 직선으로 경사된 평굽 등이다. 주두의 굽 단면이 굽받침이 없이 곡선을 이루고 있는 주심포계의 공포 형식은 현존 목조건축물 중에 흔치않은 것으로 봉정사 극락적의 주두에서 볼 수 있는 예이다.

영주 부석사 무량수전 공포 - 주두 굽받침과 단면이 곡선으로 이루어진 모습, 굽받침이 있고 사선으로 절단된 모양의 굽받침이 있는 소로가 보인다.

안동 봉정사 극락전 공포 - 주두 굽받침이 없고 단면이 곡선으로 이루어진 모습과 굽받침이 없고 직선으로 절단된 굽받침 없는 소로의 모양이 보인다.

수덕사 대웅전 공포 - 주두 굽받침과 단면이 곡선으로 이루어진 모습, 굽받침이 있고 사선으로 절단된 굽받침 있는 소로의 모습이 보인다.

강릉 객사문의 공포형식 - 헛첨차와 굽받침이 있는 주두, 굽받침 있는 소로 그리고 단장혀가 보인다.

이와 같은 주두의 형식은 목조건축물 이외의 석조물에서도 볼 수 있는 형식으로 삼국시대 이후 고려시대에 이르기까지 계승되어 온 수법으로 알려져 있다. 이러한 주두의 형태는 고려말 이후로는 보기 힘든 형식으로 고식(古式)에 속한다고 생각되어 온 주두이다. 주두의 굽 단면이 곡선으로 되고 굽받침까지 가진 두 번째 사례는 영주의 부석사 무량수전 공포를 비롯하여 수석사 대웅전, 강릉 객사문, 성불사 극락적, 응진전 등에서 볼 수 있는 주두형으로 소로에도 굽받침을 갖고 있다.

주두형 이외에 첨차형태에 따라 세분하여 보면 마구리 형태와 하단의 형태에 따라 나누어진다. ① 첨차의 마구리가 소로의 굽 밑에서 수직으로 절단된 종류, ② 사선으로 절단된 두 종류가 있다. 수직선 형태의 첨차 마구리를 가진 공포는 봉정사 극락전에서만 볼 수 있는 형식으로 흔치 않는 종류이다. 그 외의 사선 형태의 첨차 마구리는 일반적으로 사용된 형식으로 부석사 무량수전, 수덕사 대웅전, 강릉 객사문, 성불사 극락전 등의 첨차에서 볼 수 있다. 주심포계의 공포에서 공통적으로 보이는 것은 첨차 하단의 정통적인 양식으로 연판두형(漣瓣

수덕사 헛참차의 연판두식 S곡선의 모양, 소로와 제공

頭形)을 조각한 형식이다. 이런 장식은 중국의 절강, 복건 등지에서 광범하게 발견되는 특징이기도 하다. 직절이나 사절된 첨차 마구리의 하단은 연판두식(쌍S자 무늬)곡선을 넣는 것이 주심포계 공포에서 볼 수 있는 일반적인 형태이다.

외목도리와 이를 받치고 있는 장혀 밑에 행공첨차를 설치하는 데에도 주심포계 공포로서 서로 다른 양식이 있다. 봉정사 극락전은 행공첨차 없이 직접 2제공 외부 끝에 소로를 놓고 단장혀로 외목도리를 받치고 있다. 2제공 끝이 행공첨차 없이 외목도리를 받을 때는 살미의 하단을 첨차의 연판두형 곡선으로 처리하는 경우도 있다. 봉정사 극락전은 행공첨차 없는 공포를 가진 건물로 특수하다. 부석사 조사당도 행공첨차 없이 제공이 직접 도리 받침인 장혀로 외목도리를 받치고 있다. 그러나 봉정사 극락적과 부석사 조사당의 공포형식은 세부수법에 많은 차이를 갖고 있다. 대표적인 예로 조사당 공포에서는 수덕사 대웅전, 강릉 객사문에서 볼 수 있는 헛첨차가 보인다는 점은 봉정사 극락전과 시대적 차이를 짐작할 수 있다.

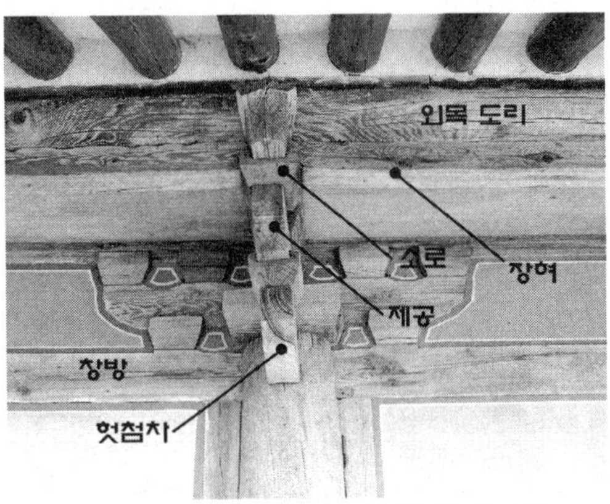

부석사 조사당의 주두 밑에 헛첨차 보인다.

봉정사 극락전의 공포 세부 명칭

헛첨차를 주두 하단의 설치 유무에 따라 공포형식은 달라진다. 헛첨차는 기둥머리를 뚫고 나온 소로를 얹고 주두 위에 결구된 초제공을 받는 첨차이다. 헛첨차 없이 주도 위로부터 시작되는 공포형식은 주심포계의 공포 형식 중에 가장 오래된 것으로 추정되고 있는 형식이다. 헛첨차가 없는 공포를 가진 건축물은 봉정사 극락전과 부석사 무량수전 외에 조선 초기의 무위사 극락전이 있다.

제공의 형식도 외부를 ① 첨차형태와 같이 한 것과 ② 쇠서형으로 한 것 두 종류가 있는데 첨차형의 제공 사례는 시대적으로 가장 앞서는 봉정사 극락전이 대표적이며 쇠서형은 부석사 무량수전에서 일부, 그리고 수덕사 대웅전과 강릉 객사문에서 그 사례를 볼 수 있다.

기둥을 기준으로 외부의 도리(외목 도리)를 받치고 있는 장혀 형태도 길이 정도에 따라 ① 도리의 일부분을 받치는 단장혀 형식과 ② 도리 전부를 받치는 (통)장혀, 두 종류를 볼 수 있다. 봉정사 극락전, 부석사 무량수전, 수덕사 대웅전, 강릉 객사문의 경우 장식의 차이는 있지만 단장혀로 외목도리를 받치고 있는 예이고 부석사 조사당은 도리 전부를 받치는 장혀를 사용한 사례이다.

### 2) 대표적 건축물

현존하는 건축물에서 보면 봉정사 극락전을 비롯하여 부석사 무량수전이나 수덕사 대웅전, 강릉 객사문 외에 3, 4동이 주심포 형식에 속한다. 봉정사 극락전은 비록 같은 주심포식이라고는 하지만 구조방식이 나머지 건물과 크게 다르다. 건축물은 신라 말이나 고려 초기 건축물의 특징을 계승한 것으로 보며 학자에 따라서는 이 건축물을 주심포 제1형식이라고 부르기도 한다. 수덕사 대웅전은 주심포 제2형식으로 분류되는 건축물이다. 부석사 무량수전은 두 건축물의 중간 정도의 특징을 지니고 있다. 봉정사 극락전이 가장 고식에 속하며 13세기 초기 이전에 지어진 것으로 추정되고 부석사 무량수전이 13세기 중반 경 수덕사 대웅전은 14세기 초인 1308년에 지어진 것이다. 나머지 고려대 주심포식에 속하는 건축물로는 강릉 객사문이 있다. 이외 고려시대 주심포 건물 중에서 다포계 건물의 주두형식을 갖고 있는 건물로 고려대 주심포 절충양식으로 구분하는데 대표적인 건축물이 부석사 조사당(1377), 은해사 거조암 영산전(1375), 관음사 원통전(1378) 등이 있다.

정면 7칸 측면3칸의 맞배지붕인 은해사 거조암 영산전 전경

2고주 5량구조 거조암 영산전 측면-종도리 좌우로 ㅅ대공이 보인다.

은해사 영산전의 주심포 구조 (헛첨차와 단장혀 모습이 보인다

정면3칸 측면1칸 맞배 지붕의 조사당 전경

헛첨차와 통장혀로 이루어진 조사당 주심포 구조 모습

조사당 정면 광창(살창)의 모습-봉정사극락전의 광창과 비슷한 모습

### ① 봉정사 극락전 (고려시대)

• 위치 : 경북 안동시 서후면 천등산 기슭

봉정사는 의상대사가 672년 창건한 사찰이다. 1972년 해체 보수시에 종도리 밑의 홈에 수장한 한지에 기록된 글에서 1363년 옥개부분을 중수하였다고 기록되어 있었기 때문에 극락전 건물의 최초 중수로 생각되는 년대가 1363년으로 추정되며, 두 번째 중수가 1625년이었다. 최초 중수는 적어도 150년~200년이 경과한 후가되기 때문에 이에 따라 13세기 초 또는 12세기 말로 추정하고 있다.

공포구조는 통일신라 이래의 구조계통을 계승한 것으로 추정된다. 공포는 외 1출목이며 외목도리를 두고 있다. 기둥은 배흘림이 그리 강하지 않고 천장은 서까래가 노출된 연등천장으로 이루어져 있다. 석조 기단위에 놓인 건물로 평면은 정면 3칸 측면 4칸 7량 구조(중상도리는 납도리를 사용 그 외 굴도리 사용)이며 주두에 굽받침이 없다는 점과 첨차는 소첨차와 대첨차가 십자형으로 짜여지는 것을 기본으로 하고 있으며 첨차의 양끝이 수직으로 잘려 있다. 기둥과 기둥 사이 포벽 중간에 불꽃 모양의 화반을 연상시키는 독특한 삼각형의 형상이 받치고 있다. 주두는 굽받침이 없고 안쪽 곡선으로 이루어졌고, 수직으로 잘린 첨차 끝은 통일신라 건축물과 공통되며 우리나라 주심포에서 거의 보기 드문 경우이며 창방(기둥을 가로지르는 부재)의 뺄목도 직절(直切)되어 있어 견실한 구조로 보인다. 이 구조물에서 특이한 것은 대들보 좌우에 중도리를 받치기 위한 포대공 밑에 있는 복화반(覆花盤:거꾸로 받치고 있는 꽃모양) 형이다. 이 형은 종도리 밑에서는 더욱 길게 옆으로 누워 있듯이 펼쳐져 있다. 이러한 형상의 화반 등은 당나라(五臺山 南禪寺 大殿 등) 말이나 10세기 경 일본 건축에서도 공통적으로 발견되는 세부장식이다.

중국 남선사 대전 전경-정면 3칸 측면 3칸 (782년)

중국 남선사 대전 주심포 양식

도리는 모두 굴도리인데 중도리에만 각재로 된 납도리를 사용하였다. 또 이 굴도리 밑에는 단장혀를 받치고 있는데 이것 역시 고식의 특징이다. 또 하나의 두드러진 특징은 보의 형태인데, 그 밑은 좁고 상부는 넓은 모양으로 하고 있어 횡단면이 항아리의 입면형으로 되어 있다. 그러므로 보의 지름은 크더라도 밑에서 볼 때 육중하지 않고 날렵한 느낌을 주어 더욱 우아한 구조미를 나타낸다.

종도리 좌 · 우에 소슬합장(ㅅ모양)을 두는 것은 후대 건축에도 보이지만 경사재가 중도리에서 주심도리까지 이어져 내려오는 것은 이 건축물에만 있는 특징이다. 이런 특징 때문에 봉정사 극락전은 신라말-고려초기 건축형식을 계승한 것으로 평가되며 건축시기도 13세기 초 이전으로 올려

잡고 있다. 이런 추정은 그 주두나 소로가 안압지에서 1976년에 출토된 주두의 형태나 불국사 다보탑의 돌난간 소로의 모양과 거의 같고 가구 형식은 당나라 남선사(南禪寺) 대전(산서성 오대현의 오대산에 있는 남선사는 당 현종때 건축된 고찰이다. 특히 대불전은 현존하는 중국 최고의 목조 건축물이다. 정면 3칸의 팔작지붕이다)의 가구형식과 유사함을 볼 수 있다. 그러므로 이 건물의 양식은 부분적으로 변형된 것을 제외하고는 거의가 통일신라의 양식이라고 볼 수 있다.

봉정사 극락전 전경 - 정면 3칸과 좌우 광창이 보임

종보를 받치고 있는 복화반 대공 그리고 종도리와 중(상)도리를 연결하는 경사재가 보임

봉정사 정면 - 복화반이 보이고 그리 심하지 않은 배흘림기둥과 외목도리가 보임

봉정사 극락전 측면 - 맞배지붕, 4칸 7량구조

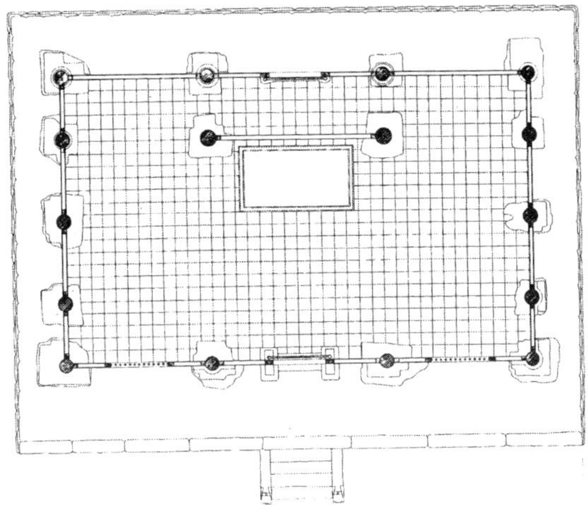

정면 3칸, 측면 4칸인 봉정사 극락전 평면도

### ② 부석사 무량수전(無量壽殿 : 고려시대)

• 위치 : 경북 영주시 풍기읍 부석면 봉황산 기슭

부석사는 676년 의상에 의하여 창건되었다. 1916년 수리시 발견된 묵서인 「鳳凰山浮石寺改椽記」에 의하면 무량수전이 1358년에 불타고 1376년 원융국사(圓融國師:964~1053)에 의하여 개조·개금(改金)되고, 1612년에 서까래를 갈고 새로 칠했다는 내용이 있다. 이 때 조사당도 수리해체 했는데 묵서명에는 1377년 중건되었다고 나왔다. 같은 시기에 다른 양식으로 이루어진 두 건물(헛첨자 유·무, 주두의 굽받침 유·무 등)에서 일본인 세끼 다다스(당시 동경제대 교수)는 무량수전이 조사당 보다 100년 내지 150년 앞선 건물이라고 기술하고 있다.

부석사는 봉황산을 배경으로 하고 남향하면서 지형에 따라 여러 단을 형성하였는데 이 석축단은 크고 작은 자연암석을 절묘하게 잘 맞추어 쌓았다. 무량수전은 남향으로 경사진 구릉지의 상단부에서 하부와는 축을 달리하여 동남향으로 배치되었고 불전의 불단은 건물의 측면으로 배치하여 동향하고 있는 것이 특이하며 창건 당시부터 그러했는지는 미상이다.

정면 5칸에 측면 3칸이며 2고주 9량 구조이며 다른 주심포형식과 달리 팔작지붕으로 조영되었다. 봉정사 극락전과 달리 중도리간의 빗대공은 없고 극락전의 복화반 대신에 형태가 단순화된 사다리꼴 화반으로 대치되어 있다. 평주에서 2단의 첨차로 구성하여 2출목의 구성과 도리 밑에 단장혀의 사용은 극락전과 같으나 출목도리 밑으로 첨차가 받쳐진 것은 극락전보다 발전한 모습으로 보인다. 뜬장혀 또는 뜬창방 형식의 구성은 극락전과 같으나 첨차 모습을 조각하는 방법은 사라지고 없으며, 각 부재의 단부모습에서 장식적인 조각이 많이 도입되었다. 특히 주두와 소로에서 굽받침이 있는 곡굽받침 형태로 된 것과 첨차의 단부가 사절된 점은 다르며 보 단면이 항아리형인 것은 극락전과 같으나 외벽의 포벽에 복화반이 사라지고 소로만 노출된 간략화 현상을 보이고 있다.

부석사 무량수전은 봉정사 극락전 보다는 건물의 규모가 크고 지붕구조가 달라 직접적인 비교를 하기에 곤란한 점은 있지만 극락전에서 보이던 하앙의 흔적은 이미 사라지고 부재의 세부처리에서 보다 곡선적인 요소가 강해졌으며, 기둥의 배흘림과 귀솟음도 현저하여 건축의 표현 요소로서 적극적으로 활용하였다. 또한 통일신라시대의 건축을 이어받아 더욱 발전시켜 웅장한 자태를 만들어 낸 훌륭한 작품이다. 그러나 아직은 통일신라시대의 건축술이 다분히 남아 있으며 수덕사 대웅전을 고려시대 주심포 건축이 완성된 형태로 본다면 무량수전은 변천하는 과정의 한 모습인 것으로 해석할 수 있는 것이다.

석축 위의 안양루에서 살짝 가려진 무량수전

주심포로서 드물게 팔작지붕인 무량수전의 전경

시각보정을 위해 사용된 무량수전의 배흘림 기둥

주두 위에서 같은 형의 소첨과 대첨을 십자형으로 짜 올려 그 위에서 공포대 중방을 지나게 하고 다시 첨차(檐遮)를 얹어 단장혀과 주심도리를 받치고 있다.

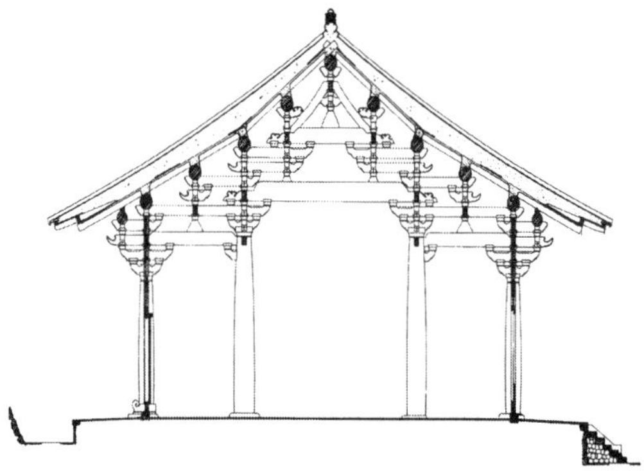

외목도리를 제외하고는 2고주 9량의 목구조형식으로 모두 굴도리를 사용하고 있는 부석사 무량수전의 단면도

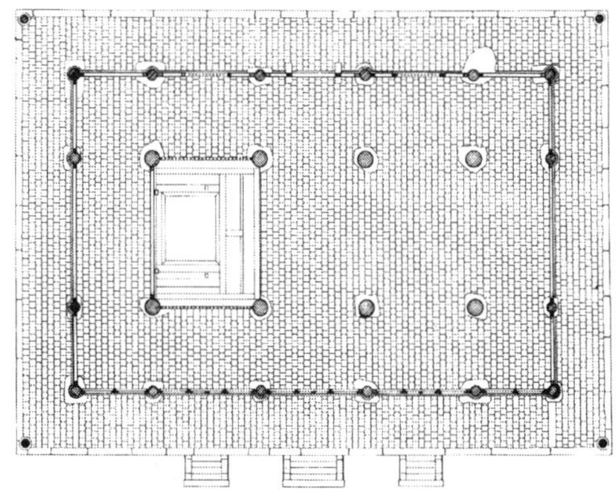

정면 5칸, 측면 3칸의 부석사 무량수전 평면도-일반사찰과 달리 불상이 정면에 위치하지 않고 좌측에 위치하여 동쪽방향을 바라보게끔 되어 있다.

부석사의 포작에 나타난 세부적인 특징을 정리하면 ① 주두나 소로에 굽받침이 있되 고구려의 것과 같이 따로 떨어진 것이 아니고 단일부재로 되어 있다. ② 주두 위에서 같은 형의 소첨과 대첨을 십자형으로 짜올려 그 위에서 공포대 중방을 지나게 하고 다시 첨차(檐遮)를 얹어 단장혀과 주심도리를 받치고 있다. ③ 첨차의 양끝은 봉정사 극락전에서 수직으로 끊은 데 비하여 여기에서는 위에서부터 안으로 사절(斜切)하여 그 밑을 초새김형으로 조각하였다. ④ 툇보머리는 주심에서 수장폭으로 좁아져서 밖으로 돌출하여 쇠서(牛舌)형으로 조각되어 봉정사 극락전에서 볼 수 없는 발전된 양식으로 나타냈고, 이 보머리와 직교되는 행공첨차를 두어 소위 1두 3소로식의 소로를 놓고 단장혀와 외목도리를 받쳤다. ⑤ 종도리를 받치고 있는 人자대공은 약간 휘어져 종보 위에서 결구되었다. 이상 세부적인 고찰을 통하여 인식되는 것은 봉정사 극락전에 비하여 많은 장식재가 사용되었고 이로 인한 구조적 불안을 해소하기 위하여 종 · 횡으로 뜬장혀와 뜬보를 많이 사용하여 역시 전자보다는 양식적으로 발전된 형식을 보인다. 또 이 건물은 중국 당나라 건물인 오대산 불광사 정전과 비교되는 건물이다. 그러므로 이 역시 당의 영향을 받은 통일신라 목조건축양식이 많은 부분에 남아 있는 건물로 믿어진다.

**▌ 부석사 내에 있는 국보**

1. 부석사 무량수전 (국보 제18호) : 위의 글 참조

2. 부석사 무량수전 앞의 석등 (국보 제17호) : 이 석등은 통일신라시대의 가장 아름다운 대표적 석등이다. 방형의 지대석 측면에는 안상이 2개씩 배치되고 지대석 위의 팔각 하대석에는 복련과 귀꽃 장식이 화려하게 장식되었다. 8각 간주석은 알맞은 높이로 조화를 이루고 있으며, 간주석 위의 상대석에는 부드러운 8엽 양련(仰蓮)이 조각되어있고 8각 화사석(火舍石) 벽면에는 네 속에 화창이 있고 네 곳에 세련된 보살상이 조각되어있다. 석등의 전체 높이는 2.97m이다.

3. 부석사 조사당 (국보 제19호) : 부석사를 창건한 의상대사(625-702)의 진영을 봉안하고 있는 곳으로 고려 우왕 3년(1377)에 건립되었고 조선 성종 21년(1490)에 중수되었으며 동 24년(1493)에 개채되었다. 이 건물은 주심포양식에 맞배집으로 무량수전에 비해 기둥의 배흘림이 약해졌고 주두와 소로의 굽은 직선이며 굽받침이 없고 공포와 가구의 수법은 간략하다.

4. 부석사 당간지주 (국보 제255호) : 간결하고 단아한 수법으로 통일신라 초기의 작품으로 추측되며 부석사 창건과 함께 7세기경에 세워진 것으로 보인다.

부석사 조사당

무량수전 앞 석등

당간지주

### ③ 수덕사(修德寺) 대웅전 (고려시대)

- 위치 : 충청남도 예산군 덕산면 사천리 덕숭산(德崇山) 기슭

937년의 대웅전 해체수리시 발견된 묵서명에 의해 1308년 건립된 실연대를 알 수 있는 가장 오래된 목조 건물이다. 정면 3칸에 측면 4칸의 맞배지붕으로 2고주 9량 구조이다. 주두에는 굽받침이 있고 소첨차와 대첨차가 + 자모양으로 결구되면서 처마를 받치는 봉정사 극락전과 달리 여기서는 살미 또는 살미첨차라고 부르는 여러 개의 부재가 건물 바깥 방향으로 돌출되면서 처마를 지지하도

록 하고 있다. 즉, 제일 하단은 기둥머리에 연결된 짧은 부재가 돌출하는데 이것을 편의상 헛첨차라고 부른다. 그 위에 하나의 살미가 놓이고 그 위에는 퇴보에서 뻗어 나온 부재가 세 번째 살미 역할을 한다.(사진 참조) 이런 포구성은 부석사 무량수전 보다는 여러 가지로 변화된 모습이며 이런 헛첨차의 사용한 고려 말 조선 초의 주심포계 건물에서 사용되던 형식이라 할 수 있다.(강릉 객사문, 부석사 조사당, 성불사 극락전 등)

이런 헛첨차는 건물의 높이를 낮추는 기능도 있는데 수덕사 대웅전과 부석사 무량수전은 거의 같은 규모의 건물인데 주상부에서 주심도리까지의 높이는 대웅전이 5.58尺이고, 무량수전이 6.36尺인 것을 보면 헛첨차를 사용하여 1.78尺 가량 낮아진 셈이다. 그 결과 무량수전의 외관인상은 처마 밑이 드러난 것 같이 보이는 것에 대웅전은 처마 밑을 가려 내린 듯한 인상을 주고 있는 것이다.

외목도리 하부의 단장혀와 행공첨차의 구성은 부석사 무량수전과 같은 모습이고 종도리와 중상도리의 소슬대공의 사용은 봉정사 극락전의 모습이며, 기둥에 배흘림이 뚜렷하며 주두와 소로가 곡선의 굽받침형이며 첨차단부를 빗으로 자르고 연화두식이 사용된 점 등은 부석사 무량수전에서 이어지는 모습이다. 포대공에 사용한 화반의 외형은 나비가 날개를 펴고 있는 모습을 연상시키고 이것은 종도리와 중도리의 하중을 보에 전달하는 부분이고 양날개 부분은 구조적인 의미는 없다.

수덕사 대웅전에서 장식적인 표현이 가장 돋보이는 부분은 우미량이라고 부르는 부분이다. 우미량(소의 꼬리 형상)이란 중도리에서 주심도리 사이 서로 높이 차이가 있는 부분을 연결하는 부분을 가리키는데 봉정사 극락전처럼 단순한 경사재가 아니고 위에서 아래로 내려가면서 커다란 곡선을 그린다.

이 건물의 특징을 다시 요약하면 ① 기둥에 배흘림이 뚜렷하고 평부의 높이는 11.5척인데 상부의 지름이 1.15척, 하부의 지름이 1.48척, 최대 지름이 1.72척으로 강릉 객사문에 이어 두 번째 뚜렷한 배흘림을 나타낸다. ② 주두와 소로 굽이 둔각의 곡을 타나내고 그 밑에 받침을 두고 있음이 부석사 무량수전의 것과 같다. ③ 공포는 헛첨차를 두고 첨차 끝은 약간 경사지게 잘려 초새김형이며 공포의 짜임은 앞의 봉정사 극락전이나 부석사 무량수전과 같이 평면으로 보아 십자형을 이룬 것이 아니고 건물 내부에서 외부로 돌출시키는 살미형 부재가 두드러진 형식이다. ④ 도리 밑에 받쳐진 장혀는 단장혀이고 행공첨차는 1두(枓)3소로(小累)식의 기본형을 이루고 있다. ⑤ 종도리 밑에는 파련포대공을 받치고 겸하여 곡을 이룬 人자대공을 두었으며, 주심도리에서 종보 밑까지 우미량을 걸치고 있다. ⑥ 보의 단면은 항아리의 형태이다.

이 건물은 포작의 아름다운 곡선과 대공의 화려함으로 보다 조선 초기건물인 전라남도 강진의 무위사 극락전과 헛첨차의 유무는 다르다 하지만 그 맥을 같이 하는 것으로 보고 있다.

맞배 지붕의 수덕사 대웅전 전경

측면4칸, 9량의 구조로 이루어진 수덕사 대웅전 측면

헛첨차와 살미처마의 모습

도리를 연결하는 우미량과 포대공에 사용된 화반의 모습

2고주 9량의 목구조형식으로 도리와 도리사이를 잡아 주는 우미량과 중하도리가 납도리로 이루어진 수덕사 대웅전 단면도

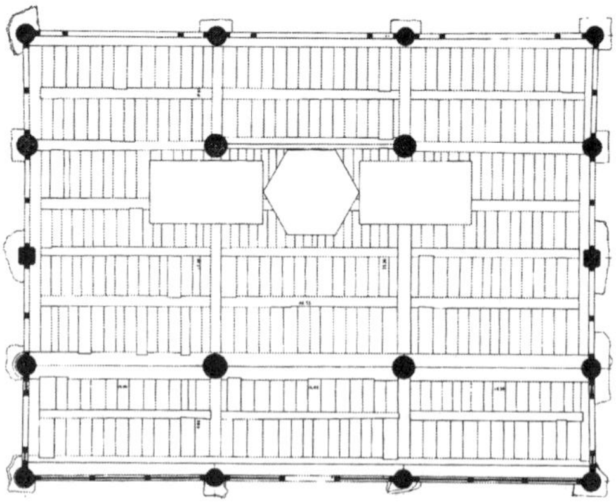

측면 4칸 정면 3칸의 수덕사 대웅전 평면도

### ④ 강릉 객사문 (고려시대)

• 위치 : 강원도 강릉시 용강동

정면 3칸 측면 2칸의 단층 맞배지붕 3문 구조로 건축된 주심포 건물이다. 시기적으로 고려 말로 추정되고 있으며 다만 이 건물은 사찰법당과는 다른 기능인 출입문으로 지어졌기 때문에 짜임이 간단하고 상대적으로 복잡한 지붕틀을 갖추지 않은 점이 다를 뿐이다. 기둥은 무량수전과 같이 강한 배흘림을 가지고 있으며, 중앙의 기둥은 출입문으로 취급하기 쉽게 각주를 세우고 실제 구조상으로도 단일 스팬으로 처리되고 있지만 역학적 분담을 하고 있지 않다.

원래는 춤이 낮고 납작한 성곽돌 같은 돌을 바르게 쌓아 맨 위에는 장대석으로 갑석을 놓고 중앙에는 계단을 놓았는데, 후에 수차례의 보수를 거쳐 지금의 모습으로 된 것이다. 주칸은 그 동안의 보수로 약간의 변동은 있었을 것으로 추정되나 고려시대의 영조척을 사용하여 정면은 중앙칸 14척, 협칸 양쪽은 다같이 12척, 측면은 7.7척씩 2칸으로 되었을 것으로 추정된다.

문이 있는 네모기둥을 위에서도 주두와 첨차를 놓아 대들보를 받들고 문인방 위 보와 보 사이에는 틀을 짜고 살을 좁은 간격으로 세워서 꽂고 그 밑은 널문을 달았다. 대들보 위에는 종보를 얹기 위한 화반 및 포대공과 우미량을 짜서 종보를 올려놓고, 종보 위에는 간단한 사다리꼴의 판대공을 두고 그 위에 종도리를 올려놓았다.

주두, 소로의 굽이 곡면이나 형태와 굽받침 등 모두 수덕사 대웅전에 가까우며 단지 몇 가지 점에서 이보다 약간 뒤진 현상을 보이고 있다. 예로 첨차 밑 곡선이 유연하고 자연스럽게 쌍S형에서부터 굴곡이 심한 각선으로 되어 있고, 덧퇴보나 우미량 마무리가 더욱 두루뭉실하게 곡면을 이루고 대들보 위에서 마루보를 받치는 파련 포대공은 아주 간결한 형으로 매우 위엄이 있으면서도 아름다운 문루건축의 대표작이라고 할 수 있다.

이 건물의 특징을 요약하면 ① 기둥의 엔타시스가 우리나라에서 가장 현저하다. ② 보의 단면이 다른 고려시대의 전물과 같이 뚜렷하게 밑이 좁고 위가 넓은 항아리 입면형을 하여 다른 고려 목조건축과는 같으며, 특히 종보의 보머리는 당초문새김을 하여 아름다움을 더해준다. ③ 공포는 헛첨차가 있는 주심포형식을 하고 있으며 주두과 소로의 굽은 굽반침을 갖고 있고 살미형 첨차는 쇠서의 초기적 형태를 나타낸다. 공포의 짜임은 평면으로 보아 건물 내외로 걸쳐지는 부재를 많이 사용한 십자형 평면이 아닌 수덕사 대웅전형식의 공포이다. 또 행공첨차 위에는 굴도리 밑에 단장혀를 사용했다. ④ 대들보 위 종보 밑에는 투각된 화반과 포대공을 짜서 중도리를 받고 있다. ⑤ 지붕은 맞배에 홑처마이다.

강릉 객사문 건축형식의 특성은 후에 좀 발전·변형되었지만 전라남도 영암에 있는 조선 초기의 도갑사 해탈문과 맥을 같이 한다고 볼 수 있을 것이다.

맞배지붕 정면 3칸, 측면 2칸의 객사문의 전경

주두 밑에 헛첨차의 모습이 보이는 주심포 구조 모습과 행공첨차 위에는 굴도리 밑에 단장혀를 사용했다.

측면 5량 구조를 확연히 보여준다.

현저한 배흘림 기둥의 모습을 볼 수 있다.

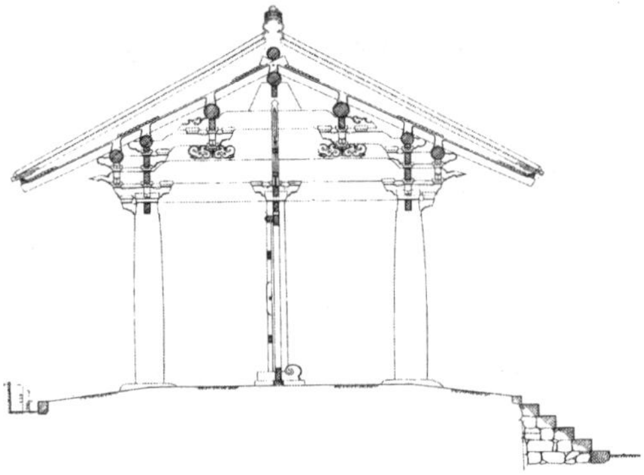
일반적인 목구조 정문과 달리 5량식 구조로 이루어진 강릉객사문의 단면도

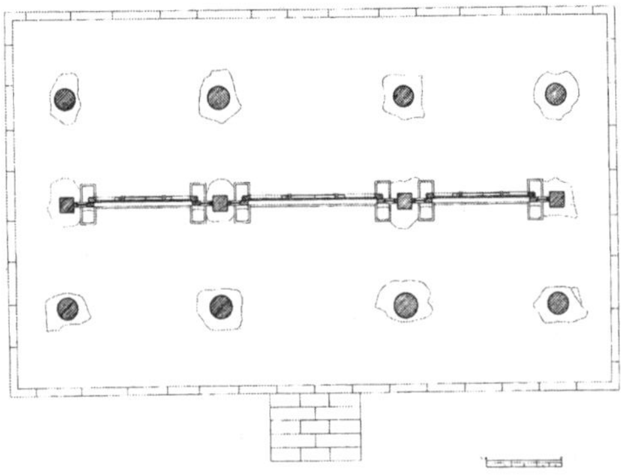
정면4칸, 측면 2칸의 강릉 객사문 평면도

### ⑥ 부석사 무량수전, 수덕사 대웅전, 강릉 객사문의 목조건축 양식 비교

| 부석사 무량수전 | 수덕사 대웅전 | 강릉 객사문 |
|---|---|---|
| • 내진이 전면으로 3칸이고 측면으로 1칸이며 사방으로 퇴칸을 달아 외관상 5×3칸<br>• 팔작지붕<br>• 대부분 직재(直材)를 사용<br>• 윗쪽이 좁고 밑쪽이 넓은 제형(사다리꼴)대공(판대공)을 사용<br>• 헛첨차를 사용하지 않음<br>• 주두 굽받침 사용 | • 내진이 전면 3칸, 측면 2칸이고 전후 두면에 반 퇴칸을 달아 결국 3×4칸<br>• 맞배 지붕<br>• 휘어진 목재 사용(ㅅ대공 등)<br>• 초화문을 엷게 양각한 화반대공을 사용<br>• 헛첨차를 사용<br>• 주두 굽받침 사용하지 않음 | • 전면 3칸 측면 2칸(맞배지붕)<br>• 부석사 무량수전과 같은 배흘림 기둥사용<br>• 대공은 초화문으로 수덕사 대웅전과 비슷<br>• 14세기에 건립된 것으로 추정<br>• 헛첨차를 사용<br>• 주두 굽받침 사용 |

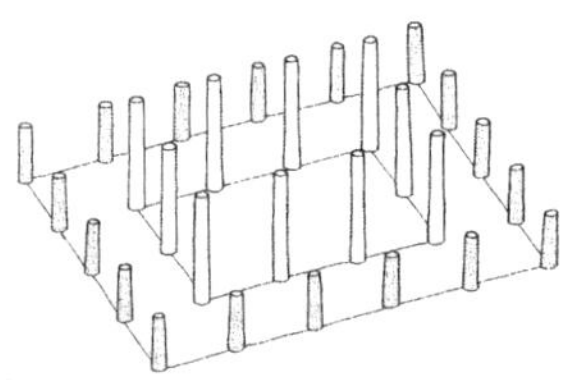

외진주(회색)/내진주(무색)

1. 무량수전은 원초적인 수법으로 수덕사(1308)보다 앞선 13세기 이전의 것으로 추정하며 수덕사와 강릉객사문의 경우 헛첨차를 사용한 것으로 보다 어느정도 시기적 차이는 있겠지만 동시대의 것으로 추정하고 있다.

2. 내진은 내부를 의미한다. 즉 내진주를 기준으로 한칸씩 늘어나면서 외관은 내진보다 칸의 수가 증가하게 된다

### ⑦ 고려시대 주심포 구조의 세부특징과 분류

| 부재 종류 | 유형 분류 | 세분 및 사례 | 비고 |
|---|---|---|---|
| 주두 형식 | 굽 단면이 곡선이고 굽 받침이 없는 것 | 봉정사 극락전 | 전 시대<br>↓<br>후 시대 |
| | 굽 단면이 곡선이고 굽받침이 있는 것 | 부석사 무량수전/ 수덕사 대웅전/ 강릉 객사문 | |
| | 굽 단면이 직선이고 사선으로 절단된 것 | 은해사 거조암 영산전 | |
| 첨차 형식 | 마구리형 | ①직절형 ②사절형 ③호형 | |
| | 하단형 | ①연판두형 ②사절형 | |
| 행공첨차 | 있는 것 | 없는 것을 제외한 대부분 주심포 | |
| | 없는 것 | 봉정사 극락전/ 부석사 조사당 | |
| 헛첨차<br>(다포식에는 없음) | 있는 것 | 수덕사 대웅전/ 부석사 조사당/ 강릉 객사문 | 후 시대<br>↑<br>전 시대 |
| | 없는 것 | 봉정사 극락전/ 부석사 무량수전 | |
| 제공(쇠서)의 형상 | 외부 형식 | ①쇠서형 ②첨차형 | |
| | 내부 형식 | ①교두형 ②초각된 보아지형 | |
| 외목도리 모양 | 통장혀 | 부석사 조사당 | |
| | 단장혀 | 봉정사 극락전/ 부석사 무량수전/ 수덕사 대웅전/ 강릉 객사문 | |

### 3) 조선시대 주심포 건축의 대표적 건축물

조선 초기에 들어와 목조건축은 주심포형식과 다포형식을 큰 줄기로 하면서 지역적으로 다양한 변형을 창출하고 있었으며 두 형식의 절충 방안도 적극 시도되었다. 이에 조선초에는 초기 주심포 형식이 변형된 주심포형식이 적지 않게 발견된다. 대개 지방의 불전이나 소규모 건물에서 볼 수 있는데 고려 말에 비하여 장식적 표현이 많이 나타나는 경향을 보인다. 대표적인 건물이 창녕 관룡사 약사전, 순천 송광사 국사전과 하사당, 강진 무위사 극락적(1470), 영암 도갑사(道岬寺) 해탈문(1473-국보 제50호))을 꼽을 수 있다. 각 건물들은 고려시대 주심포형식을 계승하면서 건물마다 조금씩 특징을 달리한다. 건물의 격식도 다르고 또 공포를 만드는 장인의 계통도 달랐기 때문에 서로 다른 해결 방법이 나타난 결과라고 하겠다.

도갑사 해탈문 공포구조-1

도갑사 해탈문 공포구조-2

도갑사 해탈문 공포구조-3

차이점은 주두나 소로의 굽이 고려말처럼 곡선으로 되지 않고 직선으로 처리되어 시공상의 간편함을 추구하고 있다. 첨차의 처리 방식에서는 헛첨차를 두는 방식과 헛첨차를 사용하지 않는 건물로 대별할 수 있는데 헛첨차가 쓰이는 건물은 규모가 작고 첨차도 한, 두 단만 있는 간소한 것으로 송광사 국사전이나 도갑사 해탈문이 그 예이다. 후기 주심포계 건물이 대개 헛첨차 형식으로 되어 있는 반면에 헛첨차를 두지 않는 경우는 살미도 여러 단으로 겹치고 지붕 처마도 위로 높이 솟아 건물에 당당한 외관을 만들어 준다. 가장 대표적이라고 할 수 있는 건물은 무위사 극락전이다.

#### ① 무위사 극락전 (無爲寺 極樂殿 : 조선시대, 국보 13호)

• 위치 : 전라남도 강진군 성전면 월하리

무위사는 신라 진평왕 39년(617)에 원효대사가 관음사라는 이름으로 처음 지은 절로 여러 차례에 걸쳐 보수공사가 진행되면서 이름도 무위사로 바뀌게 되었다. 극락전은 세종 12년(1430)에 지었으며 정면 3칸, 측면 3칸 단층 맞배지붕, 외1출목으로 조영되어 있으며 잡석을 쌓은 위에 정석으로 된 장대석을 높아 기단을 만들고 잡석은 자연석을 대개 네모진 돌로 만들어 놓고 있다.

구조는 전기양식에서 봉정사 극락전을 원형으로 상정(想定)하였는데 이 무위사는 엄격히 그 형태를 따르고 있다. 즉, 단일통간, 2중보, 대들보 위 2개의 포대공, 마루도리를 받는 포대공과 화반, 솟을 합장 등 모두 그것에 준하고 있고 외형상 기타 부분에서는 수덕사 대웅전을 답습하고 있다. 이런 점에서 주심포의 표준적 가구형식이라 할 수 있다. 그러나 모범이 된 건물들이 이 건물과의 년대 차는 250년이나 차이가 나고 많은 세월이 경과하는 동안 가구법 역시 생략되고 세부적으로는 장식화 되고 있는 것을 볼 수 있다. 가구법상 생략은 주로 도리를 연결하는 단·장혀수법이 허술하여 고식보다 긴밀하거나 통일되지 못한 것으로 보인다.

정면3칸, 맞배지붕의 무위사 극락전 정면모습

측면 3칸의 7량구조인 무위사 극락전

무위사 극락전 내부의 공포모습

고려시대의 주심포와 또 다른 형식의 주심포양식

세부로 장식화 된 점은 여러 가지이며 이는 주심포 후기 양식의 특징이기도 하다. 무위사 극락전의 가장 큰 특징은 많은 후기 주심포계 건물이 대개 헛첨차 형식으로 되어 있는데 유독 이 건물만이 헛첨차 없이 주두 위에서 공포가 결구되어 있다는 점이다.

처마를 높이 받쳐 올리기 위해 바깥으로 내민 살미를 3단으로 겹쳐 놓고 그 위에 보를 걸었으며 건물 안쪽은 3단의 살미 대신에 소위 초공이라고 하는 곡선 장식으로 처리하였다. 초공 형식은 이곳 뿐 만이 아니고 대들보 위나 파련대공에서도 나타난다. 초공이나 파련대공에 장식을 가미해서 실내 의장 효과를 높이고 있는 것이 초기 주심포와의 차이점이라 할 수 있다.

## 2-3 다포식 구조(多包式 構造)

### 1) 다포식 구조 배경

한반도에 현존하는 건물과 탑 등의 유적의 경우 그 동안에는 다포구조가 중국의 원나라에서 도입된 것으로 설명되어 왔다. 이는 장기간에 걸쳐 침입한 몽고군의 파괴와 그 이후의 각종의 전란으로 인해 다포구조의 건물이 별반 남은 것이 없고 이 후 원의 간섭기에 조영된 건축물에서 다포양식이 보임에 따라 나타난 피상적인 설명일 수 있다.

다포식이 우리나라에 시작된 시기는 분명하지 않으나 중국에서 이미 10세기 또는 11세기 이전의 건물로 다포식과 유사한 공포구조를 가진 건물이 알려져 있다. 따라서 다포식 자체가 고려시대에 등장하는 시기는 14세기 보다 훨씬 앞선 시기로 보아야 할 것이다.

사실 일찍부터 각종 불화도와 사리탑 등에서 다포구조가 성립될 수 있는 바탕이 확보되었고 통일신라시대 말기에 주심포에 다포구조로 이행하는 초기과정이 진행되었다. 또한 고려시대 전반기에는 이미 궁궐과 불전 등의 중요건물에 다포건축이 사용되는 기반이 확립되었다고 보아야 할 것이다.

정치적으로 원나라와 밀접한 관계를 형성하게 되어 원나라의 문물이 급속히 전파되면서 이미 갖추어진 다포구조의 기반 위에서 다포건축이 활발히 조영되기에 이르렀고 고려나 조선초기의 다포식 구조는 대부분 원나라의 다포식 건축물, 특히 중국 북부지역에 있는 건축물들과 유사한 기법을 취하고 있는 것 알 수 있다. 이런 의미에서 다포식과 같은 새로운 형식이 고려 사회에 본격적으로 확산되는 것은 아무래도 원나라의 영향인 것으로 보는 것이 타당할 듯하다. 또한 지금 남아있는 고려나 조선초기의 다포식 구조는 대부분 원나라의 다포식 건물 특히 중국 북부지역에 있는 건물들과 유사한 방식으로 지어졌을 뿐 아니라 13세기말 충렬왕 재위 때에는 원의 건축 장인들이 고려에 와서 궁전 등을 조영한 사례는 이러한 사실을 뒷받침해 주기에 충분하다.

이런 맥락에서 지금의 용산 국립박물관에 있는 경천사 10층석탑(1375)이 존재하는 것으로 이해되어야 할 것이다. 또한 무인집권기와 원의 간섭기를 거치면서 내부로부터 기존질서를 깨뜨리는 움직임이 나타났고 외부에서는 선진 문물의 활발한 유입이 가능해지면서 이 다포형식은 조선시대로 이어지면서 한편으로는 더 확대 · 발전하기도 하고 또 독창적인 새로운 방식으로 변형되면서 조선시대 목조건축술의 기본적인 기법으로 정착하게 된다. 그리고 주심포에서 다포구조로 발전하는 중간과정에는 하앙식 구조도 필연코 형성되었을 것으로 추정하고 있다. 고려시대 다포건축으로는 황해도 연탄의 심원사 보광전과 황주의 성불사 응진전이 있다. 두 건축물은 모두 북한에 소재하고 있지만 고려시대 다포건축이 현존하고 있다는 점에서 그 존재가치가 매우 큰 건축물이라 할 수 있다.

외 3출목의 다포식 공포의 세부 명칭

봉정사 대웅전의 외 2출목 다포식 공포 모습

심원사 보광전의 외 3출목의 다포식 구조 - 다른 다포식과 달리 외목도리를 첨차에서 직접 바치지 않고 뜬장여에 또 다른 첨차를 사용하여 외목도리를 받치고 있을 뿐 아니라 기둥 바로 위에 공포가 위치하지 않고 평방에 위치하고 있는 모습을 볼 수 있다. (보광전 측면)

경천사-10층석탑: 1348년 건립된 개풍 경천사에 세워진 것으로 당시의 다포식 수법으로 표현된 석탑이다. 경복궁내에 있던 것이 현재는 용산 국립박물관으로 옮겨져 있다.

### 2) 다포식 구조 형식

공포가 기둥 위는 물론 기둥 사이에도 많이 짜여지는 소위 다포형식은 이 시기에 유행했던 주심포식에 단지 공포를 더 올려놓는 차이를 떠나서 완전히 구조 개념의 발상부터 전혀 다른 것이며 세부 처리수법에서도 큰 차이를 보인다. 우선 공포를 여럿 올려놓기 위해서 기둥 위에 평방(平枋)이라는 길고 두터운 재목을 걸치며 그 위에 주두를 놓고 소첨자와 대첨차를 겹겹이 쌓아 올려 포를 짜게 된다. 이때 첨차의 바깥 끝은 아래로 경사지게 늘어진 짧은 장식처리를 하게 되는데 이 부분이 마치 소의 혓바닥과 유사하다고 해서 쇠서라고 부른다. 이 쇠서는 본래 하앙이 있던 것이 그 흔적만 남은 것이라고 짐작되는데 위 아래로 몇 개 중첩되고 또 그것이 옆으로 여러 개가 나란히 나열되면서 처마 밑에 독특한 외관을 꾸미게 된다.

다포식 건축물은 세부의 처리수법이나 부재의 가공에서도 주심포식과는 확연히 다르다. 우선 ① 다포식에서는 주두에 굽받침을 두거나 주두 한단을 곡면으로 처리하는 번잡한 시공은 피한다. ②주심포식에서는 보는 첨차 하단의 독특한 곡면 가공도 생략하고 그냥 부드러운 곡선으로 처리할 뿐이다. ③ 대들보는 그냥 네모나게 가공한다. ④ 세부의 잔손질은 생략하지만 공포가 많이 짜여지므로 우선 외관이 화려하고 복잡하게 보인다. ⑤ 대부분의 팔작지붕으로 지붕이 높이 솟아 올려진 듯한 효과를 살릴 수 있다. ⑥ 앞에서 살펴본 여러 특징으로 인하여 다포형식은 주로 사찰이나 궁전 내의 중심이 되는 전각에 주로 채택되었다. 이와 같이 다포형식은 고려 말 사회 지배계층이 선호한 것으로 보이며 이것이 조선초기에도 지배계층의 건축형식으로 자리 잡는 바탕이 되었다.

구례 화엄사 각황전의 외 2출목의 다포식 공포

구례 화엄사 각황전 : 제공이 쇠서모양으로 날렵하게 만들어진 다포식 공포

### 3) 고려시대 대표적 건축물

#### ① 심원사 보광전(心源寺 普光殿 : 고려 말)

• 위치 : 황해도 연탄군 연탄읍의 자비산 기슭

창건 년대는 알려진바 없으며 심원사 비문에 의하면 보광전을 1374년에 중창하고 그 후 여러 차례 보수되었다고 한다. 정면 3칸에 측면 3칸으로 내외 3출목 다포양식으로 겹처마 팔작지붕으로 구성되어있다. 귀기둥에는 평주보다 굵은 원기둥을 사용하였고 기둥의 배흘림과 귀솟음이 뚜렷하다. 측면에서는 기둥위치와 상관없이 같은 간격으로 포를 배치하여 측면 전체로 주간 포작이 5개 배열되었으며, 이에 따라 측면의 장식적인 보머리가 포 중심에 놓여 기둥열보다 안쪽에 배치된 모습을 보이고 있어 다포 맞배 형식에서 다포 팔작 형식으로 변화되는 과도기적 양상이라고 할 수 있다.

대량(大樑)의 보머리는 삼분두 형식으로 심제공 위에 설치되었고 살미의 초제공은 내외 모두 교두형이고, 2제공, 3제공의 외부는 촉박하게 만든 쇠서형이며 내부는 교두형이고, 4제공은 내 · 외를 삼분두 형식으로 구성하였으며, 첨차는 모두 교두형이다. (내 · 외부 공포의 사진 참조) 중도리 사이의 중앙부는 우물반자로 구성하고 내출목 도리와 중도리 사이는 빗반자로 만들고 하부의 포 배치에 맞춰 포작의 모양으로 치장하여 공포가 상하 2단으로 구성된 듯한 모습을 하고 있다. (사진 참조) 수차례의 보수를 거치면서 중건당시의 모습이 어느 정도로 유지되었는지는 알 수 없으나 합각벽의 위치가 기둥선을 벗어나 외목도리 부근에 설치되어 합각벽이 과대하게 구성되어 처마하중의 분포가 불안정하고 건물전체의 외관이 둔탁해 보이는 점과 공포의 구성에서 안동 봉정사 대웅전과 흡사하고 출목의 수가 많다는 점과 내부의 짜임새가 복잡한 면을 보이고 있는 점 등에서 고려시대 건물로 보기에는 약간 의문점이 있으나 중간에 변형된 과정이 밝혀진다면 고려시대 다포 건축의 모습을 유추 할 수 있을 것이다. 특히 측면의 포 배열이 기둥과 일치하지 않고 장식적인 보머리를 사용한 것에서 조선시대 다포 맞배지붕 구조와 유사성이 있어 중간에 지붕구조가 바뀌었을 가능성이 엿보인다.

심원사 보광전의 전경 - 다포양식의 전형적인 지붕인 팔작지붕, 정면 3칸의 모습을 볼 수 있다.

중앙부의 우물반자와 좌측에 빗반자가 보인다.

보광전의 내 3출목인 내부공포의 모습

보광전의 외 3출목인 다포공포양식의 모습

### 4) 조선시대 목조건축과 대표적 다포식 건축물

조선시대의 목조건축은 고려시대 기법을 계승해 가면서 조선시대의 시대 여건 속에서 조금씩 다른 모습으로 바뀌어 갔다. 대체로 조선 초기에는 고려 말기의 구조를 그대로 계승한 것으로 보인다. 크게 수덕사 대웅전의 계통을 이은 소위 주심포 형식의 건물들이 주로 지방 불교 사찰의 법당에 지어졌고 지방 소도시 관청에서도 세워졌다.

반면에 다포형식은 공포가 처마 밑을 가득 장식하고 포를 여러 겹 중첩시키기 때문에 화려한 느낌을 주는 동시에 처마가 위로 들려 올려진 효과가 있어 당당한 외관을 갖기 때문에 궁궐이나 대도시의 성문, 궁전과 같이 신왕조의 위세를 과시하는 건물에 잘 들어맞았던 것이다. 서울남대문은 조선 초기 다포식 건물의 가장 대표적인 건물로 꼽힌다.

조선 중기가 되면서 구조적인 면에서 새로운 양상이 나타났다. 나중에 익공식이라고 부르게 되는 만들기 간단하고 소박한 형식이 고안된 것이다. 주두와 대들보 사이에 짧은 장식된 부재 하나가 건물 안팎으로 짜여지면서 기둥머리와 주두를 붙잡아 주고 있다. 처음에는 이런 짧은 부재를 입공(立工) 또는 엽공(葉工) 등으로 부르다가 18세기에 가서 익공(翼工)이란 명칭으로 확립되었다. 익공식은 외관이 소박하고 간소한 것이 특징이며 또한 주심포식이 비교적 긴 부재를 많이 필요로 하는데 비해서 경제적인 방식이며 구조적으로 효과가 높은 것이어서 16세기 이후 서원이나 사찰건축의 부속건물 또는 관청건물 등에서 널리 사용되게 되었다. 다시 말해 조선 중기에는 익공식 외에 주심포식이 일부 소규모 건물에 쓰이고 중요한 건물은 대개 다포식으로 지어졌다.

조선 후기에 들어와서 구조형식은 익공식과 다포식의 양대 계통으로 확실하게 대변된다. 『화성성역의궤』와 같은 공사 관련 기록에도 공포에 관한 명칭은 익공과 다포 두 가지로 한정된다. 궁궐의 정전이나 사찰의 법당과 같은 특별한 건물은 여전히 다포식으로 짓지만 나머지 거의 대부분의 건물들은 간단한 익공식으로 세우는 것이 일반화되었다.

### ① 서울남대문(崇禮門 : 조선 초기)

• 위치 : 서울 중구 남대문로 (국보 1호)

조선 초기 다포형식 건물의 대표적인 사례로 꼽는다. 이 건물은 도성을 건설할 때 남쪽 정문으로 태조 4년(1395)에 짓기 시작하여 태조 7년(1398)에 창건되었다가 1448년(세종 30년)에 다시 세웠는데 지금 건물은 이 때 재건된 건물로 알려져 있다. 건물은 아치형의 출입문을 둔 석축 위에 2층 누각을 올린 형태이다. 지붕은 양 측면에 박공면을 두지 않는 우진각 지붕으로 되어 있다.

화재로 붕괴되기 전 웅장한 남대문의 모습

화재로 모든 것이 붕괴되어버린 남대문의 모습

이런 지붕은 외형상 팔작지붕보다 지붕면이 크게 강조되는 특징이 있는 반면 구조적으로 긴 추녀목을 필요로 하기 때문에 조선시대에는 좀처럼 만들지 않았다. 남대문에서 우진각 지붕이 채택된 것은 이 문을 특별히 중요하게 취급했음을 말해 준다.

기둥 상부는 창방으로 연결했는데 창방과 기둥이 맞닿는 부분에 가서 창방 측면을 둥글게 다듬었다. 조선초기 다포식 건물에서 공통적으로 보이는 기법이다. 창방 위에는 포를 오려 놓기 위해 긴 평방을 놓았다. 포는 내 · 외 2출목을 기본으로 하고 있다.

제2제공의 살미 위에는 바로 대들보가 놓인다. 대들보는 바깥으로 보머리가 돌출해 있는데 끝의 돌출된 부분을 세 번 정도 경사지게 절단하였다. 이런 절단된 평상을 삼분두라고 부르는데 굵고 큰 대들보 끝을 거침없이 힘있게 끊어낸 자신감 있는 처리가 돋보인다. 또 쇠서라고 하는 살미첨차의 바깥 끝도 밑으로 가볍게 경사지면서 약간 곡선을 이루어 지나치게 기교를 보이지 않고 적절히 표현을 억제한 솜씨가 엿보인다. 이런 세부의 처리 수법들이 포를 이루는 전체 비례 감각과 잘 조화되어 전체적으로 품위 있는 안정된 분위기를 보이는데 이런 모습에서 15세기 왕조 초기의 시대적 표현을 읽을 수 있다.

남대문 창건공사에서 건축기술자의 우두머리의 직책인 대목(大木)은 각화사의 승려인 각희(覺希)가 맡았다고 하였다. 도성 정문을 짓는 공사를 승려가 대목으로 일했다는 것이 의아하지만 바로 이 점이 조선왕조 탄생기의 시대상을 반영한다. 즉, 고려 말에 우수한 기술자들은 권문세족의 개인 일에 얽매여 있었고 불교사찰의 건축공사는 승려들이 직접 목수일을 도맡고 있었는데 조선왕조 창건 직후 국가의 큰 공사가 갑자기 벌어지자 우선 필요한 대로 승려 기술자를 불러서 남대문 창건을 맡겼던 것으로 추측된다. 이외 세종 30년 때와 성종 10년의 수리공사가 있는데 세종 때에는 나라에서 건축공사를 담당하는 관청을 정비하고 전국의 우수한 기술자들을 관청이 적절하게 관리 동원시킬 수 있는 체제를 정하게 되어 우두머리의 강력한 통솔과 기술적 지도력 아래 숙련된 일반 기술인력의 확보와 단순 노동 인력의 안정된 동원을 바탕으로 이루어졌을 것으로 추측된다.

* 참고 : 동대문은 1396년(태조 5년) 창건되어 1453년(단종 1년)에 수리되었고, 임진왜란으로 불탄 것을 1869년(고종 6)에 새로 세웠다. 특이하게 문 밖에 반달모양의 옹성(甕城)을 둘렀으며, 옹성 위에는 방어에 유리하게 여장(女墻)을 쌓았다. 아래층의 모서리 4기둥이 그대로 위층의 바깥기둥이 되는 합리적인 구조이며, 장식이 많고 섬세한 다포계 공포(包)형식은 조선 후기의 조형을 보여 준다.

### ② 봉정사 대웅전(大雄殿: 조선초기)

- 위치 : 경북 안동시 서후면 천등산 기슭

이 건물은 초선초기에 건축된 것으로 추정되며 건물 전면에는 잡석으로 높은 대지(臺地)를 축성하고 그 위에는 좁은 툇마루를 깔고 그 앞에 난간을 세웠다. 이러한 처리방법도 드물게 보는 전면 취급이며 내부에 마루를 깐 것과 아울러 매우 한국적인 체취를 느낀다.

공포는 내 · 외 모두 2출목이며 외부두공 첨차의 쇠서는 생략하고, 2출목에서 뻗은 앙설(仰舌)도 짧고 직선적이어서 석왕사에서 다소 진전한 모습으로 추정된다. 내부도 교두형으로 그대로 직선으로 잘려있어 아직 후세에 와서 운공형(雲工)이 형성되지 않았으며, 그 상부에서 수직으로 천장에 이르는 판벽에 삼두식(三斗式)의 받침소로를 둔 형식도 후일 익공계의 원초형이고 대들보에서 측면 기둥에 충량을 걸지 않은 것들은 조선중기 이후 건물들에서는 보기 드문 수법이다.

이와 같이 대웅전은 여러 모로 수법을 달리하고 있어 극락전에서 이미 지적한 바와 같이 한국의 고유한 성격이 크게 변질되지 않고 계승되어 온 본보기 같은 느낌이 있다.

자연석 기단위의 봉정사 대웅전 -3칸 정면

팔작지붕 겹처마로 이루어진 3칸의 측면

정면의 툇마루와 머름으로 이루어진 난간모습

평방, 창방 그리고 외2출목과 보머리가 보인다

### ③ 개심사 대웅보전(開心寺 大雄寶殿 : 조선시대)

• 위치 : 충청남도 서산군 운산면 신창리 (보물 제 143 호)

정면 3칸, 측면 3칸 단층 맞배지붕으로 조선시대 성종 15년(1484)에 건축된 것으로 추정된다. 이 건물은 조선초 흔히 있었던 건축물처럼 주심포와 다포의 기법을 혼용한, 말하자면 절충식 건물이다. 이미 주심포 중기(조선초)건물에서 보다시피 부석사 조사당과 도선사 해탈문의 포대공 송광사 국사전의 천장가설, 부석사 법당의 전면 공포형 등은 주심포의 원칙에 따르면서 다포계의 상부를 혼용한 것 같이 나타나고, 여기의 개심사와 봉정사 대웅전은 다포계를 따르면서 세부에 주심포를 따르고 있는 예이다. 그러므로 이것을 통틀어 볼 때 이 시기의 과도기적인 성격을 넉넉히 짐작할 수 있다. 건물 전·후면은 다포계 공포 짜임이며 외 2출목 내 3출목이다. 외부공포의 살미첨차의 우설(牛舌:쇠서)형은 아직 강직하며 대량 밑에 깐 덧보의 마구리는 삼분두형으로 극히 소박하게 조각하고 있다.

개심사 대웅보전의 전경

대웅보전 외 2출목의 다포양식 세부모습

이 건물에서 주심포계 상세라고 할 만한 부분은 1)우미량이나 솟을 합장을 쓰고 있기는 하나 형식적으로 본뜨고 있을 따름이고 2) 중종보와 마루도리를 받들고 있는 포대공과 화반형 역시 무위사 극락전과 유사하며 3) 내부 살미첨차도 아직 완전히 운공형으로 되지 않고 어중간하여 과도기적인 특성을 잘 표현하고 있으며 4) 천장도 아직 가설하지 않고 있다.

앞에서 소개된 다포식 건물은 다포식 초기양식의 건물로 또는 주심포와 과도기적인 건물도 있다. 이외 중기양식 이후의 다포식 건물로는 통도사 대웅전, 화엄사 대웅전, 금산사 미륵전, 화엄사 각황전, 장곡사 하대웅전, 범어사 대웅전, 금산사 대숙광전, 무량사 극락전 등의 사찰 건물 외에도 조선초의 경복궁 근정전 등 조선시대 궁궐건축의 정전이나 성문 등 국가적인 중요시설은 대부분 다포식으로 지어졌던 것으로 보인다.

### 4) 다포식 구조의 세부 특징과 분류

<table>
<tr><th>부재 종류</th><th>유형 분류</th><th colspan="3">세분 및 사례</th><th>비고</th></tr>
<tr><td rowspan="3">주두 형식</td><td>굽 단면이 곡선</td><td colspan="3"></td><td rowspan="3"></td></tr>
<tr><td>굽 단면이 곡선+굽받침</td><td colspan="3">장곡사 상대웅전</td></tr>
<tr><td>굽 단면이 직선이고 사선으로 절단된 것</td><td colspan="3">거의 대부분 건축물</td></tr>
<tr><td rowspan="2">첨차 형식</td><td>마구리형</td><td colspan="3">① 직절형 ② 사절형</td><td rowspan="3"></td></tr>
<tr><td>하단형</td><td colspan="3">① 호형 ② 사절형 ③ 초화지형</td></tr>
<tr><td>행공첨차</td><td>있는 것</td><td colspan="3">모든 다포식 건축물</td></tr>
<tr><td rowspan="8">살미 형태<br>(쇠서, 제공)</td><td rowspan="7">외부 형식</td><td rowspan="6">쇠서형</td><td colspan="2">쇠서형</td><td rowspan="8"></td></tr>
<tr><td rowspan="3">앙서형<br>(仰舌形)</td><td>단앙서</td></tr>
<tr><td>중앙서</td></tr>
<tr><td>3중설앙</td></tr>
<tr><td colspan="2">복합형</td></tr>
<tr><td colspan="2"></td></tr>
<tr><td colspan="3">첨차형(호형)</td></tr>
<tr><td>내부 형식</td><td colspan="3">① 교두형 ② 운궁형(雲宮形)</td></tr>
<tr><td rowspan="2">출목 형식<br>(행공 첨차)</td><td>외부 형식</td><td colspan="3">1출목 ~ 3출목</td><td rowspan="2">내·외 출목이 같은 것이 대부분이나 다른 것도 있음</td></tr>
<tr><td>내부 형식</td><td colspan="3">1출목 ~ 5출목</td></tr>
<tr><td rowspan="2">포작 형식</td><td>외부 포작 형식</td><td colspan="3">3, 5, 7 포작</td><td rowspan="2"></td></tr>
<tr><td>내부 포작 형식</td><td colspan="3">3, 5, 7, 9 포작</td></tr>
<tr><td rowspan="2">안초공</td><td>안초공 있는 것</td><td colspan="3">수원 장안문</td><td rowspan="2"></td></tr>
<tr><td>안초공 없는 것</td><td colspan="3">대부분 다포식</td></tr>
</table>

1) 안초공(按草栱) : 다포계 공포의 주심 위의 공포 내외에 설치된 부재이다. 공간포에서는 볼 수 없다. 주심 위에 설치된 공포 주두로부터 하부의 평방을 감싸고 창방 밑선까지 내린 초공이다.
2) 포식 : 출목이 있는 공포형식을 말한다. 출목 숫자에 따라 3, 5, 7, 9,포식 등으로 세분한다. 포수는 원래 사용된 참차 개수로 계산하는 것이 원칙이지만 편의상 출목숫자로 계산하기도 한다. 1출목은 3포식이며, 2출목은 5포식, 3출목은 7포식, 4출목은 9포식이다. 출목수에 비례하여 「포수=출목수×2+1」로 계산한다.
3) 교두형(≒호형) : 첨차 양쪽면을 둥글게 굴린 것이 그 모습이 마치 만두를 닮았다고 하여 교두형 첨차 또는 호형첨자라 한다.

수원 장안문의 안초공 (앙서형)

개심사 대웅보전 공포(쇠서형)

봉정사대웅전(쇠서형+첨차형)

## 2-4 주심포형식과 다포형식의 비교

두 형식의 가장 근본적인 차이는 주심포의 경우 공포가 기둥위에만 설치되고 다포형식에서는 기둥 사이에도 포작이 설치된다는 것이다. 이러한 구분은 어디까지나 금세기에 와서 학자들에 의해 건물의 특징을 파악하는 수단으로 편의상 분류한 것이다. 두 형식 사이에는 공포를 배열하는 방식 외에 내부 지붕틀을 짜는 방식에 약간 차이가 있기는 하지만 근본적인 건물의 짜임새가 다른 것은 아니다

주심포양식과 다포양식을 비교하면 아래와 같은 차이점이 있다.

① 다포식에서는 주두에 굽받침을 두거나 주두 하단을 곡면으로 처리하는 등의 번잡한 시공을 피한다.

② 주심포에서는 보 첨차 하단의 독특한 곡면 가공도 생략하고 그냥 부드러운 곡선으로 처리한다.

③ 다포식에서는 대들보의 단면이 그냥 네모나게 가공하는 반면에 주심포에 사용되는 대들보의 단면은 항아리 모양을 취하고 있다.

④ 다포양식이 주심포 양식에 비하여 포작과 출목이 많아 복잡해 보일 수 있지만 외관이 화려하고 당당해 보인다.

⑤ 주심포와 달리 다포형식은 출목수가 많아 지붕이 높이 솟아 올려진 듯한 효과를 얻을 수 있다.

⑥ 주로 다포 형식은 사찰이나 궁전내의 중심되는 전각에 주로 사용되었다.

⑦ 다포양식에는 포작을 받치는 평방이 있고 주심포에는 기둥사이에 포작이 없어 평방이 없다.

| 양 식 | 영 향 | 지 붕 | 천 정 | 시 대 | 건축물 |
|---|---|---|---|---|---|
| **주심포** | 송나라 | 일반적으로<br>맞배 지붕<br>예외)부석사 무량수전 | 연등천장 | 고려시대 | • 봉정사 극락전<br>• 부석사 무량수전<br>• 수덕사 대웅전<br>• 강릉 객사문 등 |
| **다포** | 원나라 | 일반적으로<br>팔작 지붕 | 우물천정 | 고려말 ~ 조선 | • 심원사 보광전<br>• 봉정사 대웅전<br>• 경복궁 근정전<br>• 남대문(숭례문) 등<br>궁전, 사찰 건축물 |

## 2-5. 익공식 구조(翼工式 構造)

### 1) 익공식 구조의 개요

15세기말 이후의 건물 중 일부 별당이나 사찰과 같이 소규모 전각에는 종래 보이던 다포나 주심포식과는 구분되는 매우 간소화된 형식으로 기둥머리와 보의 결구방식이면서 구조적인 면에서는 새로운 양상이 나타난다. 17세기 이후 이 방식은 널리 확산되었고 나중에 그 명칭은 익공이라고 통칭되는 하나의 형식으로 정착한다. 익공식은 만들기 간단하고 기둥 위에 소박한 짜임으로 고안된 것이다.

주두와 대들보 사이에 짧게 장식된 부재 하나가 건물 안팎으로 짜여지면서 기둥머리와 주두를 붙잡아 주고 있다. 이 짧은 장식 부재가 일종의 익공이라고 불리는 것인데 이것이 내부에서는 대들보를 받쳐 주고 바깥에서는 뾰족(또는 길쭉하게)하게 장식되어 있다. 처음에는 이런 짧은 부재를 입공(立工) 또는 엽공(葉工)등으로 부르기도 했다고 한다. 이 때 익공이 하나이면 초익공(初翼工)이고 두개이면 이익공, 세 개이면 삼익공이라 한다. 또 익공의 쇠서를 두루뭉술(또는 장식 없는 사각형형식 등)하게 만들 것을 물익공(勿翼工), 무익공(無翼工)이라 한다.

익공식은 외관이 소박하고 간소한 것이 특징이지만 1608년에 재건된 종묘 정전의 경우 익공을 이중으로 중첩시킨 소위 이익공식으로 만들어 처마를 받치는 효과와 함께 외관의 격식도 갖추는 이점을 살렸다. 조선 중기에는 익공식 외에 주심포식이 일부 소규모 건물에 쓰이고 중요한 건물은 대개 다포식으로 지어졌다.

익공식은 주심포식에 비교적 긴 부재를 많이 필요로 하는데 비해서 경제적인 방식이며 구조적으로 효과가 높아 16세기 이후 궁궐에서 주요전각이 아닌 부속채의 구조로 쓰이고, 관아, 향교의 대성전, 서원의 강당이나 사묘, 정자나 누(樓), 그리고 지방의 양반집에서 주로 많이 사용되었다.

초익공의 세부 명칭

이익공의 세부 명치

물익공 형식으로 이루어진 경우

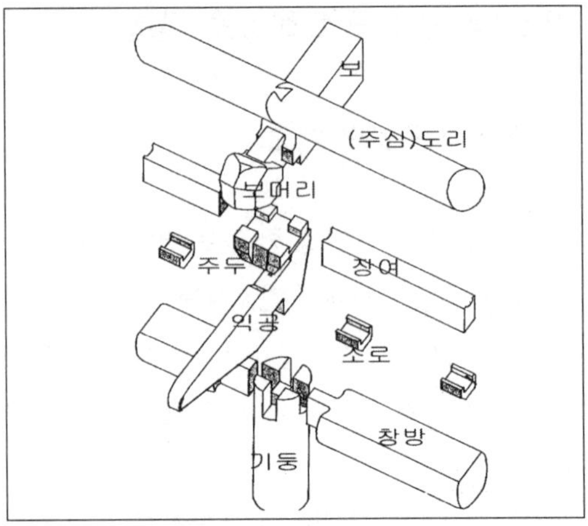

기둥-익공+창방-주두-대들보-장여- 도리 순으로 이루어지는 초익공 결구도

### 2) 대표적 건축물

#### ① 해운정

• 위치 : 강원도 강릉시 운정도 (보물 제183호)

해운정은 조선 상류주택의 별당 건물로 경포호가 멀리 보이는 곳에 위치하고 있다. 1530년(중종 25년) 어촌 심언광이 강원도 관찰사로 있을 때 지은 것으로 전한다. 이 건물은 3단으로 쌓은 축대 위에 남향으로 지어졌고, 정면 3칸과 측면 2칸의 소박한 익공양식에 홑처마 팔작지붕으로 오른쪽 2칸은 대청마루와 왼쪽 1칸 온돌방으로 이루어져 있다. 익공양식은 오죽헌과 종묘에서 볼 수 있는 첨차가 없는 가장 단순한 초익공 형식을 취하고 있다. 지붕은 옆면에서 볼 때 여덟 팔(八)자 모양의 팔작지붕으로 꾸몄고, 대청 앞면에는 문을 달아 모두 열 수 있게 하였다. 건물 주위에는 툇마루를 돌려놓았다. 건물 앞에 걸린 '해운정(海雲亭)'이라는 현판은 송시열의 글씨이며, 안에는 권진웅, 율곡 이이 등 유명한 사람들의 글이 걸려 있다. 겉은 소박하고 안쪽은 세련된 조각으로 장식한 별당 건물로, 강릉 지방에서는 오죽헌 다음으로 오래된 건물이다.

정면3칸의 강릉 해운정의 전경

해운정의 익공 상세 및 정면 - 머름이 분합문 위쪽에 장식되어 있다는 점이 특이하다.

### ② 오죽헌(烏竹軒)

• 위치 : 강원도 강릉시 죽헌동 201 (보물 165호)

이 건물은 1452년(문종 2)에 등제하여 대사헌까지 지낸 최응현(崔應賢)의 고택에 딸린 별당으로 조선 중종 때 준공되었고 정면 3칸 측면 2칸이며 지붕은 앞에서 볼 때 여덟팔자 모양을 한 팔작지붕이다. 앞면에서 보면 왼쪽 2칸은 대청마루로 사용했고 오른쪽 1칸은 온돌방으로 만들었다. 커다란 장대석으로 쌓은 단층 기단 위에 막돌초석을 놓고 네모기둥을 세워 기둥 윗몸을 창방으로 결구했으며, 기둥 위에 주두(柱頭)를 놓고 익공(翼工)으로 처리한 이익공(二翼工)집이다. 앞면에는 띠살창호를, 옆면에는 골판문을 달았으며 지붕은 팔작지붕이다. 이 건물은 한국주택사에서 현존하는 유구(遺構) 가운데 가장 오래된 것으로 매우 중요하다. 그러나 방과 대청으로만 구성된 별당만 남아있고, 본채가 없어 조선 초기의 주택구조를 알 수 없는 것이 유감이다.

강릉 오죽헌- 전면 3칸 팔작지붕

강릉 오죽헌의 이익공의 모습

### ③ 종묘 정전

• 위치 : 서울특별시 종로구 종로 155 (국보 제227호)

태조 3년(1394)에 준공되었지만 선조 25년(1592) 5월에 임진왜란으로 정전과 영녕전이 병화(兵火)로 소실되었다가 광해군 즉위년(1608) 5월에 정전을 중건 11실을 이루었다. 이후 영조 2년(1726), 헌종 2년(1836)에 각 4실을 증수 했다. 주심포 양식의 외 1출목 형식의 첨차가 외목도리를 받치고 있는 이익공 양식을 취하고 있다. 현재 정전은 정면 19칸, 측면 3칸의 익공계 박공지붕건물로서 조선시대 역대 임금의 신위(神位)를 모신 건물로 조선왕조의 공덕 있는 임금의 신위를 모시고 있다.

1395년(태조 4) 당시의 규모는 모두 7칸으로, 그 안에 석실(石室) 5칸과 좌우에 익실(翼室) 각 2칸이 있었다. 왕의 신위가 늘어나면서 세종 때에는 별묘인 영녕전을 세워 먼 조상의 신위는 이곳에 옮겼으나, 제13대 명종 때에는 또다시 신실이 부족하여 정전을 11칸으로 늘렸다. 임진왜란 때 불탄 뒤 1608년(광해군 즉위년) 옛 규모대로 11칸으로 재건되었다.

그 뒤 1726년(영조 2) 신실 4칸을 증축하여 15칸으로 되었다가, 다시 1836년(헌종 2) 신실 4칸을 증축하여 19칸 규모가 되었으며, 그 뒤로는 증축 없이 오늘에 이르고 있다. 헌종 때 최종적으로 완성된 현재의 건물 구성은 정전 19칸이 남향하여 있고, 좌우로 익실 각 2칸이 이어지며 다시 동·서 월랑(月廊) 각 5칸이 남북으로 꺾어져 있다.

정전 앞으로는 월대(月臺 : 섬돌)가 마련되고 세 군데 계단이 놓였으며, 다시 그 아래로 가로 약 110m, 세로 약 70m에 달하는 장대한 월대가 설치되어 있다. 월대 아래로 칠사당(七祀堂)과 공신당(功臣堂)이 있고, 이들 모두를 네모반듯한 담장이 둘러싸고 있다. 담장에는 남쪽에 신문(神門)이 있고 동문과 서문이 있다.

이 건물은 신실 칸마다 아무 장식을 하지 않은 매우 단순한 구조이면서, 그것이 19칸으로 옆으로 길게 이어져 숨 막힐 듯 한 긴장감과 장엄함을 연출해 내는데, 굵고 당당한 모습의 둥근 기둥이 길게 이어지는 열주(列柱), 끝없이 이어지는 수평적인 지붕의 선, 긴 건물을 좌우에서 감싸는 동서 월랑, 박석(薄石 : 얇고 넓적한 돌)을 거칠게 다듬어 불규칙하게 깐 넓디넓은 월대가 한데 어울려 공간성격을 창출하고 있다.

종묘 정전의 전경 - 박석으로 포장된 하월대의 모습

종묘 정전-홑처마에 이익공 양식의 모습

익공형식의 초기 형태는 강릉 해운정(1530년)과 오죽헌(1536)에서 볼 수 있다. 해운정 건물의 기둥머리에는 창방과 직교해서 바깥쪽에 쇠서가 하나 돌출하였고 안쪽으로는 보아지가 보를 받치면서 기둥머리 주두를 일체로 엮어준 모습을 하고 있다. 이처럼 쇠서가 하나 돌출한 것을 초익공이라고 부르면 익공의 가장 간단한 형태이다. 오죽헌의 경우는 기둥머리에 쇠서와 직각으로 짜여있고 그 위에 재주두라고 하는 작은 주두가 하나 더 놓여서 보를 받치고 있다.

해운정이나 오죽헌에서 보이는 익공식의 결구 방식과 유사한 형태는 이미 15세기말에 지어진 해인사 장경판전(1488)이나 개목사 원통전에서 부분적으로 발견된다. 그러나 이 건물에서는 내부의 가구방식에서 주심포형식의 특징이 그대로 남아 있고 쇠서의 새김 형태도 주심포식을 따르고 있어서 완전한 익공형식으로 정착하기 전의 과도기적 형태로 분리된다. 또한 16세기 중반에 세워진 청평사 회전문(강원도 춘천시, 보물 제164호) 역시 기둥머리에서는 초익공의 결구와 유사한 모습이지만 내부 지붕 가구에서는 주심포식을 취하고 있다. 따라서 15세기 16세기에서는 주심포형식을 간략히 하면서 기둥머리 부분의 구조를 강화한 익공형식이 일부 건물에서 채택되고 또 기존 주심포식 건물에서도 내부는 주심포로 하면서 기둥머리는 익공식으로 결구하는 절충적인 시도들이 진행되고 있었음을 알 수 있다.

청평사 회전문 내부의 모습 (사진 : 문화재청)

청평사 회전문 정면의 모습

17세기로 넘어가면서 익공은 완전히 하나의 독립된 구조형식으로 정착되었다. 기둥머리에서 주두와 밀착된 쇠서를 내밀어 기둥머리 부분을 구조적으로 보강하면서 필요에 따라서 출목을 두어 외목도리를 받치는 공포 본래의 기능까지 수용하는 형태로 발전한 것이다. 1608년(선조 41년)에 재건된 종묘 정전의 경우, 기둥머리는 이익공으로 구성되어 있으면서 외목도리를 받치기 위해 출목이 하나 나와 있는 형태이다. 굳이 분류하자면 소위 1출목 이익공이 되겠는데 종묘 정전은 건물의 규모가 컸기 때문에 처마를 길게 내밀기 위해 외목도리가 필요하여 이런 구조를 채택한 것으로 생각된다. 이런 유형은 이미 16세기에 나타나고 있었음을 짐작할 수 있다. 이와 비슷한 것으로 1출목 초익공, 즉, 쇠서가 하나 나와서 외목도리를 지지하는 예도 발견된다. 역시 임진왜란 직후 재건된 것으로 판단되는 사직단 정문이 그 예이다. 따라서 적어도 16세기에는 비록 지금 건물 유구로는 확인되지 않지만 여러 형태의 익공계통 결구 방식이 건물의 규모에 따라 고안되고 지어졌음을 알 수 있다.

## 2-6. 민도리 구조

### 1) 민도리 구조의 개요

기둥과 도리, 보를 이음과 맞춤으로 짜 맞추어 기본뼈대를 구성하고 이 기본뼈대 위에 지붕틀을 짜 놓아 집을 형성하는 구조로.(그림 참조) 목조가구식 구조의 원형으로 첨차나 익공 등의 공포부재를 사용하지 않고 출목도 없는 결구법을 말한다. 따라서 민도리식은 공포 종류로 분류할 수는 없지만 기둥과 도리부분의 결구를 비교하는 의미에서 공포 종류로 분류하여 설명하기도 한다.

삼국시대, 고려시대, 조선시대이 궁궐이나 관아, 사찰 등과 같은 권위건축이 아닌 일반 건축, 즉 대부분의 서민 주택의 구조는 거의 민도리식 구조형식으로 조영되었다. 가장 기본적인 민도리의 결구방식을 간단히 살펴보면 우선 기둥 윗부분에 주두 대신에 사괘를 만들고 사괘에 보를 결구하고 보 방향과 직각방향의 도리를 양쪽에서 주먹장으로 결구하면 민도리가 완성된다. 종종 보 밑에 짧은 받침목을 두는 경우도 있는데 이를 부르는 명칭은 특별히 없고 보받침(그림 참조) 정도로 불러 보아지와 구분하는 것이 좋을 것이며 두공으로 불러도 큰 무리가 없을 것이다.

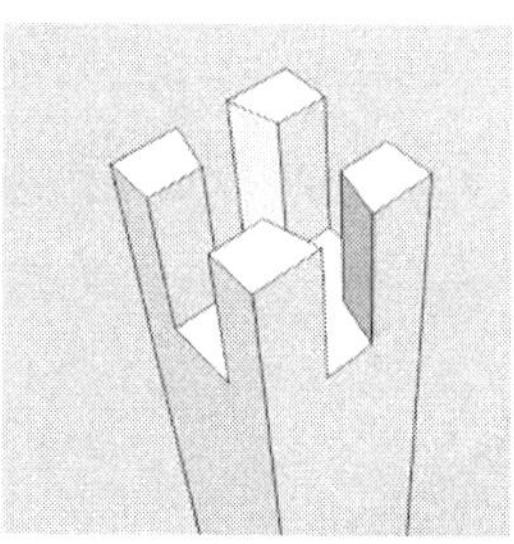
1. 기둥에 사괘의 모습

→

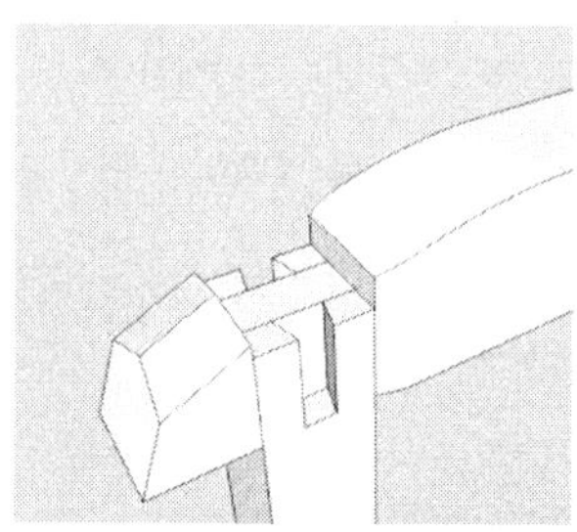
2. 보가 얹어진 모습

→

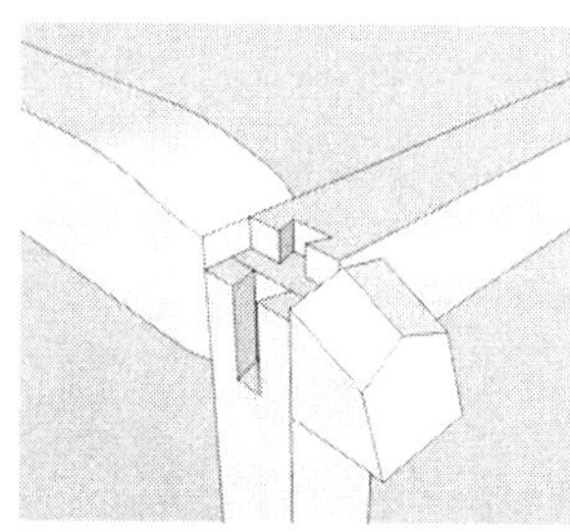
3. 도리가 얹어진 모습

→

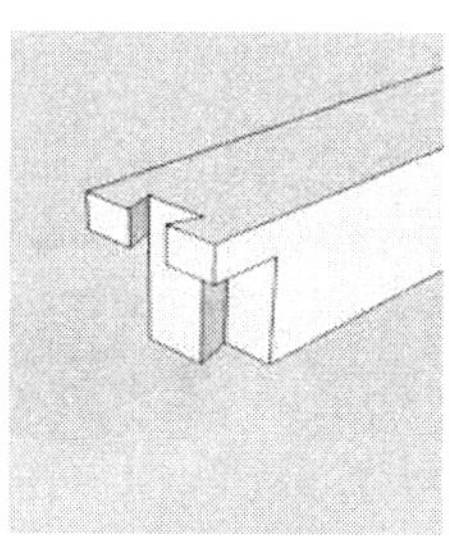
4. 도리의 모습

→

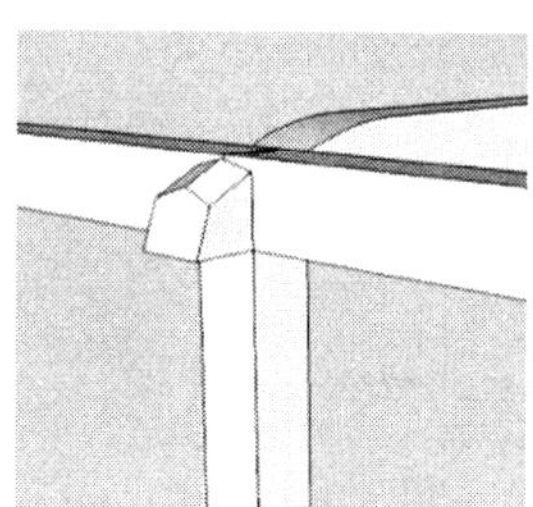
5. 완성된 모습

민도리집 구조는 도리, 특히 처마도리의 단면이 네모난 납도리로 지은 '납도리집 구조'와 원형인 굴도리로 지은 '굴도리집 구조'로 나뉜다. 이 때 굴도리집이 납도리집보다 더 격이 높은 집이다. 그 까닭은 목조건축의 부재에서 부재의 단면이 원형인 것은 방형인 것보다 큰 원목을 치목하여야 하고 또 치목하기가 힘들기 때문이다. 따라서 원형인 것이 방형인 것보다 격이 높다. 기둥에 있어서도 단면이 원형인 두리기둥이 단면이 방형인 네모기둥보다 격이 높고 귀한 것이다.

조선시대의 양반주택들 중 큰집의 사랑채와 안채와 같은 몸채는 굴도리집 구조를 이루고 있으며 또 때로는 사랑채는 굴도리집 구조이나 안채는 납도리구조를 이루기도 하는데 이는 구조적으로 남성공간인 사랑채를 여성공간인 안채보다 우위에 두고자 한 것으로서 바로 조선시대의 남존여비사상(男尊女卑思想)을 나타내는 것이며 음양오행론에서 "하늘은 둥글고 땅은 네모나다.(天圓地方)"에 따른 것이다.

## 2-7. 가구의 종류

가구의 종류에 따라 집의 크기가 결정된다. 가구라고 하는 것은 공간을 이루기 위하여 기둥을 세우고 기둥과 기둥 사이에 보를 걸고 또 기둥과 기둥 위에 도리를 얹고, 지붕틀을 짜 얹는 모든 구조를 말하는 것인데 가구의 크기인 간살로 볼 때에는 단순히 건물의 종단면으로 판단한다.

3량 구조

5량 구조

7량 구조

9량 구조

가구의 형식에서 가장 기본이 되는 것은 주심도리와 종도리만으로 구성되는 3량 가구식이고 이는 가장 단순하고 간살이 가장 작은 구조이다. 두 개의 기둥과 세 개의 도리, 한 개의 보, 그리고 한 개의 대공으로 구성된다. 서까래는 도리 위에 놓인다. 즉, 도리들은 서까래들을 받치는 수평부재로서 기둥 위에 얹은 도리가 처마도리, 또는 주심도리이고 대공이 받치고 있는 도리가 종도리이다. 이들 도리들은 서까래들을 받쳐 보와 대공들과 더불어 지붕틀을 이루고 있다. 그리고 이들 도리의 숫자로 가구의 수를 나타낸다. 즉 삼량가구란 바로 도리가 세 개인 가구를 말하는 것이다. 이 삼량가구는 서민주택과 중 · 상류주택의 행랑채에서 주로 사용된다. 칠량가구를 넘어서 구량가구 등은 민도리집이 아니라 포집구조의 건축에서 이루어진다.

보아지가 없고 납도리를 사용한 민도리 방식

보아지가 있고 납도리를 사용한 민도리 방식

굴리기 : 도리의 원형에 맞게 장여를 굴려 판 모습.

평깎기 : 도리를 장여에 맞게 평면으로 깎은 모습 (개심사)

각형 단면을 가진 납도리와 장여의 모습 (봉화의 계서당)

익공식과 민도리식은 거의 유사한 구조인데 차이점은 익공식은 창방이 사용되지만 민도리식은 창방이 사용되지 않는다는 점이다. 또 익공식은 주두와 익공 위에 보가 올라가지만 민도리식은 기둥에 직접 결구된다.

## ▌참고 사항

우리나라의 전통 목구조는 대부분 숙련공의 안목으로 이루어지다보니 각 부재의 제작과 목구조의 시공 기법에 관하여 자세하게 기록된 내용은 찾아 볼 수 없으나 중국의 경우에는 목구조에 관련된 자세한 내용을 기록한 「영조법식(營造法式)」이라는 서적이 있다. 여기에서 영조법식을 잠깐 소개하면 다음과 같다.

영조법식의 편찬은 중국 북송 희녕년간(熙寧年間, 1068~1088)에 장작감(將作監)으로 하여금 영조법식을 편찬하도록 하자는 칙녕을 내림으로써 시작되었다. 이렇게 영조법식을 편찬하도록 한 원래의 동기는 송(宋) 개국 이후 많은 건축물을 짓게 되면서 국고낭비가 심하게 되자 이를 막기 위해 건물의 규모와 목재치수를 규정하여 경제적인 영건(營建)을 할 수 있도록 하고자하는 목적에서였다. 이에 북송 철종 원우(元祐) 6년(1091)에 이계의 영조법식과 같은 이름으로 소위 원우영주법식(元祐營造法式)이 완성된다. 그러나 철종 소성(紹聖) 4년(1097) 11월에 원우영조법식의 내용이 규정치수들이 너무 방대하여 규제를 가하는데 어렵고 실질적이지 못했기 때문에 이계에게 편수(編修)를 명하게 됨으로써 철종 원부(元符) 3년(1100)에 영조법식이 완성되게 되며, 그 구성을 보면 서론부분과 부록을 합하여 총 34권 357편으로 구성되었으며 3,555조목을 수록하고 있다.

▼ 영조법식의 구성

| 권 수 | 내 용 |
|---|---|
| 1권 ~ 2권 | 건축의 명칭과 술어의 고증, 자주사용되는 기하학도형, 계산법칙, 노동일수를 정하는 기준 등을 기록 |
| 3권 ~ 15권 | 공정별로 석작(石作), 대목작(大木作), 소목작(小木作), 여작(旅作), 와작(瓦作), 니작(泥作), 채화작(彩畵作) 등 각각의 법식을 상세히 기록 |
| 16권 ~ 25권 | 건축 적산의 기초가 되는 자료와 재료의 적량, 공작질의 등급, 공기 등을 열거 |
| 26권 ~ 28권 | 재료의 적산에 필요한 자료 제시 |
| 29권 ~ 34권 | 도면을 그려놓은 도면집 |

*참고 : 중국〈영조법식〉을 토대로한 한국 목조건물의 처마분석에 관한 연구, 순천향대, 김태곤, 2003, p.5

## ■ 주요 내용 정리하기

1. 주심포양식과 대표적인 건축물에 관해서 정리해 보자

2. 다포양식과 대표적인 건축물에 관해서 정리해 보자

3. 주심포양식과 다포양식의 특징을 비교하여 보자

4. 익공양식에 관해서 정리해 보자

5. 공포의 세부명칭(소로, 첨차, 장혀, 도리 등)에 관해서 정리해 보자

## ■ 주요 용어 설명

1) 대안탑(大雁塔) : 652년 당나라의 고승 삼장법사 현장이 인도에서 귀국할 때 가지고 온 경전이나 불상 등을 보존하기 위해서 고종에 요청하여 건립한 탑으로 높이는 7층, 64m로 현재 서안시(西安市)의 동남 교외에 있는 대자은사의 경내에 세워져 있다.

2) 남선사(南禪寺) 대전 : 산서성 오대현의 오대산에 있는 남선사는 당 현종때 건축된 고찰이다. 특히 대불전은 현존하는 중국 최고의 목조 건축물이다. 정면 3칸의 팔작지붕이다.

3) 경천사 10층석탑(1375) : 현재 파고다공원(탑골공원)에 있는 원각사지 십층석탑(국보 제2호)과 혼돈 하는 사람이 많은데 원각사지 10층 석탑은 높이 12m로 고려시대 경천사지 10층 석탑(보물 86호)을 모방하여 만든 것이다. 1466년(세조12) 현재의 탑골공원 자리에 창건된 원각사와 함께 세워진 것으로 추정되지만 이보다 앞서 건조됐다는 추정도 있다.

4) 교두형 : 교두형(翹頭)이란 살미나 첨차의 밑면 끝을 활형 또는 원호형으로 깎아 낸 모양 또는 그 부분을 의미한다.

5) 삼분두 : 삼분두(三分頭)란 보머리, 장여뺄목 등의 끝을 모양 나게 세 번 꺾어 잘라 낸 형식의 끝머리를 의미한다.

# VII. 조선시대 건축

## 1. 조선시대 건축개요

고려말 나라의 실권을 장악한 이성계(당시 58세)가 개경의 수창궁에서 국왕의 자리에 오르고 1392년 조선을 건국하게 된다. 건국의 중심세력은 신유교라고 부르는 성리학으로 무장한 신흥사대부였고 이들은 불교에 대한 강한 반감을 가지고 있었다. 이러한 시대적 변화와 사회의 전반적인 변화는 건축의 유형에도 많은 영향을 주었음은 물론이다.

조선왕조가 세워지고 처음 약 1세기 동안 가장 활발히 이루어진 것은 신왕조 건설을 위한 건축활동으로 새로운 도성 건설과 궁궐 신축이었다. 아울러 나라의 제사 시설과 관청 등 신왕조의 통치에 필요한 건축물 조성에 온 힘을 기울였다. 특히 조선왕조가 통치 이념으로 내세운 유교와 관련하여 예의(禮義)제도에 맞는 각종 제사 시설을 갖추는 것을 초기 도성 건설과정에서 중요한 대상이었다. 사직단과 종묘를 비롯해서 문묘나 선농단, 선잠단 등의 도성 안팎에 속속 세워졌다. 도성만이 아니고 지방 도시에도 예의 제도와 관련해서 공자 위폐를 모신 문묘가 세워지고 사직단이나 여단 같은 제사 시설이 갖추어졌다. 이것은 신왕조가 탄생하고 양반관료사회가 형성되면서 국왕을 정점에 둔 강력한 중앙집권적 통치체제를 구축하는 데 필요한 건물들을 만든 것이다.

16세기에는 건축 활동의 양상이 크게 달라졌다. 향촌의 지배세력으로 자리 잡은 사림들은 자신들의 주택을 향촌 지배세력에 걸맞은 격식 있는 것으로 만들어내기 시작했다. 아울러 사림들의 세력 거점이 되는 서원을 지어 후진을 양성하는 근거지로 삼았다(서원 건축에서 상세히 설명). 서원은 후에 나라에서 토지를 내려 주고 서원의 존재를 인정해 주는 사액제도가 생기면서 더 확장되었다. 중앙 관직을 떠난 사림 중에는 향촌의 경치 좋은 곳에 서당이나 정자를 지어 학문과 휴양처로 삼았다. 그러나 임진왜란(1592. 선조25)과 병자호란을 겪으면서 많은 건물들이 소실되었다. 궁궐은 모두 불에 타고 종묘와 사직단도 파괴되었으며 전국의 유명 대찰의 전각들도 소실되었다.

17세기 중반 이후에는 도시에서 상인들의 활발한 활동으로 세력을 확장해 갔고 대규모 광작농민들도 나타났다. 18세기에 들어오면서 이러한 광작농민이나 도고상인의 성장이 두드러졌다. 이 시기에 양반들은 폐쇄적으로 씨족간의 마을 결속에 몰두하였고 서원 건설이나 씨족 공동시설 건립에 힘을 기울였다.(씨족마을) 시대적 상황에도 불구하고 정작 눈부신 건축 활동을 전개한 것은 불교 사찰이었다. 그 동안 불교계는 정치적으로 억압 아래 사찰 재정이 크게 압박당하고 사찰 신축도 제한되어 쇠퇴를 면치 못하였다. 그러나 임진왜란 이후 불교에 대한 억압이 느슨해지고 무엇보다도 뛰어난 승려들의 헌신적인 노력 덕분에 방화로 불탔던 사찰 재건을 활발하게 진행되었다. 사찰 재건이나 창건에는 승려 스스로의 노력이 큰 힘이 되었지만 이 시기에 와서 경제력을 획득한 광작농민이나 도고상인(한 가지 물품을 대량 취급하는 독점적 도매상인)들의 시주도 적지 않은 역할을 하였다.

19세기가 되자 세도정치의 여파로 양반들 간에 신분의 해체가 진행되어 갔다. 일부 세도가들은 더 큰 권력과 부를 장악했지만 정권에 소외된 많은 양반들이 우월한 지위를 상실해 갔다. 반면 그 동안 사회적 지위를 얻지 못하던 중인들의 세력이 점차 커져 갔다. 아울러 부유해진 농민이나 상인들의 신분상승도 나타났다. 이 시기에는 불교 사찰도 더 이상의 활기를 유지하지 못하고 서원의 신축도 소강상태를 맞는다. 다만 세력이 커진 중인이 증가하면서 주택 건축은 이전에 없던 활기와 새로운 창의력을 발휘하게 된다. 특히 도시에 인구가 모여들고 도시 내에 주택을 비롯해서 상업 관련 시설들이 가로변에 늘어서는 등, 전에 없던 현상들이 나타난다.

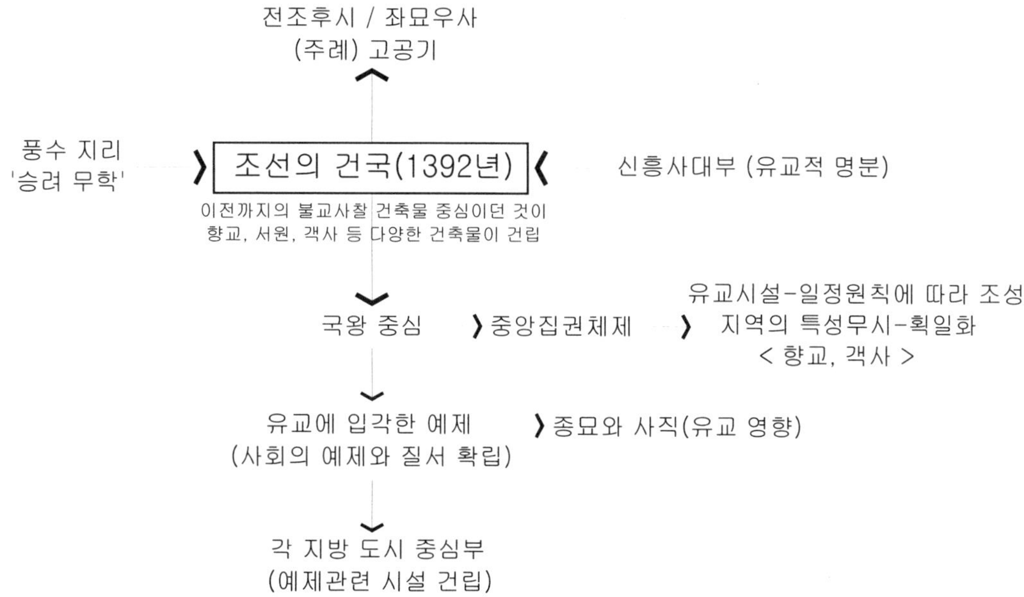


유교의 합리적인 정신과 질서관 → 단정하고 검소한 조형 건축으로 표현
대부분의 조선시대 건축 → 불교 사찰건축보다 유교예제에 따른 건축물
(향교, 서원, 객사 등)

- 조선의 건축과 시대적 배경 -

이처럼 조선시대 건축계의 전반적인 경향은 바로 사회지배세력의 추이와 밀접하게 연관되어 전개되었음을 알 수 있다. 이것을 다시 단계적으로 정리한다면 다음 셋으로 나눌 수 있을 것이다. 첫째, 15세기로 국왕을 정점에 둔 양반관료사회 성립기로 잡고 주로 도성 건설이나 궁궐 및 도시 내 각종 제사 시설이 이루어진 시기이며, 두 번째는 16세기에서 17세기 전반으로, 사림세력에 의해 서원이나 선비들의 정자가 지어지고 농촌에 양반들에 의해 성리학에 입각한 새로운 주택이 지어진 시기이고, 세 번째는 17세기 후반 이후 19세기까지로 광작농민이나 도고상인이 나타나고 양반신분체제에 동요가 생기면서 불교사찰이 활기를 찾고 양반의 씨족마을이나 대저택이 조성되고 서민층의 주거가 대두된 시기이다.

이밖에 시대를 초월해서 건축에 영향을 미친 정신적인 것으로 풍수에 대한 관심을 들 수 있다. 풍수설에 대한 관심은 이미 통일신라 말부터 구체화되었으며 고려시대를 거쳐 조선시대를 통해서 지속적으로 이어졌다. 풍수는 도시의 위치를 선정하는 것에서부터 건물의 터 잡기, 방향 정하기,

방의 위치 정하기에 이르기까지 광범위하게 건축에 영향을 미쳤다. 아울러 조선시대의 도시나 건축이 자연환경과 밀접한 관계를 갖고 조성되어 나가는데 커다란 지침으로 적용하였다. 풍수는 조선시대에는 무덤 즉 음택(陰宅)에 더 큰 영향력을 행사했지만 사람들이 사는 집이나 마을 즉 양택(陽宅)의 측면에서도 무시할 수 없는 이론적 바탕을 제공했다. 지세를 잘 관찰하여 산의 생김새나 물의 흐름에 맞추어 집을 짓고자 하는 지혜의 바탕에는 항상 풍수가 작용하였고 그것은 결과적으로 조선시대 건축이 자연과 적절한 조화를 유지해 갈 수 있는 원동력이 되었다.

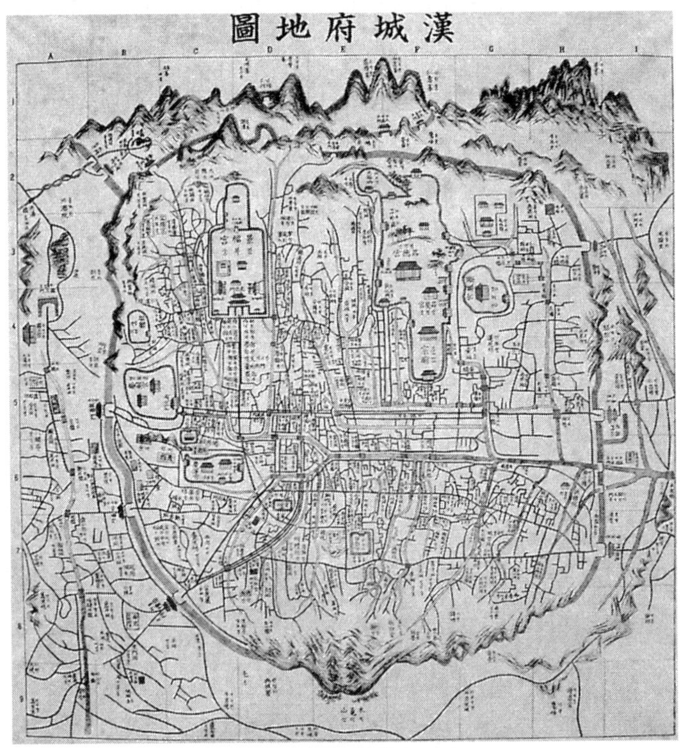


1900년경의 한성부 지도

## 2. 조선시대의 산성과 도성

### 2-1. 조선시대 산성

병자호란을 통해 우리는 성곽에 대한 몇 가지 단면을 알 수 있다. 왕이나 신하들은 평상시 모두 도성에 머물러 살지만 일단 신변에 위험을 느끼게 되면 강화도와 같은 섬이나 산성으로 피신하였다. 이처럼 우리나라는 평상시 도성에 살다가 전쟁이 발발하면 산성으로 피난하는 것이 보편적이다.

주변에 중국과 같은 큰 나라와 접하고 있는 우리나라로서는 산이 많은 지형 조건을 살린 산성이 적의 침입을 막는데 절대적으로 유리하였다. 물론 산이 있다고 다 산성을 쌓을 수 있는 것은 아니다. 그 산에 먹을 물이 충분히 있어야 하고, 또 많은 사람을 포용할 수 있는 골짜기가 잘 발달해 있어야 한다. 다행히 우리나라에는 이런 조건을 모두 갖춘 산이 전국 어디에나 있었다. 그 결과 도성인 서울 주변뿐만 아니라 지방 대부분의 도시에는 평상시 거주하는 읍성주변에 산성이 마련되어 있어서 유사시를 대비하였다.

산성의 전통은 삼국시대로 거슬러 올라간다. 평양의 대성산성이나 경주 주변의 남산성 · 선도산성, 한강 주변에 있는 아차산성 · 이성산성 등은 대표적인 삼국시대 산성들이다. 고려시대에 들어오면서 평상시의 읍성과 유사시의 산성이라는 이원 구조는 거의 전국으로 확산되어 하나의 고유한 성곽 제도로 자리 잡게 된다. 그 전통은 고스란히 조선시대의 읍성과 산성으로 이어졌다.

조선시대의 도성은 조선 전기까지 도성 서쪽의 강화도를 피난처로 삼았다. 그러나 임진왜란을 치르고 난 후에 도성 남쪽의 방어를 강화할 필요성이 대두되었고 그 결과 인조 때 남한산성의 수축이 이루어졌다. 이어서 숙종 때에는 도성 북쪽 험준한 산세를 살린 북한산성이 축조되어 남과 북, 그리고 서쪽에 피난처 구축되었다. 산성은 우리나라의 지형 조건과 주변 나라와의 관계 속에서 만들어진 산물이다. 우리 민족이 주변 강대국에 완전히 복속되지 않고 독립된 국가를 유지해 나갈 수 있었던 요인 중에는 산성도 한몫을 하였으며, 이 때문에 흔히 우리나라를 산성의 나라로 부르는 것이기도 하다. 그러나 산성의 발달은 상대적으로 읍성의 위축을 초래하였다. 전쟁이 났을 때 산에 들어가 항전하는 방식에 의존하다 보니, 평상시 거주하는 읍에는 이렇다 할 성곽을 갖추지 않거나 읍성이 있다고 해도 그 방어 시설이 제대로 되어 있지 않은 경우가 허다했다. 왕이 거주하는 도성 하나를 보더라도 조선 태조 때부터 성곽을 열심히 쌓기는 했지만 그 성곽이라는 것이 높이도 얼마 안되는 데다 성벽 위에 여장이라는 낮은 담을 쌓은 것 외에는 별다른 방어 시설이 없었다. 지방의 읍성은 사정이 더 나빴음은 물론이다.

## 2-2. 조선시대 도성

건국 직후 태조 이성계는 구세력의 기반이 남아 있는 개경을 버리고 조선의 정통성을 확립하기 위하여 새 수도를 세우는 일은 새 왕조의 당면한 과제였다고 생각된다. 새 수도는 건설의 중요한 방침은 유교적인 통치 질서의 중심을 구축하는 것이었다. 천도에서 가장 어려운 일은 새 도읍 터를 고르는 일이었다. 처음에는 새 수도의 후보지로는 공주 계룡산 아래가 정해졌지만 반도의 서남쪽에 치우쳐 있고 산세가 좋지 않을 뿐 아니라 풍수이론에 맞지 않다는 이유와 무학대사의 조언 등을 종합하여 결국 옛 남경(서울)이 있던 한양을 도읍으로 정하였다. 천도는 건국 2년 만인 1394년 8월에 결정되었고 두 달 후인 10월에 전격적으로 한양 천도가 단행되었다. 천도 문제는 시일을 끌다 보면 반대 의견이 생겨나게 마련이기 때문에 짧은 시기에 이루어진 것으로 추측된다. 남경의 결정은 전통적인 풍수지리설을 존중한 것도 있지만 한강의 원활한 물길을 통한 물자의 소통도 중요시 되었다. 천도를 결정하고 얼마 지나지 않아서 새 도읍의 건설본부로 신도궁궐조성도감을 설치하여 종묘, 사직, 궁궐, 시장 및 도로의 터를 정하였다. 그러나 그 이전에는 궁궐도 갖추어지지 않았기 때문에 왕은 옛 한양부의 객사 건물을 임시 궁전으로 삼았었다.

도성 한양의 터는 북쪽에 주산(主山)인 백악(북악)이 있고 남쪽에 목멱산(남산)이 안산(案山) 구실을 하며 동편에 좌청룡에 해당하는 낙산, 서쪽에 우백호인 인왕산이 놓이고 다시 주산의 뒤로는 진산(鎭山)인 삼각산(북한산), 남쪽 멀리에 조산(朝山)인 관악산이 놓여서 일단 두 겹으로 산이 도성 터를 감싸는 명당의 조건을 갖추었다. 북악에서 흐르는 개울물이 동편으로 흘러나가 다시 한강과 만나면서 서쪽으로 바다를 향해 흘러나가게 되어 산의 세력과 물의 흐름이 모두 풍수상 길지의 조건을 갖추었다.

1. 생명의 근원이 되는 〈生氣〉가 시작된다고 생각하는 조산(祖山)
2. 생기(生氣)가 뭉쳐서 울퉁불퉁 에너지를 모으는 저장고와 같은 종산(宗山) (일반적으로 돌산)
3. 生氣가 구체적인 생산 활동을 진행하는 현재 시점인 주산(主山) (대게는 부드러운 봉우리) 이렇게 祖-宗-主산이 한 일가를 이루어 만들어 낸 터를 〈명당터〉라 정의했다. 또, 각각 祖-宗-主산이 좌청룡, 우백호의 좌우 지킴이 산과 생기를 흘러나가지 못하도록 참봉역할, 그러니까 병뚜껑 같은 역할을 하는 안산을 구성하고 있는 터가 좋은 명당터라 생각했음.

도읍지가 정해지면 가장 서둘러 세워야할 3가지 건축이 있다. 왕궁, 종묘와 사직, 그리고 성곽이다. "종묘는 조상을 받들고 효경을 숭상하는 곳이고, 궁궐은 존엄을 보이고 법령을 반포하는 곳이요, 성곽은 안팎을 엄하게 하고 나라를 견고하게 하는 것이니, 이들을 가장 먼저 건설해야 한다."[11]

그 이유는 종묘와 사직은 한나라의 국가적 아이덴티티(identity)를 형성하는 최고의 상징건축물이기 때문이다. 도성 건설에는 정도전 등 유학자들이 주축이 되었다. 제일 먼저 종묘와 사직, 궁궐과 시장, 그리고 도로가 계획되었다. 그 결과 주산인 백악 아래 남향해서 궁궐이 정해지고 궁궐의 왼편인 동쪽에 종묘, 오른편인 서쪽에 사직단 터가 정해졌다. 이러한 도성의 배치는 중국을 비롯한 유교 문화권에서 하나의 이상적인 모범으로 삼았던 경전 중에 『주례(周禮)』가 있다. 이 책 여섯 번째 권인 「고공기(考工記)」에는 "장인이 나라 도성을 건설하는 데는, 9리 사방에 한 측면마다 3문을 내고, 종묘를 왼쪽에 사직을 오른쪽에 두고 조정은 면(앞에)하고 시장은 뒤에 둔다.(匠人營國, 九方里, 旁三門, 左廟右社, 面(前)朝後市)"는 구절이 있다. 실제로 이런 규모로 도성을 건설한 사례가 있는지 잘 알려져 있지 않지만, 적어도 종묘를 왼쪽에, 사직단을 오른쪽에 둔다는 문구는 후대 대부분의 도성에서 그대로 준용되었다. 한양의 경우에도 종묘와 사직의 위치는 『주례(周禮)』「고공기(考工記)」의 내용을 그대로 따라서 궁궐의 좌우에 배치했다. 그러나 실제 종묘나 사직단의 위치를 보면 궁궐의 좌우에 대칭으로 놓여 있는 것은 아니었다. 궁궐 자체도 도성의 중심에 있는 것이 아니고 서북쪽 뒤쪽에 치우쳐 놓였다. 이것은 백악 자체가 도성 정북향에 있지 않고 서북쪽에 치우쳤기 때문이다. 종묘와 사직이 대칭되는 위치에 놓이지 않은 것도 지형 조건이 이미 불규칙한 상태였기 때문으로 풀이된다.

조선왕조 건국의 주체는 고려 말부터 정치세력을 장악한 신흥사대부들이었고 이들은 유교에 입각한 예제의 개념의 실천으로 도성에는 각종 신령께 제사지내는 시설이 바르게 갖추어져 있어야 하였다. 종묘와 사직을 비롯해서 문묘, 선농단, 선잠단 등 각종 국가적 제사 시설들을 필요로 하였다. 사대부 관료들의 관점에서 볼 때 도성은 국가적 예제를 실현하는 가장 으뜸이고 모범이 되는 곳이어야 했다. 도성을 수선(首善)이라고 부르는 것은 그런 이유 때문이었다.

처음의 도성 축조는 대부분으로 흙으로 쌓고 일부를 돌로 축조하였고 또한 급하게 축조하다보니 무너지는 곳이 생겼고 또한 사방이 산으로 둘러싸여 있었으므로 성벽은 자연히 산등성이를 따라 불규칙한 모양을 이루었다. 이후 여러 차례 수리를 하지 않으면 안 되었다. 제3대 태종과 4대 세종을 거치면서 정비하였는데 태종은 성안에 흐르는 하천을 대대적으로 준설하여 하수시설을 정비하였고 또 종루를 중심으로 동서대로와 남대문으로 향하는 도로변에 장랑(長廊)을 세웠다. 장랑은 일종의 상점이 늘어선 건물이었다. 그리고 세종은 태조 때 쌓았던 성곽을 전면 고쳐 쌓았다. 태조 때는 성문 주변만 돌로 성곽을 쌓고 대부분은 흙으로 성곽을 쌓았었는데 이 때 와서 전체를 돌로 다시 쌓은 것이다. 이 공사를 위해 전국에서 30만 명이 넘는 백성이 동원되었을 정도로 대대적인

11) 태종실록, 3년 11월 己亥

공사였다.

이 때 모든 성벽을 돌로 쌓았고 길이는 약 18.4 ㎞ 정도이다. 그리고 18세기 초인 숙종 30년(1704)에 와서 부분적인 수축 공사를 했다. 성벽은 높은 곳은 약 6m 정도, 낮은 곳은 4m 정도 되었으며 성벽 위에 군사들이 몸을 숨기면서 적을 감시하거나 공격할 수 있는 여장(女墻)을 쌓았다. 성벽은 기본적으로 산세에 의존하는 것이었기 때문에 성벽을 안팎으로 다 쌓는 협축(夾築)이 아니고 바깥쪽으로만 성벽을 쌓고 흙을 성벽 높이만큼 채우고 그 위에 여담을 쌓는 소위 내탁(內托)방식으로 하였다.

**▌ 협축(夾築)과 내탁(內托)**

성벽의 축조방식에는 협축과 내탁이라는 두 가지 방식이 있다. 협축(夾築)은 성벽의 안과 밖에 모두 석축을 쌓는 것이고 내탁(內托)은 바깥쪽에만 석축을 쌓고 안쪽에는 성벽 높이까지 흙을 돋우는 방식인데, 산이 많은 우리나라에서는 주로 내탁 방식을 많이 취했다.

현재 도성의 성곽은 서울 성곽으로 호칭되고 있으며 도심부 지역을 제외한 산등성이 쪽에 많은 부분이 남아 있고 일부는 최근 복원되었다.

북악산의 서울성곽 모습-1

북악산 서울성곽 모습-2

여장이 있는 옛 성벽과 복원된 성벽의 모습이 확연히 구분되어 보인다.

한양 도성의 전체 성문은 여덟 군데에 마련되었다. 동서남북의 4대문과 각 방위 사이에 4소문이 설치하여 각 문 이름에 의미를 부여하였다. 그리고 8개의 문은 8개 방향으로 자연계의 기본이 되는 방위 전체를 가리키는 것이므로 왕이 사는 도성에 8문을 내는 것을 왕의 다스림이 전국 어디나 미친다는 것을 상징했다. 북문은 설치하자마자 폐쇄시켰고 최근 화재로 붕괴되어 복원사업을 하고 있는 남대문(崇禮門)은 남산이 가로막고 있는 정남향에서 크게 벗어난 곳에 세웠다. 서대문(敦義門)은 1914년 '시구개정사업(市區改定事業)'과 도로개설을 한다면 일본이 헐어버려 현재는 형태를 찾아볼 수 없다. 동대문은 다른 대문과 달리 옹성형태로 이루어져 있다. 그 외 각 소문들도 원래의 방위에서 벗어난 지점에 지형이 허락하는 대로 적당히 자리 잡게 되었다. 다시 말해 정확히 각 방위에 맞추어 팔방에 성문을 내는 것은 중국과 같은 평탄한 지형에 성을 쌓을 때는 가능하지만 풍수를 먼저 내세우고 그 안에서 도성의 격식을 찾으려는 한양의 경우는 쉬운 일이 아니었다. 결국 다른 해결방식이 나올 수밖에 없었고 바로 이점이 한양이 갖는 특색이 된 셈이다.

### ■ 4대문의 의미

4대문과 4소문 이름은 정도전이 지었다. 사람이 마땅히 지켜야 할 다섯 가지 기본적 도리인 '인의예지신(仁義禮智信)'을 동·서·남·북의 4대문과 보신각에 담아 건축했다.

동대문은 '인(仁)을 홍하게 하라'는 뜻을 담아 흥인문(興仁門), 서대문은 '의(義)를 북돋우라'는 의미로 돈의문(敦義門), 남대문은 '예(禮)를 높이라'는 뜻으로 숭례문(崇禮門), 북대문은 '맑고 정돈됨'을 기원하며 숙청문(肅淸門)이라 지어졌으나 중종 18년 때 '엄숙하게 다스린다.'는 뜻을 담아 숙정문(肅靖門)으로 개명돼 두 명칭이 함께 사용되고 있다. 그리고 4대문 안에 보신각(普信閣) 종을 배치했다. 유교국가의 통치이데올로기로 표방되는 오상(五常) 즉 인의예지신(仁義禮智信)이라는 정치철학과 국가건축물을 대등하게 결부시켜 상징적으로 표현한 것이다.

◀ **수선전도(首善全圖:1840년경)**
북쪽에 주산(主山)인 백악(북악)이 있고 남쪽에 안산(案山)인 목멱산(남산)이 보인다. 그 외 4대문과 4소문의 위치 그리고 도성 성곽의 윤곽이 보인다.

**사대문(4大門)**
동쪽에 흥인지문(興仁之門)
남쪽에 숭례문(崇禮門)
서쪽에 돈의문(敦義門)
북쪽에 숙정문(肅靖門, 肅淸門)

**사소문(4小門)**
동북쪽에 혜화문(惠化門, 弘化門, 東小門)
남동쪽에 광희문(光熙門)
서남쪽에 소의문(昭義門, 昭德門, 西小門)
서북쪽에 창의문(彰義門, 紫霞門)

성문 중에는 남대문인 숭례문이 도성의 정문에 해당되었다. 그러나 실제로는 동대문이 더 중요한 역할을 하였다. 동서대로의 장랑은 도성 내 상업 활동의 중심이었는데(현재 종로) 성 안을 관통하는 동서대로가 동대문으로 바로 이어졌기 때문이었다. 동대문은 상품 유통의 중요한 통로가 되었다. 특히 영남지방에서 서울로 올라오는 영남대로가 동대문으로 통하고 있었기 때문에 동대문은 일찍부터 사람들의 왕래가 빈번하였다.(현재 동대문 시장)

도성의 가로는 동서 방향으로 관통하면서 서대문에서 동대문까지 이어지는 길(현재 종로)이 중심대로가 되었다. 동서대로 중심부에는 종루(현재 종각)를 세워 도성의 중심을 상징하도록 했다. 종루에서 남쪽을 향한 또 하나의 간선도로가 형성되고 궁궐 정문 앞 좌우에 도열한 육조 관청이 있는 소위 육조거리가 역시 동서대로와 만나도록 하였다. 나머지 많은 도로들은 특별히 인위적으로 조정했다기보다는 지형 조건과 물길이 흐르는 데 따라서 자연스러운 형태를 이루는 독특한 가로구성을 하였다.

북대문(숙정문)

화재전의 남대문(숭례문)

옹성 형태의 동대문(흥인지문)

위쪽 동대문이 보이는 조선말 종로의 모습

사진 위쪽에 동대문이 보이는 현재 종로의 모습

한양은 여러 면에서 고려의 도성이었던 개경과 유사한 면이 많다. ① 우선 지형 조건에서 주변에 산이 감싸고 있고 천(川)이 서쪽에서 동쪽으로 흘러 나가는 형상이 같았다. 이것은 두 도성이 모두 풍수설이라는 공통 원칙을 따랐기 때문이다. ② 도성 내 궁궐의 배치도 유사하다. 두 도성의 궁궐이 공통적으로 서북쪽 산을 주산으로 해서 성내 서북 모퉁이를 차지하고 있다. 도로의 구성도 동서 간선도로를 기본으로 한 점에서 공통된다. 다만, 개경의 궁궐이 지형조건에 맞추어 동향한 황성 정문을 만들고 육조관청도 남북 방향에 놓였던 것과는 달리 한양에서는 궁궐이 남향하고 좌우에 도열한 육조(이조, 호조, 예조, 병조, 형조, 공조) 관청이 있는 소위 육조 거리가 동서대로와 만나도록 배치하였다.

청계천의 모습 1

청계천의 모습 2

청계천의 고가도로의 모습

청계천이 복개된 모습 - 1(현재)

청계천이 복개된 모습 - 2(현재)

청계천은 1957년 시작해 1961년까지 복개공사가 이뤄졌고 1970년대 박정희 대통령시대에 청계 고가도로가 완공이 되면서 주변의 상가의 노후화와 도시내 환경오염이 문제가 된다. 이명박 전 시울시장은 2003년부터 2005년까지 고가도로를 철거하고 복원 공사를 추진하였고 현재 광화문 동아일보 앞부터 성동구의 신답 철교까지 5.8km정도가 복원되어 도심내에 시민들의 산책 및 휴식공간 등 자연 공원으로 꾸며졌다.

# 3. 궁궐 건축

## 3-1. 궁궐 건축의 개요

### 1) 궁궐의 어원

'궁'은 상형문자로 사각형 마당에 주위로 방 4개를 배치한 건축 평면도의 모습으로 표기되다가 현재 쓰는 글자로 바뀌었다. 중국 최초의 사전인 「석명(釋名」에는 "궁(宮)은 궁(穹)이다. "가옥이 담 위로 우뚝 보이는 것이다."라고 하였다. 즉, 나라 안에서 가장 높은 사람이 사는 집이라는 뜻이다. 궁은 실(室)과 합하여 '궁실'이라는 용어로 사용되었는데 「석명」에는 "실(室)은 실(實)이다. 사람과 사람이 그 속에 가득한 것을 말한다."라고 해석되어 있다.

궁과 관련한 용어에 '궁궐(宮闕)' '궁전(宮殿)' '궁실(宮室)' '궁가(宮家)'등이 있다. 궁궐이란 궁(宮)과 궐(闕)을 합친 말이다. 「궁」은 왕이 신하와 함께 정무를 보고 거처하는 곳이라면, 「궐」이란 그 궁을 지키는 궁성과 성루와 성문을 가리키는 말이다. 대궐(大闕) · 궁위(宮闈) · 금궐(禁闕) · 궁금(宮禁) · 궁정(宮廷) 따위도 같은 말이다. 경복궁의 광화문이나 동십자각이나 궁의 돌담도 모두 궐인 셈이다. 궁궐은 '궁+궐'이다.

궁전은 궁궐 안에 있는 전각(殿閣)을 의미한다. 왕이 사용하는 사적 · 공적인 건물을 가리키는 말이다. 궁침(宮寢)이라는 말도 같은 뜻으로 사용된다. 여기서 궁침이란 '궁+전=궁+침'의 뜻이다. 궁실이란 궁전 가운데서 왕의 사적인 공간을 뜻한다. 좁은 뜻으로는 사적인 건물의 방을 뜻하기도 한다. '궁+실'이 아니라 '궁∋실'의 뜻이다. 궁가란 궁전과 같은 말이긴 하지만, 굳이 구분하자면 왕이 아닌 왕족들이 거처하는 건물을 뜻한다. '궁전∋궁가'인 것이다.(김재일 著의 "우리의 고궁" P.9)

황제가 자신의 집을 '궁'이라고 부른 이래로 황궁이 아닌 건물에 대해서는 더 이상 궁이라고 부르지 않았다. 이렇듯 황제가 사용하는 건물만을 '궁'이라 부른 뒤부터 '궁'과 '전(殿)'두 글자는 항상 연결되어 쓰였다. 궁전은 황제가 전용하는 건축군(建築群)만을 가리키는데 일반적으로는 의례를 거행하고 사무를 처리하는 중심 건물을 모두 '전(殿)'이라하고, 생활하고 기거하는 부분을 '궁'이라 하였다. 전은 '당(堂)'에 비교할 때 규모가 큰 건물이자 고귀함과 장엄함, 신성함을 갖춘 건물을 의미한다.

경복궁 좌측에 교통섬이 되어버린 동십자각(東十子閣)의 모습

궁궐의 위용을 높이는 동시에 안팎을 살피는 망루 역할도 했던 서십자각은 일제강점기인 1920년대에 헐렸다. 그리고 망루와 이어진 담이 헐려(1929년 조선박람회 때 헐려버림) 길 한가운데에 나앉은 동십자각이 국내에 유일하게 남은 궁궐 망루이다.

그 외 성곽이라는 용어도 있는데 이 말은 중국에서 비롯된 것으로 내성을 뜻하는 성(城)과 외성을 가리키는 곽(郭)의 합성어다. 여기서 내성은 왕이 머무는 궁성을 가리키며, 외성은 일반 백성들의 거주 지역을 의미한다.

우리나라 전통건축물에 붙여진 여러 이름에는 단순한 이름 같기도 하지만 그 이름에는 건물을 위계를 나타내고 있었고, 어느 건물에서 기거하느냐에 따라 기거하는 사람을 부르는 호칭도 달랐다고 한다. 이와 관련해서 우리나라 전통건축물의 위계와 호칭에 관한 내용을 살펴보면 아래와 같다.

■ 우리나라 전통건축물의 위계

| 궁(宮) → 전(殿) → 당(堂) → 합(閤) → 각(閣) → 재(齋) → 헌(軒) → 루(樓) → 정(亭) | |
|---|---|
| ·궁(宮) : | 경복궁이나 창덕궁과 같이 우리나라에서 붙일 수 있는 최고의 이름으로 왕이 사용하는 건물 전체를 칭하는 단어이다. |
| ·전(殿) : | 왕과 왕비가 기거하는 개개 건물에 붙이는 이름이다.(예, 사정전, 교태전 등) |
| ·당(堂) : | 전에 비해 격이 한 단계 낮은 건물, 일상적 활동 공간으로 세자나 왕의 총애를 받는 후궁이 거처하는 건물에 붙이는 이름이다.<br>(예, 세자가 거처하는 자선당, 고종의 후궁이 거처하는 광화당, 복녕당 등) |
| ·합(閤), 각(閣) : | 전이나 당의 부속 건물에 붙이는 이름<br>(예, 비현각-세자가 거처하는 자선당 옆에 부속된 건물로 공부를 하고 책을 보관하는 건물) |
| ·재(齋) : | 품계가 떨어지는 후궁과 왕자군, 공주, 옹주의 침소공간에 붙이는 이름 |
| ·헌(軒) : | 주로 관원들의 업무공간에 붙이는 이름이다. |
| ·루(樓) : | 바닥이 지면에서 사람 한길 높이 정도의 마루로 되어 있는 집, 이층 건물일때 일층은 각, 이층은 루가 붙는다. |
| ·정(亭) : | 흔히 정자라고 하는 것으로 연못이나 개울가에 있어 휴식이나 연회 공간으로 사용하는 작은 집 |

위의 전통건축물에 붙이는 위계는 폐하(陛下), 전하(殿下), 합하(閤下), 각하(閣下)와 같은 호칭에

서도 드러난다. '폐'는 요즘은 잘 쓰지 않는 용어로, 그 뜻은 계단의 계(階)와 비슷해서 디디고 올라가는 섬돌을 말하는데, 계가 외부에 쓰이는 일반적인 섬돌이라면 폐는 특별히 실내에 쓰이는 섬돌이다. 실내에 섬돌이 사용되는 경우는 오직하나, 〈마지막 황제〉라는 영화에 잘 나타나 있듯 황제가 앉는 높은 단 위로 올라갈 때뿐이다. 즉 폐는 황제만이 디딜 수 있는 계단이고, 폐하란 말 그대로 폐 아래 있는 자신을 봐 달라는 뜻이다. 마찬가지로 '전하'는 전 아래 있는 자신을 봐 달라는 뜻으로 전에 기거하는 왕을 부르는 경칭이며, '합하'와 '각하' 역시 합 또는 각에 기거하는 이를 부르는 경칭이다. 고려시대 최씨 집권기를 배경으로 한 MBC(2012년) 역사드라마 '무신(武神)'에서 최우에게 '합하'라고 하는 것도 최우가 왕이 아니었기 때문에 전(殿)에는 기거하지 못했고 전의 부속건물인 '합'이라 이름 붙여진 건물에 기거했기 때문에 합하라고 불렀다고 보면 된다. 그리고 고종의 생부였던 흥선대원군을 합하라고 불리어지도 했으며 해방 후에는 한동안 대통령을 각하라 불렀지만, 요즘은 이런 명칭이 모두 사라졌다. 또한 주택을 부르는 말에도 택(宅)과 가(家)가 있었는데, '택'은 신분이 높은 사람이나 사대부가를 말하고 '가'는 일반적인 민가를 의미했다.

## 3-2. 궁궐의 배치원리

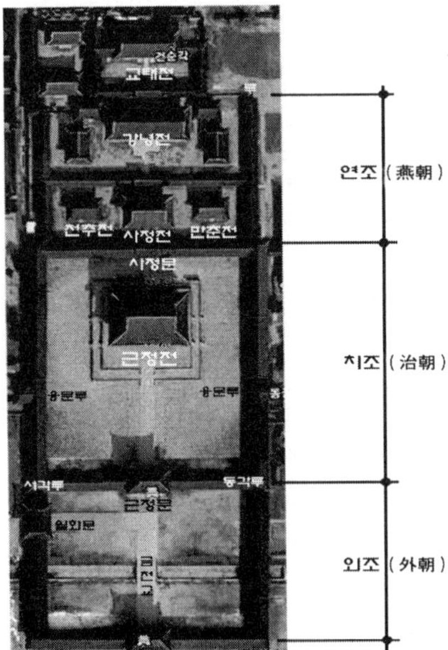


- 경복궁 창건 배치 추정 -

(참조 : 한국의 궁궐(대원사, 이강근)

궁궐의 구성 원리는 전조후침(前朝後寢:궁궐은 앞쪽에 정치를 하는 장소인 조정을 두고 뒤쪽에 임금을 비롯한 왕실의 거처인 침전을 배치함)과 3문3조(三門三朝:궁궐은 전체를 3개의 독립된 구역으로 분할하여 각 구역을 울타리로 둘러막고 각 구역사이에는 3개의 문을 두어 연결시킴)가 있다. 이러한 제도적 규정은 주대(周代)이후 줄곧 중국의 도성 및 궁궐의 계획에 기본적 구성원리로 사용되었다. 3문3조로 이루어진 궁실 전체를 다시 궁성으로 둘러싸고 거기에 동문(건춘문), 서문(영추문), 남문(광화문:2층 누문)을 설치한 다음 남문 앞쪽 대로(大路) 좌우에는 의정부, 삼군부, 6조 사헌부 등 관청을 나란히 배치하였다. 경복궁의 3조(연조, 치조, 외조)에 의한 경복궁의 배치원리를 설명하면 앞에서부터 외조(外朝) 영역으로 조정의 관료들이 집무하는 관청이 배치되는 구역으로 주방이하 동서 누고까지 여기에 속한다(광화문 안쪽, 근정문과 그 행각의 바깥 영역).

다음으로 치조(治朝)인데 이 영역은 임금이 신하와 더불어 정치를 행하는 공적인 구역, 정전(正殿), 편전(便殿:중심공간이며 국정을 의논하는 곳으로-근정전과 사정전을 중심으로 한 영역)의 영역이며, 연조(燕朝)는 왕과 왕비 및 왕실 일족이 생활하는 사사로운 구역, 연침, 동소침, 서소침 3채의 침전(또는 내조 - 강녕전과 교태전을 기준으로 한 영역)영역을 의미한다.

3문이란 연조, 치조, 외조는 각기 회랑으로 둘러싸인 폐쇄적 중정 형식을 취하면서 남에서 북으로 연속되어야 하는데 이때 이 영역을 구분지어 주는 고문(庫門: 외조의 정문으로 경복궁의 오문(午門:남문)), 치문(雉門 : 치조의 정문으로 전문(殿門:근정문)), 노문(路門 : 연조의 정문으로 현재는 없지만 노문에 해당되는 문이 있었을 것으로 예상된다.)을 3문이라 하였다.

3문3조로 이루어진 궁실 전체를 다시 궁성으로 둘러싸고 거기에 동문(건춘문), 서문(영추문), 남문(광화문 : 2층 누문)을 설치한 다음 남문 앞쪽 대로(大路) 좌우에는 의정부, 삼군부, 6조 사헌부 등 관청을 나란히 배치하였다.

또한 조선왕조의 궁궐은 유교의 큰 틀에서 벗어날 수 없었다. 지나치게 사치하지 않지만 백성에게 위엄을 잃지 않도록 하는 것이 궁궐건축의 기본 목표였다. 궁궐은 국가적인 가례(嘉禮)가 치러지는 행사장인 만큼 그 예의범절이 건축공간을 결정하는 중요한 지침이었다. 그러면서도 왕실의 일상생활을 수용하는 그릇이 되어야 했다. 의례와 생활, 이 두 가지 측면이 궁궐의 조형을 좌우하였다.

## 3-3. 조선의 궁궐

조선은 태조 1년(1392)부터 순종 4년(1910)까지 27대 518년 동안 지속된 왕조이다. 475년 동안 고려 왕조의 수도였던 개경(개성)을 버리고 새로운 왕조의 수도와 궁궐을 건설한 곳은 한양 곧 조선시대의 한성이자 지금의 서울이다. 이 한양은 이미 삼국시대 초기에 백제의 도읍지였고 삼국의 쟁탈지였는데 신라 통일 이후에는 수도인 경주로부터 멀리 떨어진 지방에 있는 한양군에 불과하였다.

고려 숙종 때(1095~1105)때에는 남경(서울)에 도성과 궁궐을 지었으며 뒤이어 공민왕(1351~1374)때에도 남경으로 천도할 계획 아래 새롭게 궁궐을 짓기도 하였는데, 끝내 천도를 실행하지 못하였다. 이렇듯 이미 고려시대 개경(개성)을 대신할 최적의 도읍지로 여겨졌던 한양은 고려가 멸망하고 새로운 왕조인 조선이 건축된 뒤에야 비로소 새로운 도읍지로 채택되었다.

한양으로의 천도 과정과 궁궐, 종묘, 사직의 건설 및 도성의 축조에 대해서는 『태조실록』에 상세하게 기록되어 있다. 특히 한양을 명실상부한 경도(京都)로 만드는 계획에 참여했던 인물들의 활동상까지 적혀 있는데 그들은 신도궁궐조성도감(新都宮闕造成都監)이라는 임시 기구에 소속되어 도성을 쌓을 터를 비롯하여 종묘, 사직, 궁궐, 시장, 도로 등을 배열할 터를 결정하고 구체적인 건설 계획을 추진하였다.

■ 조선 궁궐의 약사

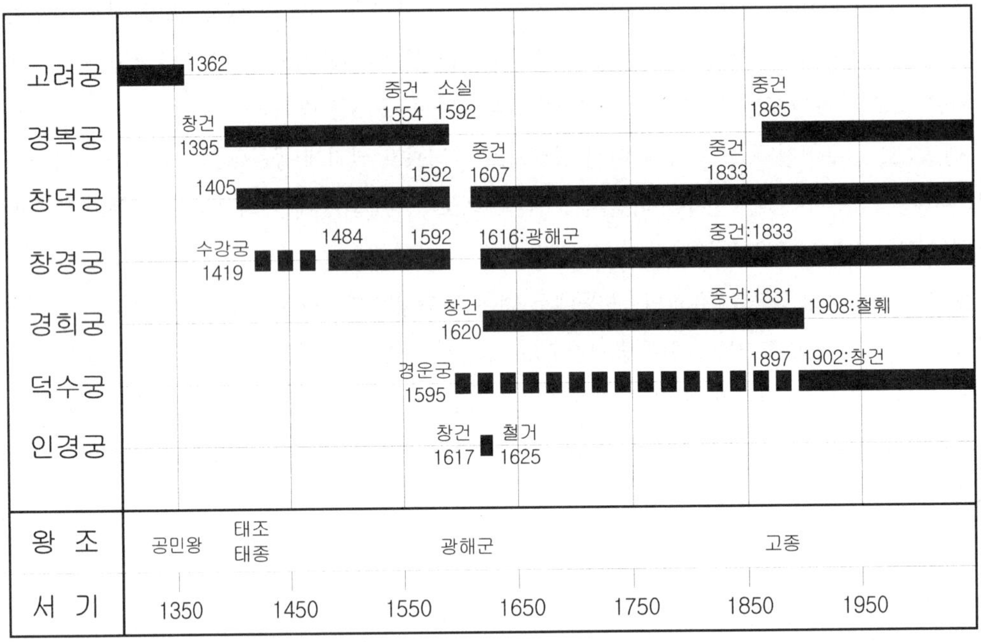


조선시대 「왕조실록」을 비롯한 다양하고도 풍부한 문헌 자료들이 남아 있어서 궁궐 및 도성에 대하여 보다 많은 사실을 파악할 수 있다. 조선시대의 궁궐은 임진왜란 때 전부 불에 타 없어진 것을 그 뒤에 다시 지었기 때문에 이를 전후한 두 시기로 나누어 살펴보는 것이 좋다.(참조: 한국의 궁궐, 대원사 이강근)

**■ 궁궐 건물의 용도**

- 빈청(賓廳) - 고위관리들의 회의실(정승, 판서 등)
- 정청(政廳) - 이조와 병조 등 인사 담당 기관의 업무 처리기관
- 대청(臺廳) - 사헌부, 사간원 관리들의 업무 공간
- 승정원(承政院) - 왕명 출납기관으로 오늘날의 대통령 비서실과 유사
- 홍문관(弘文館) - 국왕의 학문적 자문기관
- 예문관(藝文官) - 국가의 공식 문서 작성 기관
- 춘추관(春秋館) - 국가의 역사 기록 담당 기관
- 내의원(內醫院) - 전문의료 기관

• 내반원(內班院) - 내시들의 업무 공간
• 수문장청(守門將廳) - 궁궐 수비 및 호의를 담당하는 수문장의 업무공간
• 사복시(司僕侍) - 궁궐의 말, 가마 담당 기관
• 상의원(尙衣院) - 왕실의 의복을 담당하는 기관
• 사옹원(司饔院) - 왕실의 음식 및 그릇 등을 총괄하는 기관

태조 이성계는 즉위 3년(1394) 한성으로 천도하고 권위의 상징과 백성의 통솔을 위하여 경복궁을 창건하기 시작하여 이듬해 9월에 일단 준공을 보았다. 또 창덕궁은 정종이 개경으로 환궁했다가 태종이 재천도를 하면서 1405년 이궁으로 낙성한 곳이다. 한편 성종은 세종 때 별궁으로 세운 수강궁(壽康宮)을 크게 수리하여 1484년 창경궁을 세웠다. 덕수궁은 임진왜란 이후에 임시 행궁으로 사용하다가 광해군 때에 정식의 궁으로 사용되었다. 이 외에도 광해군 때 세워진 경덕궁(경희궁)과 인경궁(仁慶宮)이 있었고 제궁(諸宮)으로서 안동별궁(안국동 풍문여고 자리), 명례궁(明禮宮, 덕수궁 북쪽), 장의궁(彰義宮, 현 통의동 부근), 연희궁(衍禧宮, 현 연희동 부근), 어의궁(於義宮, 현 사직동 부근), 용흥궁(龍興宮, 현 효자동), 이현궁(梨峴宮, 현 인의동), 운현궁(雲峴宮, 현 종로 운니동) 등이 있었다. 이상 열거한 조선의 궁은 그동안 여러 차례 재난을 받으면서 변했지만 현재는 유구가 보존된 것과 그 유적지마저 없어진 곳들도 있다.

이렇게 많은 조선시대 궁궐은 크게 정궁(법궁-경복궁)과 이궁(창덕궁과 창경궁)체제로 이루어졌다 .그러나 궁정문화의 결정체였던 3궁궐은 북궐(北闕:경복궁), 동궐(東闕:창덕궁과 창경궁은 한 궁성에 안에 있었으므로 하나의 궁궐로 부름)은 임진왜란으로 인하여 모두 흔적도 없이 불타 버렸다. (표 참조) 인조반정 때에는 창덕궁이 불타고(1623) 이괄의 난 때 창경궁마저 불타자 난이 진압된 뒤인 1624년 2월에 경희궁에 임시 궁궐이 되기도 했다. 경희궁은 1620년(광해군 12년)에 완공되어 4년 만에 왕궁(이궁)으로 그 기능을 수행하고 이 때부터 280여 년 동안 여러 왕들의 거처로서 조선후기 역사의 현장으로서 창덕궁과 더불어 그 웅장한 모습을 지켜오다가 1910년의 한일합방직전부터 일본인들에 의하여 강제로 철거되기 시작하여 얼마 되지 않아 완전히 소멸되고 말았다. 다만 1985년부터 1990년까지 시도된 4차례 발굴 조사로 정전이었던 숭정전(崇政殿)의 2중 기단이 드러나게 되어 이 자리에 숭정전을 복원해 놓았다. 또 정문인 황화문도 제자리는 아니지만 숭정전 남쪽에 복원되어있다.

**묘호 … 조(祖)와 종(宗)**

임금이 승하하면 종묘에 그 신위를 모실 때 드리는 존호(尊號)를 붙이는데, 이를 묘호(廟號)라고 한다. 조선시대 왕의 묘호는 종과 조, 두 가기를 썼다. 조선 왕조 27분의 임금 중 태조 · 세조 · 선조 · 인조 · 영조 · 정조 · 순조 등 일곱 분이 조자 묘호를 붙였고, 연산군과 광해군은 묘호를 받지

못했으며, 나머지 임금들은 종자 묘호를 붙였다. 반면, 삼국 및 통일신라시대에는 신라의 무열왕만이 태종이라는 묘호를 가졌고, 고려 시대에는 오로지 태조만이 조자 묘호를 붙였다. 이렇듯 조나 종을 구분하여 묘호를 붙이는 데 뚜렷한 원칙이 있었던 것은 아니다. 대체로 개국군주(開國君主)나 중흥의 공업(功業)을 남긴 임금에는 조를 붙였으며, 정통으로 왕위를 계승하였거나, 평탄한 치세를 이끌었던 왕에게는 종을 붙였다. 조선시대의 경우 반정으로 왕위에 오른 두 임금 즉, 중종과 인조도 조와 종으로 갈렸다. 반면, 임진왜란을 겪은 선조와 병자호란을 겪은 인조는 같이 조를 썼다. 이징옥의 난을 겪은 세조, 임꺽정의 난을 겪은 명종과 홍경래의 난을 겪은 순조도 조와 종으로 갈렸으며, 조선 중기의 대표적인 중흥 군주 영조와 정조는 조를 붙였다.

중종의 묘호와 관련된 기록을 보면 조와 종의 차이를 어느 정도 알 수 있다. 즉, 중종이 승하하고 인종이 즉위하면서 '선왕이 난정(亂政)을 바로잡아 반정으로 중흥의 공이 있으므로 조로 칭하고자 한다.'라는 교서를 내렸으나, 예관(禮官)이 '선왕이 비록 중흥의 공이 있기는 하나 성종의 직계로서 왕위를 이었으므로 조로 함이 마땅하지 않다.'고 주장함으로써 중종으로 묘호를 정하게 되었다. 한편, 처음에는 종을 붙였다가 후에 다시 조로 고친 경우도 있다. 이는 창업 또는 중흥 군주의 묘호 조가 종보다 격이 더 높다는 관념이 은연중에 작용되었기 때문인 것으로 해석된다. 그러한 예는 선조 · 영조 · 정조 · 순조인데, 이들의 원래 묘호는 선종 · 영종 · 정종 · 순종이었다.

### 1) 경복궁(景福宮)

경복궁은 이 땅에 존재했던 기간보다 존재하지 않았던 기간이 더 길었음에도 조선의 창건과 함께 부여된 법궁으로서의 상징적 위상 때문에 어느 궁궐보다 으뜸의 위치에 있었고 또한 조선의 정궁으로 제일 먼저 세워졌다. 경복궁이라는 이름은 정도전이 『시경』에 나오는 "이미 술에 취하고 이미 덕에 배부르니 군자만년 그대의 큰 복을 도우리라"에서 큰 복을 빈다는 뜻의 '경복(景福)'이라는 두 글자를 따서 지은 것이다. 경복궁은 조선의 법궁으로서 가장 장엄하게 지어진 으뜸 궁궐이다. 경복궁은 배후에 백악산(白岳山)을 주산으로 넓게 펼쳐진 평지에 자좌오향(子坐午向, 묏자리나 집터 따위가 자방(子方)을 등지고 오방(午方)을 바라보는 방향. 정북(正北) 방향을 등지고 정남향을 바라보는 방향)하여 그 중앙부에 정전인 근정전 중심을 내 · 외조와 연조를 배치하고 주위에는 부속전각을 배치하였다.

세종 15년 강령전의 개구, 신무문 등을 건립함으로써 법궁으로서 면모를 갖추게 되었지만 명종 8년 9월 대화재로 강녕전, 사정전, 흠경각 등이 소실되었고, 그 후 선조 25년 4월 임진왜란으로 전소되어 오랫동안 폐허상태로 방치되었고 이를 복원하는 것은 역대 왕들의 숙원사업이었다. 그러나 고종 2년(1865) 4월 대왕대비의 경복궁 중건의 하교를 받아 중건역사를 시작하였고, 고종 13년 11월 4일 큰 화재가 있어 내전 830여 칸이 소실되었으나 25년 5개월에 이르러 대부분 복원되었다.

"경복궁은 정도 때부터 왕궁이었고, 규모 및 외관이 웅대 장려하고 정령이 바르게 시행되던 곳인데, 불행하게도 병화에 소실되어 아직도 중건하지 못하였음은 지사들의 차탄(嗟歎)을 불금(不禁)하게 한 일이다. 익종 및 헌종이 중건의 뜻을 가지고 있었으나 그 유지가 이루어지지 않아 지금까지 숙원을 남아 있다. 궁궐의 중건은 조종(朝宗)의 뜻을 계승하는 일일 뿐 아니라 백성의 복과 나라의 영원한 근본이 실로 여기에 있다. 따라서 궁을 중건하여 중흥 대업을 이룩하고자 대신들과 의논한다."

「1865년 4월 대왕대비 조시의 중건교서(重建敎書) 내용」

그러나 1895년 명성왕후가 시해되고 왕이 러시아 공관(아관파천)으로 거처를 옮기면서 다시 주인을 잃은 궁궐이 되었다. 이 후 일제가 1915년 가을 시정 5주년(市政 五周年) 기념사업으로 박람회를 개최하면서 많은 전각들을 헐어 내었고 또 새로이 조선총독부 박물관을 세움으로써 조선왕조의 제일의 법궁의 모습은 무참하게 파괴되었다. 더욱이 홍례문과 주변 행각을 헐고 그 자리에 조선총독부청사를 본래의 경복궁 좌향인 계좌정향(癸坐丁向)과 어긋나는 좌자오향(子坐午向)으로 배치함으로써 사실상 조선왕조의 맥은 끊기고, 초라한 모습으로 오늘날까지 이르게 된 것이다.

### ■ 경복궁의 사대문 의미

- 광화문 (光化門, 남문) : 광화문은 '나라의 위엄과 문화를 널리 보여주는 문'이라는 뜻의 '광피사표 화급만방(光被四表 化及萬方)'에서 유래된 것이다.
- 건춘문 (建春門, 동문) : 동쪽은 봄에 해당하기에 건춘문이라 이름 하였다.
- 영추문 (迎秋門, 서문) : 서쪽은 가을에 해당하므로 '가을을 맞이한다.'는 의미에서 영추문이라 하였다.
- 신무문 (神武門, 북문) : 경복궁의 북문으로, 북방의 현무(玄武)에서 따온 이름으로 임금이 경무대에서 거행되는 과거장에 행차할 때에만 이 문을 열었다. 또한 북쪽은 음기가 많다고 하여 평소에는 닫아두었던 문인데 그래서인지 신무문은 반역의 역사와 연관되기도 한다.

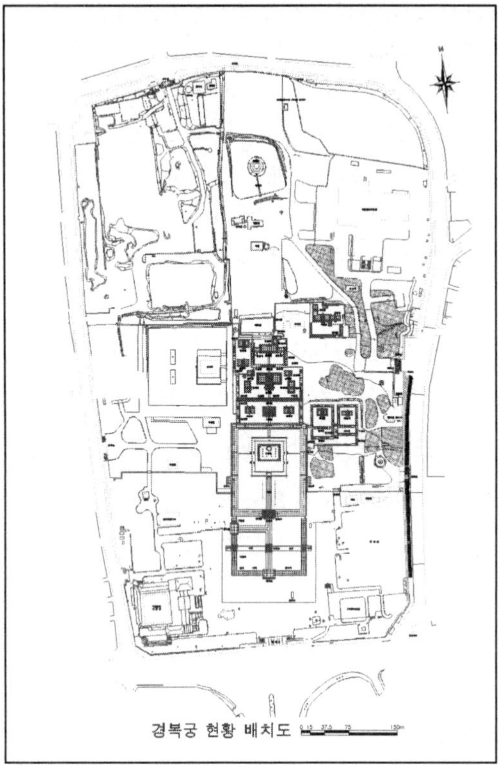


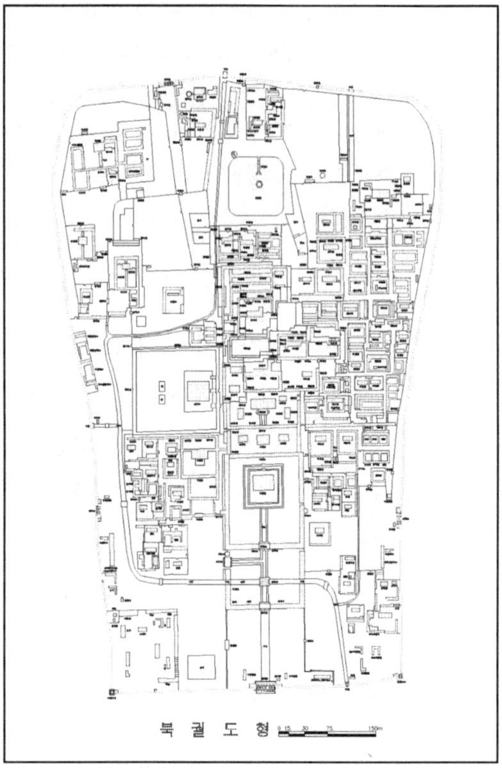


현재의 경복궁(좌)과 경복궁 초기(우) 건물배치를 보면 경북궁의 전각들이 얼마나 많이 사라졌는지 알 수 있다.

경복궁은 크게 세 영역으로 나뉜다. 본래 궁궐의 궁제는 고대로부터 중국의 주대의 주례 고공기(周禮 考工記)에서 연유되어 한(漢)·당(唐) 등을 통하여 정제되어 가면서 궁궐건축에 영향을 미치게 되었다. 주례에 의하면 제왕의 궁궐에는 치조(治朝), 외조(外朝), 연조(燕朝)의 삼조(三朝)를 갖추어야 한다. 치조는 임금이 정사(政事)를 보는 영역이고, 외조는 신하들이 모여 국사를 논의하고 임금에게 진언하는 영역인 것이다. 그리고 연조는 내조(內朝)라고도 하는데, 이는 왕과 그 가족들이 기거하며 쉬는 영역이다.

경복궁에서 치조는 근정전과 그 뒤에 있는 사정전 등의 전각을 중심으로 한 근정문과 이를 둘러싼 행각의 안쪽 영역이고, 내조인 연조는 강령전과 교태전을 중심으로 한 그 안쪽의 영역이다. 외조는 광화문 안쪽, 근정문과 그 행각의 바깥영역으로 이곳에는 궐내에 입궐하여 임금의 어명을 받아 처리하고 정사를 논의하는 신하들이 있는 건물들이 자리 잡고 있다.

경복궁에는 남쪽에 정문인 광화문이 있고 동, 서, 북에도 문이 있다. 동쪽에는 건춘문(建春 門)으로 만물의 기운이 움트는 '봄이 시작된다.'라는 뜻을 가지고 있다. 이 문은 주로 세자와 동궁 영역에 위치한 각사에서 일하는 신하들이 출입하던 문이다. 현재의 문은 고종 2년(1885) 경복궁 중건 당시 건립된 것이다. 서쪽의 영추문(迎秋門)은 '가을을 맞이한다.'라는 뜻을 가지고 있다. 건춘문과 대비되는 이름을 서쪽 방위의 개념에 맞게 지어졌다. 이 문은 주로 문무백관이 출입하던 곳으로 현재의 문은 철근콘크리트 구조로 복원된 것이다. 북쪽의 신무문(神武門)은 궁성이 마련되고 나서 세워진 것으로 출입이 많지 않아 자주 사용하지 않았고 현재 문은 경복궁 중건 당시에 건립된 것이다.

100년 전 경복궁 전각의 지붕들은 파도처럼 넘실댔다. 1876년 내전에 불이 나 교태전・강녕전 등이 소실됐어도 웅장한 자태를 자랑했다.(왼쪽 2층의 근정전과 중앙좌측의 경회루가 선명하다)

한국전쟁 직후인 1951년의 경복궁 - 100년 전의 경복궁의 주변 전각들이 거의 없어진 상태이고 전쟁으로 광화문이 피폭당한 것을 볼 수 있다.

조선총독부가 헐리기 전의 경복궁을 가로 막고 서 있는 모습-당시의 광화문은 콘크리트로 복원된 것이다.

조선총독부의 건축물을 제거하고 원래의 모습으로 복원한 모습

▌경복궁과 광화문 역사의 흐름 (1395~2010)

| 태조 4년 (1395) | 준공, 약 390칸 | 1926년 | 조선총독부 청사 완공 | 2001년 | 흥례문 권역 복원 |
|---|---|---|---|---|---|
| 세종 8년 (1426) | 광화문 등 문과 다리 명명 | 1950년 | 한국전쟁으로 광화문 등 피폭 | 2007년 | 철근 CONC. 광화문 철거 |
| 선조 25년 (1592) | 임진왜란으로 소실 | 1968년 | 광화문 콘크리트 복원 | | 광화문 부지 발굴조사 완료 |
| 고종 2년 (1865) | 경복궁 중건 시작 (약 7,700칸) | 1989년 | 경북궁 복원계획 수립 | 2009년 | 11월 광화문 상량식 |
| 건양 1년 (1895) | 아관파천 | 1995년 | 침전 권역 복원 | 2010년 | 8월15일 복원된 광화문 개방 |
| 순종 3년 (1910) | 경술국치, 일제가 전각을 민간에 불하 | 1996년 | 조선총독부 청사 철거 | | 12월까지 잔여구간 공사 |
| 순종 4년 (1911) | 소유권 조건총독부에 넘어감 | 1999년 | 동궁 권역 복원 | | |

### ① 일제 만행 그리고 광화문의 배치와 축

조선 건국 당시 경복궁은 뒤로는 백악산(북악산), 앞으로는 관악산과 연결되는 축에 놓였다. 그곳으로 백두산 정기와 지리산의 맥이 모여 한반도의 땅 기운이 합쳐진다는 의미에서다. 독특한 것은 광화문 앞 육조거리(세종로)를 직선으로 뻗어 내리게 하지 않고 130m 지점부터 동쪽으로 살짝 꺾이게 틀고, 그 폭도 점점 좁혔다는 점이다. 어느 도시의 중심 거리에서도 찾아 볼 수 없는 독특한 면모다. 그러나 일제는 경복궁을 헐고 조선총독부를 지으면서 남산에 지은 조선신궁을 바라보도록 원래의 축을 뒤틀어버렸다. 문화재청 김원기 궁능문화재 과장은 "광화문을 복원하는 것은 일제 치욕의 역사를 극복하고 민족의 자존심을 회복한다는 차원에서 의미가 크다"고 말했다.

일제가 사실상 권력을 장악한 1908년(융희 2년) 경복궁은 대대적으로 일반에 공개된다. 전각도 건드리기 시작했다. 일제는 을미사변 현장인 건청궁 권역을 가장 먼저 없앴다. 경술국치(1910년) 이후엔 더욱 거침없어져 전각 4000여 칸을 팔아치웠다. 1915년 조선물산공진회를 경복궁에서 개최하면서 동궁 영역을 헐었고, 1926년엔 홍례문 자리에 조선총독부 청사를 짓는다. 한국예술종합학교 우동선(미술원 건축과) 교수는 "서울의 중심일 뿐만 아니라 한반도의 중심으로 경복궁이 갖는 장소의 상징성이 컸기 때문에 일제가 이를 차지하려 든 것"이라고 말했다.

광화문도 매각하려 했지만 일본 지식인조차 반대하는 바람에 이듬해 건춘문(경복궁 동문) 북쪽으로 옮긴다. 자리를 옮긴 광화문은 2년 뒤 열린 조선박람회 정문으로 쓰였다. 경복궁에서 뜯겨나간 전각은 일본 사찰, 요정, 미술관 등으로 변용되거나 건축용 부재로 쓰였다. 궁궐 밖으로 나간 전각 356동 중 해방 직후 남은 것은 7동에 불과했다. 궁궐 안엔 광화문, 근정전 등 40동 가량만 남아 있었다.

| 숫자로 보는 광화문 복원 | 공사 기간 약45개월 | 연인원 26903명 | 공사 금액 약73억2000만원 |
|---|---|---|---|
| | 해체:약 7개월, 복원:약 38개월 | | 해체:13억4000만원, 복원:59억8000만원 |

광화문 축과 복원 (그림참조 : 중앙일보 2010. 08. 13)

### ② 치조의 건물들

■ **근정전(勤政殿)**

치조의 으뜸전각은 「근정전(勤政殿)」이며 이곳에서 왕위 즉위식을 비롯한 왕실의 행사 및 신하들의 조례를 받는 곳이다. 웅장한 다포식 중층으로 건축되어 내부가 통칸으로 높은 천장을 형성하였고, 높은 천장 중앙에 발톱이 7개인 쌍룡(칠조룡:七爪龍)을 그린 보개천정이 만들어져 있다. 근정전은 궁궐의 정전인 만큼 사방을 월랑으로 둘러싸고 있다. 정전의 남쪽터 중앙에 정전의 정문인 근정문을 세우고 근정문의 좌우로 월랑을 좌우 각 15칸씩, 복랑으로 건립하고 그 동·서 양단에서 북쪽으로 ㄱ자로 꺾이어 동서로 각각 42칸씩 복랑으로 건립하였다. 이 동·서 복랑의 북측단에서는 다시 ㄱ자로 꺾이어 33칸의 고(庫)칸이 동서 복랑 사이를 연결하고, 그 중앙에 편전인 사정전 영역으로 출입하는 대문인 사정문을 두었다.

동랑과 서랑 사이에는 융문루(동쪽)와 융무루(서쪽)을 두어 정전 영역의 밖으로 출입할 수 있는 곳이기도 했지만 왕과 왕세자, 궐내 각사의 신료들이 보던 책을 보관하던 장소이기도 하다. 이 융문루와 융무루는 학문을 상징하는 문(文)으로써 다스림을 이루고 힘을 상징하는 무(武)로써 난을 안정시킨다는 뜻으로 근정전이나 근정문처럼 상징적인 의미를 가진다.

근정문 좌우로 건립된 월랑의 동측 첫 번째 칸에는 일화문(日華門-동쪽의 햇빛을 의미하며 문관의 출입문)이, 서측 첫 번째 칸에는 월화문(月華門-서쪽의 달빛을 의미하며 무관의 출입문)이 건립되어 평상시 신하들은 이 문으로 궐내에 출입한다.

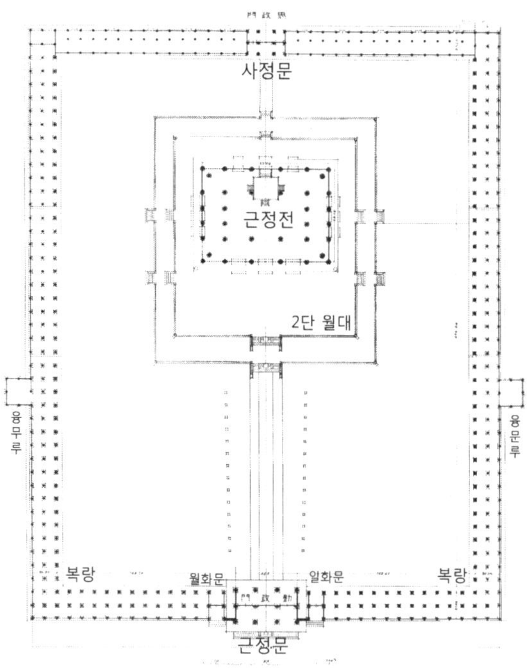

경복궁의 근정전, 근정문 그리고 월랑의 평면도

정면 3칸의 근정문과 좌·우 한칸씩 일화문과 월화문이 보인다.

일제시대 거의 방치된 흥례문 앞

2단의 월대 위에 자리한 장엄한 근정전의 모습

동측의 복랑의 모습 - 한 칸은 사람이 지나가도록 하고 다른 한 칸은 공간으로 활용하는 경우도 있었다.

대원군 때 중건한 경복궁 근정전의 동·서 회랑은 지금과 같은 모습이 아니었다. 지금처럼 뻥 뚫린 복도 같은 구조를 하고 있는 회랑이 아니라 사무실, 창고 등이 있던 행각이었다. 회랑의 기둥과 보에 나있는 구멍들은 바로 사무실을 만들었던 나무들을 떼어냈기 때문에 생긴 것이다. 물론, 태조 이성계가 경복궁을 처음 만들었을 때에도 회랑이 아닌 행각이었다. 다만 지금처럼 폭이 넓지 않았고 좁은 행각이었다. 검소하였던 근정전 행각은 경복궁을 중건하면서 1칸이었던 행각이 2칸으로 넓어진 것이다. 2칸이 된 동서 쪽 행각에서 마당 쪽 칸은 통로(복도)로 이용하였다. 벽 쪽에는 창고와 사무실, 다락방 등 여러 시설을 두었다고 한다.

근정전의 2단 월대 주변에는 사방에서 몰려오는 잡귀로부터 근정전을 지키기 위해 오방신과 12지진의 조각상으로 장식되어 있다. 힘이 센 오방신은 상단 월대와 계단 입구에서 잡귀를 막아 낸다고 한다. 오방신은 다섯 방향을 맡은 신으로 가운데 황룡(근정전 천정에 있음)을 중심으로 동쪽은 청룡이 지키고 서쪽은 백호가 담당하고 남쪽과 북쪽 잡귀는 주작과 현무가 물리친다는 의미가 담겨져 있다.

12지진은 각자 맡은 방위와 시각이 있다. 북쪽은 쥐신이 맡고, 동쪽은 토끼신, 남쪽은 말신, 서쪽은 원숭이신이 지킨다. 또 12지신은 하루 24시간을 2시간씩 나눠 맡았다. 밤 11시에서 새벽 1시까지 쥐신이, 새벽 1시에 새벽 3시까지 두 시간은 소신이, 다음 두 시간은 호랑이신이 차례대로 맡았다. 지금 우리는 할머니, 할아버지들이 쓰시던 자시(子時), 오시(午時) 대신 밤12시, 낮 12시라고 한다. 하지만 아직 12지신을 쓰던 전통이 완전히 사라진 것은 아니다. 우리가 흔히 오전(午前) 몇 시니, 오후(午後) 몇 시니, 할 때 기준이 되는 시각인 낮 12시가 바로 오시(午時)인 것이다.

근정전은 1867년(고종 4), 홍선대원군의 강력한 의지로 중건되었던 경복궁의 중심이자 조선왕조의 법전 136년만인 2003년 11월에 새롭게 복원되었다. 4만 7,000여장의 기와를 새롭게 교체하였고 지붕은 하중을 줄이기 위해 보토(補土)를 걷어내고 적심을 줄여 빈 공간을 형성하는 헛집 기법(이중 지붕)적용하여 전통방식이 아닌 개량된 방식으로 적용하였다. 반면에 그 동안 콘크리트로 왜곡되어 있던 건물안 바닥은 방전(方塼)으로 교체하였으며, 정조 시절 창덕궁 인정전의 의장 배치도인 '정아조회지도(正衙朝會之圖)'를 근거로 168점의 각종 의장을 새롭게 배치하였다.

■ **사정전(思政殿) 영역**

근정전 뒤의 사정문을 들어서면 중앙에 사정전, 동(東)에 만춘전(萬春殿), 서(西)에 천춘전(千秋殿)이 자리하고 남북과 동서에 한 칸 폭의 행각들이 둘러있다. 이 세 전각은 편전들이다. 사정전은 중앙에 대청을 두고 좌우 동서로 온돌방을 그리고 남북 전후로는 협실을 두었다. 이런 전내의 평면 구성은 동서의 만춘전과 천추전 모두 같은 모습이다.

편전 셋의 동 · 서 · 남 · 북에는 행각으로 둘렀는데, 남쪽 행각은 편전 쪽에서 쓰는 고간들이고, 북쪽 행각은 중앙에 강녕전에 출입하는 향오문(嚮午門)을 또 동(東)에 안지문(安

至門), 서(西)에 월부문(月敷門)을 두고 나머지 모든 칸들은 강녕전 쪽에서 사용하는 청을 만들었다.

■ **강녕전(康寧殿)**

강녕전 일곽은 태조의 경복궁 창건 당시에 건립되었으나 명종 때 불에 타 다시 지었으며, 또 다시 임진왜란으로 소실되었다가 흥선대원군의 경복궁 중건시 복원되었다. 이후 다시 불에 타 고종 25년(1888)에 교태전 일곽, 자경전 일곽 등과 함께 중건되었다. 그러나 강녕전 일곽은 중건된지 채 반세기가 지나기 않아서 다지 훼멸되고 말았다. 1917년 창덕궁에서 화재가 발생하여 내전 전각들이 소실되자 일제는 강녕전을 헐어 그 재목들로 희정당(熙政堂)을 복원하였던 것이다. 따라서 원래의 강녕전은 창덕궁에 가 있는 셈이고 지금 경복궁에 있는 건물은 최근에 복원한 것이다.

■ **수정전(修政殿)**

돌로 높고 넓게 기단(月臺)을 쌓고 그 위에 세운 이 건물 자리엔 원래 세종때 한글 창제의 산실이었던 집현전이 있었다. 수양대군(세조 1년)이 왕위에 오른 후 집현전을 폐지하였고 건물은 임진왜란 때 불탄 후 버려져 있었다. 고종 4년에 건물을 다시 짓고 이름을 수정전이라 하였다. 임금이 나랏일을 보는 편전으로 추정되는 이 건물은 제1차 갑오개혁(1894) 때 군국기무처로 사용되었고 이후 내각의 청사로 사용되기도 하였다.

지금은 건물 1동만 남아있지만 둘레에 담 역할을 하는 긴 집채인 행각들이 200여 칸 가까이 있었고 주변에는 나랏일을 돌보던 여러 관청이 있었다. 서쪽에는 궁중의 경서, 문서 등을 관리하고 임금의 자문에 응하였던 옥당(玉堂, 弘文館)과 역대 임금들이 지은 글과 옥쇄를 보관하고 서적의 수집과 출판을 담당한 검서청(檢書聽)등이 있었고 남쪽으로는 비변사의 당상관 등 신하들이 나랏일을 의논하던 빈청과 왕명출납을 담당하던 승정원 등의 건물이 이 영추문에 이르기까지 즐비하게 자리 잡고 있었다.

수정전은 앞에 월대를 두고 정면 10칸, 측면 4칸의 장방형 평면을 이루었는데, 중앙의 대청마루 좌·우에 방들을 두고 전후 협실들을 두었다. 수정전 바깥 행랑의 삼문인 영양문의 서측 행랑에는 수라문「水剌門」이 있고 이 문 양측과 둘러싼 행랑은 모두 청, 방, 고, 헛간 등으로 구성되고 문의 이름이 수라문으로 명기된 것으로 보아 궁내의 음식을 장만하는 곳도 있었던 것으로 추측된다.

정면5칸의 사정전의 모습

사정전의 내부 모습

수정전의 모습

■ **경회루(慶會樓, 국보 제224호)와 지당(池塘)**

경회루는 편전인 사정전, 천추전의 서북방, 수정전의 북측에 자리잡고 있으며 나라의 경사가 있거나 사신이 왔을 때 연회를 베풀던 곳이다. 처음 지을 당시에는 작은 규모였으나 조선 태종 12년(1412)에 연못을 넓히면서 크게 다시 지었다. 그 후 임진왜란으로 불에 타 돌기둥만 남은 상태로 유지되어 오다가 270여 년이 지난 고종 4년(1867) 경복궁을 고쳐 지은 것이 현재의 경회루이다. 연못 속에 잘 다듬은 긴 돌로 둑을 쌓아 네모반듯한 섬을 만들고 그 안에 누각을 세웠으며, 돌다리 3개를 놓아 땅과 연결되도록 하였다. 경회루를 둘러싼 연못 속에는 두개의 섬이 축조되어 있는데 이들은 모두 원형이 아니라 방형의 섬이다. 그리고 이때 연못에서 파낸 흙으로는 왕비의 침전 뒤편에 아미산이라는 동산을 만들었다고 한다.

경회루 전각들은 주역 및 음양오행의 원리와 상징성에 부합되도록 만들어 졌다. 네모반듯한 연못 속에 누각으로 세워진 경회루는 2층 규모에 정면 7칸, 측면 5칸으로 되어 있다. 2층 평면은 셋으로 나눠져 있다 . 가운데 방은 정면 3칸 측면 1칸이고, 정면 5칸 측면 3칸이다. 문짝을 모두 들어 올리면 툭 터진 하나의 공간이 된다. 1층 바닥에는 네모난 벽돌을 깔고, 2층 마루바닥도 3단으로 되어 있다. 마루높이를 달리하여 지위에 맞는 자리에 앉도록 하였으며, 임금이 앉는 가운데 자리가 가장 높다.

김동욱 교수에 따르면 내부 3칸은 천, 지, 인(天 地 人) 삼재(三才)를, 그것을 둘러싼 8개의 기둥은 8괘를 상징한다. 내부와 외부 사이의 공간은 12칸으로 1년 12개월을 상징하고, 이를 둘러싼 기둥 사이의 16개 문은 각 4짝으로 되어있어 모두 64짝으로 64괘를 상징하며, 외곽을 이루는 24개의 기둥은 24절기를 상징한다. 이와 같이 경회루는 유교 이념을 치국의 기본으로 삼은 사상 체계가 구조화되어 건축에 표현된 것이라고 할 수 있다.

지붕은 옆면에서 볼 때 여덟 팔(八)자 모양을 한 팔작지붕이다. 지붕 처마를 받치기 위해 장식하여 만든 공포는 누각건물에서 많이 보이는 간결한 형태로 꾸몄다. 태종 때에는 48개의 기둥에 꿈틀거리는 용을 조각하였으나, 다시 지으면서 지금과 같이 간결하게 바깥쪽에는 네모난 기둥을, 안쪽에는 둥근기둥을 세웠다.

장학순이 지은 『경회루 전도』라는 책자에는 경회루의 평면구성을 주역으로 풀이한 내용이 나온다. 이 책에는 연못에 구리로 만든 용을 넣어 용의 조화로 건물을 보호받도록 한 내용이 들어 있는데 최근 연못 안에서 실제로 구리로 만든 용 형상이 발견되어 책자의 내용이 실제 건물과 무관하지 않았음을 알려준다.

경복궁 경회루는 우리나라에서 단일 평면으로는 규모가 가장 큰 누각으로, 간결하면서도 호화롭게 장식한 조선 후기의 특징을 잘 나타내고 있는 소중한 건축 문화재이다.

경회루의 내부모습

경회루의 전경

경회루 지당에서 발견된 용 형상의 조각상

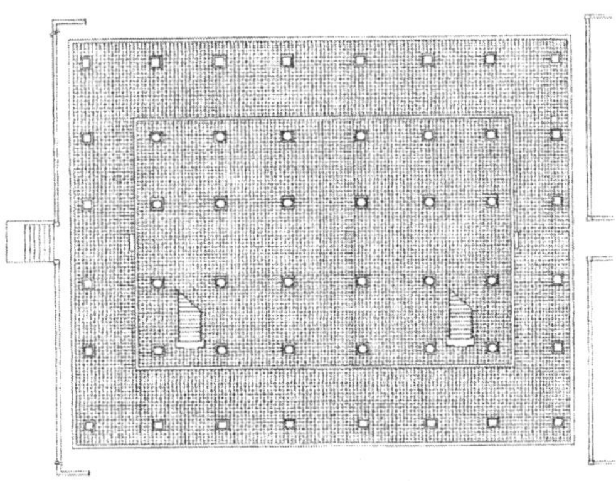
경회루 1층 평면도

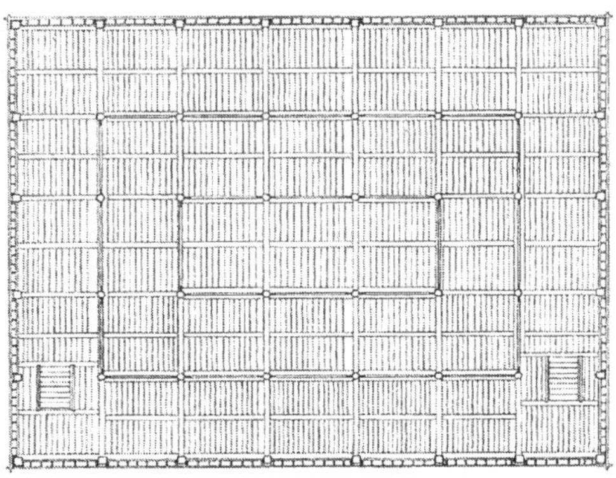
경회루 2층 평면도

### ③ 외조의 건물들

**■ 흥례문(興禮門)과 주변행각**

홍례문은 궁성의 정문인 광화문을 들어서면 바로 마주하는 궁내에서는 첫 번째 맞는 궐문이다. 광화문부터 이 홍례문까지는 단순한 길(道)만이 조성되어, 홍례문 안쪽부터 근정문 그리고 근정문 안쪽에서 근정전 월대까지 이르는 중앙에 어도(御道)를 둔 삼도(三道)와는 다른 모습을 이루고 있다. 홍례문은 근정문과 마찬가지로 중앙 어칸이 18척으로 좌우 협칸보다 2척이 더 넓고 같은 중층 우진각 다포집이다. 이 문의 좌우로 2칸 폭의 행각이 뻗어나가다가 ㄱ자로 꺾이어 북쪽으로 뻗어나가 근정전 남월랑과 사이 담을 두고 맞닿아 있다.

궁성의 서북방에서 끌어들인 금천(禁川)을 흥례문과 근정문 사이로 흘러나가게 하고 금천 위에 금천교인 영제교(永濟橋)를 놓았으며, 또 금천교를 건너서 삼도를 한 가닥 서측으로 꺾어서 행각에 둔 유화문(維和門)까지 두었는데 이 문 밖에는 대신들이 모여 정사를 논의하던 「빈청(賓廳)」이 자리 잡고 있다.

### ■ 빈청(賓廳)과 주변건축

빈청은 대신들이나 비변사의 당상들이 모여 정사를 의논하는 곳이다. 본래 비변사는 군국(軍國)의 사무를 맡아보던 아문이었으나, 명종 10년에 상치아문이 되었고, 임진왜란으로 의정부를 대신하여 최고 아문이 되었다. 정조 때 규장각에 그 직능을 넘겨주었다가 고종 2년 의정부와 합치되었던 것이다. 따라서 이곳은 궐내에 들어와 있는 최고의 아문으로 근정전 서남의 승정원 남쪽에 있었다. 평면은 중앙에 정면 3칸, 측면 2칸의 대청을 두고 좌우로 방 두 개씩을 두었다. 이 빈청의 서측 동향한 건물도 중앙이 청이고 좌우에 방을 위치시킨 것으로 보아 빈청에 딸린 건물인 것으로 추측된다. 이외 외조에 속하는 건축물이 많이 있지만 지금은 이름만 남아있고 없어진 건축물도 많이 있다. 외조에 속하는 건축물을 소개하면 다음과 같다.

- **내사복(內司僕)과 주변건물** - 태조원년에 설치한 관아로 궁중의 차마(輿馬), 구목(廐牧) 에 관계된 일을 맡아보던 관아로 고종 2년에 폐하였다.
- **누국(漏局)과 주변건물** - 이곳에서 세종 때 만든 자격루를 비치하고, 또 일영대에는 해시계를 설치하여 시간을 궐내에 알리는 일을 관장하였다.
- **오위도총부(五衛都摠府)와 주변건물** - 중앙군인 오위의 군무를 맡아보던 관아로 세조 3년에 둔 오위진 무소를 세조 12년에 이름을 고치어 병조에 소속되지 않은 독립관청이 되었으나 임진왜란 후에 실권이 없어 명목상으로만 남아 있다가 고종 19년에 혁파하였다.
- **북소위장직소(北所衛將直所)** - 위장은 중앙군인 오위를 관장하던 오위장으로서 이들이 숙직하던 곳의 하나가 북소위장직소이다.
- **겸무직소(兼武直所)** - 무신이면서 선전관(宣傳官)의 임무를 수행하던 관원이 숙직하던 곳이다.
- **국별장직소(局別將直所)** - 왕의 특위를 맡아보던 훈련도감에 소속된 장수의 처소이다. 이외 주변 건축물 등이 있다.

## 2) 창덕궁(昌德宮)

· 서울시 종로구  와룡동, 사적 122호, 1997년 12월 UNESCO 세계문화유산으로 등록

동궐도(東闕圖)-창덕궁과 창경궁을 조감도 형식으로 그린 조선후기의 대표적인 궁궐 그림으로 제작연도 1826-1828경으로 추정

### ① 창덕궁의 개요

1405년(태종 5년) 조선왕조의 이궁으로 지은 궁궐이지만, 조선 역사상 정궁으로 가장 오래 사용된 궁궐이며 역대 왕들의 사랑을 가장 많이 받았던 궁궐이기도 하다. 하지만 이런 사실에도 불구하고 정궁으로서의 존재감은 크지 않은 것도 사실이다. 경복궁의 동쪽에 위치한다하여 이웃한 창경궁과 더불어 '동궐'이라 불리며 하나의 궁궐로 취급되었다. 창건 당시에는 규모가 크기 않았지만 세조가 이곳으로 이어하면서 궁역을 확장했다. 임진왜란이 일어났을 때 창덕궁은 물론 경복궁과 창경궁까지 모두 불타버렸지만 전쟁이 끝나고 제일 먼저 복구를 시작한 것은 창덕궁이다.

이 궁궐은 조선시대의 법궁이 경복궁이었으나 임진왜란으로 불타고 고종 때까지 복원되지 못하였기 때문에, 광해군 때부터 고종이 경복궁을 중건하기까지 300년간 법궁으로 사용되었다. 조선의 궁궐 중 가장 오랜 기간 동안 임금들이 거처했던 궁궐이다.

경복궁의 주요 건물이 좌우대칭의 일직선장에 놓여 있다면 창덕궁은 산자락을 따라 건물들을 골짜기에 안기도록 배치하여 한국 궁궐 건축의 비정형적 조형미를 대표하고 있다.

태종 4년(1404) 10월부터 향교동(鄕校洞)에 궁궐 조성이 시작되어 태종5년 2월에 정전이 건립되고 10월에는 대체적으로 공사가 마무리되었고 궁의 이름을 창덕궁이라 하였다. 먼저 경복궁의 동쪽에 조성된 창덕궁은 정궁(법궁)이 아닌 이궁의 성격으로 건립되며 경복궁에서의 상대적인 위치로 '동관대궐' 또는 '동궐(東闕)'이라 불린다.

경복궁과 달리 대칭적이거나 일정한 축에 의해 배치되지 않고 주변의 자연지형에 따라 건물들이 자연스럽게 자리하고 있다.

초창기의 창덕궁이 외전 74칸, 내전 118칸이라는 기록을 보면 지금의 창덕궁의 규모보다는 작았던 것으로 보인다. 1차 궁궐의 조성이 끝난 뒤에도 공사는 계속되어 궁내에 누각을 짓기도 하면서 태종 6년에 광연루(廣延樓)가 조영되었고 태종 11년(1411)에는 진선문(進善門)과 금천교(錦川橋)가 세워지고, 12년에는 궁의 정문인 돈화문(敦化門)이 건립되었다. 그리고 창덕궁의 정전이 준공 된지 10여 년 뒤인 태종 18년에 다시 짓게 하여 같은 해인 세종 즉위년 9월에 완성된다. 선조 25년(1592)에는 임진왜란으로 경복궁 뿐 만 아니라 창덕궁과 창경궁의 건물들도 대부분 잿더미로 변한다. 1년 후 환도 한 후에는 지금의 덕수궁 자리인 월산대군의 저택을 행궁(行宮)으로 삼아 7년 동안 왕궁으로 사용하게 된다.

창덕궁 복구공사는 선조 말(선조40년)에서 광해군 2년(1610)까지 이루어졌다. 그러나 중건하고 약 10년 후 인조반정 때 다시 외전 일부를 제외한 대부분의 전각이 소실된다. 소실되었던 전각은 25년 후(인조 25년)에 복구되었는데, 이때는 인경궁의 건물들을 뜯어서 자재로 썼다. 이후 영조 때까지는 소규모의 훼손과 중건이 뒤따랐다. 특히 순조33년(1833)년에 큰 화재가 있어 대조전과 희정당이 불탔으나 곧 다시 중건되었다. 1908년에는 일본인들이 궁궐의 많은 부분을 변경시켰고, 특히 1917년에 대조전의 행각 나인방에서 큰 불이나 많은 전각들이 타자, 일제는 불탄 전각들을 복구한다 하여 이미 헐어낸 경복궁의 수많은 전각들의 극히 적은 재목들로 대조전 일곽을 중건하면서 또한 차례 변형시키기도 하였다.

경복궁에 앞서 창덕궁이 먼저 복구되는 배경에는 그 전에도 주로 창덕궁에 많이 거처하였으며, 또한 경복궁이 풍수지리적으로 불길하다는 의견이 작용된 것으로 보고 있다. 광해군때 중건된 지 10년 뒤에는 인조반정으로 반정군이 창덕궁에 들어가 왕을 수색하다가 실화하여 인정전, 약방, 홍문관 등의 외전 일부를 제외한 대부분 전각이 소실되고 말았다.

창덕궁의 화재로 인조는 경운궁의 별당에서 즉위하였고 뒤이어 반정 공신의 공적 평가에 대한 불만으로 일어난 이괄의 난(인조 2년) 등의 사정으로 인하여 인조 25년(1647)에야 창덕궁이 중건된다. 이때의 중건에는 광해군이 인왕산 아래에 건립한 인경궁(仁慶宮)의 전각들을 철거하여 그 자재를 사용함으로써 공사는 6월에 시작하여 5개월 만에 완성하고 11월에는 왕이 거처를 옮기게 되었다.

영조 20년(1744)에는 승전원에서 화재가 발생하여 인정문과 좌우의 행각이 소실되고 이듬해에 중건되었다. 정조 6년(1782)에 중희당(重熙堂)을 관물헌(觀物軒)동쪽에 건립하였고 인정전 앞뜰에 품계석이 설치되었고 전각의 수리가 간간이 있었다.

순조대에 들어와서 궁궐에 큰 화재가 발생한 시기이기도 하여 순조 3년(1803) 12월에는 인정전이 소실된 것을 이듬해에 중건하였다. 순조 33년(1833)에는 큰 화재가 발생하여 대조전과 희정당을 비롯하여 내전의 태반이 소실되지 왕은 빠른 기일 안에 중건할 것을 명령하여 그해 10월에 착공하여 이듬해 9월에 완공한다. 그 뒤 헌종 12년(1846)에는 후궁들을 위한 낙선재의 건립이 있었으며 철종 8년(1857)에는 순조 4년에 중건한 인정전이 퇴락하여 건물을 완전히 해체하는 개수 공사가 있었고 고종 14년(1877)에도 창경궁과 함께 수리 공사가 있었다.

융희 1년(1907)에는 순종이 즉위하고 1910년 8월에는 한일합방의 조약이 인정전에서 이루어지면서 500여 년의 조선왕조가 막을 내리게 된다. 현재 사적 122호로 지정된 창덕궁의 면적은 후원을 포함하여 57만 9584㎡이고 후원을 제외한 궁의 면적은 대략 12만 2000㎡ 정도로서 전체 면적의 5분의 1정도이다.

### ② 창덕궁의 배치와 특징

창덕궁은 이궁이라는 성격상의 차이도 있고 삼국시대 이래로 궁실의 조영에서 적용되는 지형에 따라 적절히 대응하여 시설하는 기법을 활용함으로써 한국적인 궁궐의 모습으로 만들어진 궁이라는 점이 큰 특징이며 동시에 경복궁과 차이가 있는 것이다.

대조전을 비롯한 내전 일곽이 1920년대 이후로 원래의 모습과는 크게 변형되어 건물 주변이 답답하게 조성되었다는 점과 다른 궁궐과 마찬가지로 부속건물들이 대부분 철거되고 주요 전각의 일부만이 남아 있어 궁궐의 진면목을 살펴보기에는 부족한 것이 애석한 일이다.

주변의 배치를 살피면 창덕궁의 동쪽에는 창경궁이 있고 북쪽으로는 창덕궁과 창경궁에서 공동으로 사용된 후원이 있다. 남동쪽으로는 왕실에서 매우 중요시했던 종묘가 있으며 서쪽으로는 정궁인 경복궁이 있어 거리가 가까워 궁궐의 위치로서는 더할 수 없이 좋은 곳이 창덕궁임을 알 수 있다.

궁의 정문인 돈화문이 동남쪽 모서리에 남향으로 자리잡고 있는 것은 지형적인 이유도 있겠지만 예로부터 대문에서 내당(內堂)이 직접적으로 보이지 않도록 배치하는 기법과 일맥상통하는 배치법이라 할 수 있다.

인정문을 들어서면 인정전 뜰이 되고 이곳은 방형으로 반듯하게 터를 잡고 있다. 북쪽으로는 자연지세를 살려 화단이 조성되고 담장을 두르고 있어 공간의 분위기로는 정형적인 연출을 하면서도 실제로는 공간의 깊이를 더하고 있다.

경복궁에서는 근정전 북쪽에 편전인 사정전이 배치되지만 여기서는 인정전 동쪽에 인정전보다는 뒤로 물러서서 선정전이 배치되어 남향의 축은 인정전과 평행으로 설정된다. 그러면서도 선정전의 중심축이 외행각 밖에서는 중심이 아니며, 선정문의 중앙칸도 선정전의 축과는 한 칸 비켜서 배치된다. 조영되는 시설과 공간을 필요한 만큼 배치하고 그에 따라 출입 동선이 꺾이는 실용성이 중시된 배치법을 보이고 있는 것이다. 인정전과 선정전 일곽이 신료들이 필요에 따라 출입할 수 있는 외전으로 남향축이 평행으로 설정되어 있다.

전체적인 배치를 구분하면 인정전의 동쪽에 외청(外廳)과 선원전이 있고 중앙부는 인정전 일곽의 외전이 되며, 동쪽에는 대조전 일곽의 내전이 배치되고 북쪽으로는 후원의 경관이 펼쳐진다.

### ③ 창덕궁의 주요 건물

■ **돈화문(敦化門)**

창덕궁의 정문인 돈화문이 창건되기는 태종 12년(1412) 5월이며 2층 문루에는 큰 북을 걸고 조석으로 인경을 쳤다고 전한다. 임진왜란 때에 불탄 것을 선조 40년(1607) 중건에 착수하여 광해군 원년에 완공되고 이때의 건물 모습이 아직까지 남아 있는 것으로 보고 있다. 따라서 돈화문은 현존하는 궁궐의 대문으로는 가장 오래 된 것이라 할 수 있다. 돈화의 뜻은 「중용(中庸)」의 대덕돈화(大德敦化)에서 취한 것으로 "교화(敎化)를 도탑게 한다."는 뜻이라 한다.

정면 5칸 측면 2칸의 2층 우진각 지붕의 다포양식이다. 궁궐의 대문 가운데 정면이 5칸인 것은 돈화문이 유일한 것이나 좌우쪽 협칸은 벽으로 막았으므로 실질적으로는 3칸 대문이다. 2층으로 오르는 계단은 벽으로 막힌 좌우의 협칸에 있고 2층에는 판문을 달았다. 외이출목에 내삼출목의 다포구조이며 지붕 마루는 회로 싸바른 양성 마루이다. 각 층의 추녀마루에는 잡상 7구와 용두가 배열되고 용마루 끝에는 취두(鷲頭)를 올리고 사래의 끝에는 토수(吐首)를 끼워서 격식을 갖추고 있다.

돈화문의 모습

■ **인정전(仁政殿)**

창덕궁 외전의 중심되는 정전인 인정전(국보 225호)은 신하들의 하례식과 외국 사신의 접견 장소로 사용되는 국가 행사의 공식적인 건물로서 정면 5칸에 측면 4칸의 중층 팔작 지붕의 다포식 양식이다.

태종 5년 창덕궁 창건 때에 건립된 것을 태종 18년(1418)에 박자청(朴子靑)에게 고쳐 짓도록 하여 7월에 착수되고 같은 해인 세종 즉위년 9월에 준공된다. 그 뒤 36년이 지난 단종 때에 해체보수 공사가 있었으나 임진왜란 때에 소실되고 광해군 때에 중건된다. 1623년 인조반정 때에도 인정전만은 화재를 당하지 않았다. 정조 6년(1782) 9월에는 이전에 없던 품계석을 인정전 앞뜰에 설치하였고 이 품계석은 다른 궁에도 설치하게 되었다.

순조 3년(1803)에는 다시 소실되고 이듬해에 중건된다. 50여년 뒤인 철종 7년(1856)에는 건물이 퇴락하였다는 이유로 또 한 차례 완전히 해체하여 보수 공사를 시행하였으나 건물의 형태에는 변화가 없었던 것으로 보고 있으므로 현존하는 건물의 골격은 순조 때의 것으로 볼 수 있다. 정전의 정면이 5칸인 것은 조선 궁궐에서 공통적인 특징으로 이것은 중국과의 관계에서 황제가 아닌 임금은 5칸이어야 한다는 제한을 드러내고 있는 것이다. 또한 기단이 이중의 월대(月臺)로 구성된 것도 다른 궁과 공통된 점이며 중국에서의 삼중의 월대와 비교되는 것이기도 하다.

인정전은 정면 5칸, 측면 4칸으로 입면은 중층이나 내부에서는 통층으로 되어있다. 공포구조는 외삼출목에 내사출목의 다포 양식으로 공포 바깥쪽의 쇠서는 끝이 휘어 오른 앙서(仰舌)가 셋 있고 그 위로 끝이 휘어 내린 수서(垂舌)와 둥글둥글한 모습의 운공이 놓인다. 보머리는 앙서 위에 놓이게 되며 끝머리가 세 번 꺾이는 모습의 삼분두(三分頭)형식이다. 외관상으로 하층의 창호는 사면에 고창을 두고 전후의 중간 칸에만 문이 네 짝인 사분합문이다. 나머지는 모두 삼분합문이며 2층에는 교살창만이 사면에 설치되었다.

현재 하층문의 여닫는 방법은 모두 밖으로 여는 형식으로 되어 있으나 일제시대에 개수되기 전에 촬영한 「조선고적도보」 의 사진에 의하면 정면 양단부의 협칸은 문 상단부에 삼배목(정첩과 같은 기능을 갖는 꼭지가 셋으로 나뉜 재래식 철물)을 설치하여 아래를 밀어 밖으로 열게 하거나 뗄 수 있게 되어 있다. 나머지의 문들은 모두 안쪽으로 열게 되었던 것으로 보인다.

인정전 내부의 모습

인정전의 공포와 지붕의 모습

3단의 월대 위에 만들어진 자금성의 태화전의 모습

2단의 월대 위에 만들어진 인정전의 모습

■ 선정전(宣政殿)

'선정'이란 정치를 베푼다는 뜻이며 선정전은 외전에 속하는 편전(신하들과 국가의 정치를 논하는 곳)이다. 따라서 건물의 구성에서도 공식적인 치장이 가미되며, 위치로는 정전의 후방에 배치되나 창덕궁에서는 인정전의 동쪽에 정전보다 뒤로 물러나 위치하고 있다.

세조 7년(1461)에 궁궐 건물들의 이름을 바꿀 때 조계청(朝啓廳)이라 하던 것을 선정전이라 하였다. 선정전도 임진왜란 때에 소실된 것이 광해군 때 재건되고, 인조반정 때에 다시 화재를 당하여 인조 25년(1647)에 중건되었다. 이때에는 광해군이 창건한 인경궁의 전각을 철거하여 그 목재를 이용함으로써 5개월만의 짧은 기간에 완공했다. 장대석 한 단으로 낮게 설치한 월대 위에 다시 장대석 기단 한단을 두르고 그 위에 정면 3칸, 측면 3칸의 건물을 원형 초석 위에 세웠다. 월대 모서리의 드므(독)는 물을 담아 두는 것으로 화재를 막기 위해 불귀신을 물리치려는 의미가 크다.

외2출목, 내3출목의 다포 구조이고 살미의 끝은 날카로운 앙서로 되어 있고 내부는 교두형으로 되어 있다. 내부의 앞쪽에만 고주를 두어 창경궁 명정전에서의 기둥 배열과 같은 방법이다. 벽체에는 사면에 세 살 분합문을 설치하고 바닥은 우물 마루로 구성하고 별도의 칸막이가 없이 통칸으로 하였다. 정면의 분합문 가운데 중앙칸은 순수한 사분합문이고 좌우의 협칸은 각각 중앙의 두 짝은 분합문이고 양쪽의 두 짝은 머름 위에 설치된 분합광창으로 구성된 특색 있는 구조이다.

지붕은 서까래와 부연으로 구성된 겹처마에 팔작지붕이고 양성마루가 아닌 기와 쌓기의 용마루에는 취두를 설치하였다. 합각마루에는 용두, 사래 끝에는 토수를 설치하였고 현존하는 궁궐 건물에서는 유일하게 청색 기와로 치장한 건물이다.

선정전이 지어진 것은 세조 7년(1461)이며 임진왜란을 포함한 여러 차례의 화재로 불타 인조 25년(1647)에 재건되었다.

창덕궁 대조전 기단위에 놓인 드므의 모습

선정전과 드므의 모습 (사진 :문회재청)

선정전 내부의 모습 - 옥좌 뒤로 오봉산일월도가 보인다 (사진 :문회재청)

선정전 배치 (사진 :문회재청)

**오봉산일월도**

근정전, 인정전 등 왕이 집무를 보는 옥좌 뒤에는 '오봉산일월도(일월오봉산도)'라고 하는 그림이 있다. 이는 왕권을 상징하는 그림으로 하늘에 떠있는 붉은 해와 흰 달은 음과 양을 상징한다고도 하고 왕과 왕비를 상징한다고도 한다. 다섯 봉오리는 곤륜산으로 왕이 다스리는 국토를 상징한다. 곤륜산은 중국 도교 전설 속에 나오는 산으로 이 세상에서 가장 높고 성스럽다는 산이다. 그리고 우리나라를 대표하는 다섯 산(오앗,五嶽)-백두산, 금강산, 묘향산, 지리산, 삼각산을 가리키는 것이기도 하다.

### 3) 창경궁(昌慶宮), 경희궁(慶熙宮), 덕수궁(德壽宮)

#### ① 창경궁

창덕궁 옆에는 옛 수강궁(壽康宮:태종이 세종에게 선위한 뒤에 거처하던 궁, 1419년 창건)터에 성종 14년(1483)에 창건된 창경궁이 있다. 성종은 왕실의 어른으로서 정희왕후(세조비이며 성종의 할머니), 소혜왕후(덕종비이며 성종의 어머니), 안순황후(예종비이며 성종의 작은 어머니)와 청덕궁에서 함께 거처하였는데 이들을 위하여 따로 궁궐을 지어 창경궁이라 하였다. 일종의 대비궁(大妃宮)인 셈이다. 그래서 경복궁과 창덕궁이 남향으로 배치된 것과는 달리 창경궁은 동향으로 배치되어 있다.

창덕궁에는 정전인 명정전(明政殿)과 편전인 문정전(文政殿)을 비롯하여 인양전, 경춘전, 통명전, 양화당, 연휘당, 환경전, 수녕전, 환취정 등 많은 내전 건물이 있었으나 임진왜란(1592) 때 모두 소실되어 1616년(광해군 8)년에 다시 중건하였으나 1624(인조 2)년 이괄의 난으로 또 한번 많은 전각들이 불타 1633(인조 11)년에 다시 지었다. 이중 명정전은 조선의 궁궐 정궁 중 가장 오래되었다.

1909년(순종 3년)에는 일제가 강제로 궁 내부에 동물원과 식물원을 만들고 일반인들에게 관람시켰으며 1911년에는 박물관도 지어 창경궁을 창경원(昌慶苑)이라 이름을 고쳐 격을 낮추었다. 1984년 일제가 철거하였던 문정전과 월랑 등을 복원하고 정비하면서 다시 창경궁으로 환명하였다.

동향한 궁궐의 정문인 홍화문(弘化門)을 들어서면 금천이 북에서 남으로 흘러가고 이 개천 위에 금천교인 옥천교가 있다. 옥천교를 건너면 정전의 정문인 명정문에 이르고 이 문을 들어서면 정면에 높은 월대 위에 서 있는 정전인 명정전과 마주하게 된다.

동서로 길게 뻗은 월랑은 홍화문, 명정문의 남북 양쪽에서 뻗어 나온 월랑과 합쳐져서 ㅁ자 모양을 이루면서 정전 좌우 앞쪽을 둘러싸고 있다. 명정전의 남서쪽에는 편전인 문정전과 그 월랑이 자리잡고 또 북서쪽으로는 내전들과 많은 행각들이 자리 잡고 있다.

내전들로서는 환경전, 경춘전, 통명전, 양화당, 집복헌, 영춘헌, 통화전들 만이 남아 있고 나머지 수천 칸의 전각과 행각 등은 일제가 철거하였다. 이 궁궐의 전체적인 배치는 창덕궁처럼 지형의 높고 낮음을 그대로 두고 꼭 필요한 곳만을 골라 집터를 잡고 정원을 꾸민 것이 특색 있다.

홍화문의 모습

명정문과 옥천교

명정전의 모습

통명전의 모습

문정전의 모습

명정전의 옛 모습 (조선고적도보)

창경궁(이궁)의 주요 건축물

| 건축물 | 규모와 형태 | 내 용 | 비고 |
|---|---|---|---|
| 명정전<br>(明政殿) | 정면 5칸, 측면 3칸<br>단층 팔작지붕, 겹처마 | 창덕궁의 정전으로 성종 15년(1484)에 세웠으나 임진왜란 때 불타 광해군 8년(1616)에 다시 지었음 | 국보<br>226호 |
| 홍화문<br>(弘化門) | 정면 3칸, 측면 2칸<br>중층 우진각지붕, 겹처마 | 창경궁의 정문으로 성 종15년(1484)에 세웠으나 임란때 불타 광해군 8년(1616)에 다시 지었다. 다포식 외 2출목, 내 3출목으로 쇠서는 날카로운 앙서로 되고 안쪽은 교두형이다. | 보물<br>384호 |
| 통명전<br>(通明殿) | 3×2칸 대청마루와 1×2칸이 온돌방 팔작지붕에 용마루가 없음, 겹처마 | 정조 14년(1790)에 불타 순종 33년(1833)에 복원하였다고 기록되어있고 내전 중 유일하게 월대가 있는 전각이며 합각마루와 추녀마루는 양성을 하고 용두를 놓았다. | 보물<br>818호 |
| 옥천교<br>(玉川橋) | 길이 9.5m, 폭 5.8m<br>홍예 아치 | 정전의 정문 명전문 앞쪽에 위치하고 있으며 조선 성종 15년(1484)에 세운 것으로 추측 | - |

**② 경희궁(慶熙宮) - 사적 제271호**

경희궁은 원종(1580~1619, 선조의 5째 아들이며 인조의 아버지로 후에 왕으로 추존)의 집터에 세워진 조선후기의 대표적인 이궁으로 증보문헌비고(增補文獻備考)에 "경희궁은 광해 8년(1616)에 건(建)하였다. 초호(初號)는 경덕궁(慶德宮)이라 하였다."고 하였다.

그러나 왕조실록 광해군 9년 6월 "새문동(塞門洞)에 궁을 영건하는 의논이 있었다. 궁의 이름을 서별궁(西別宮)이라 하였다."로 기록된 것으로 보아 광해군 9년 6월(1617)에 경희궁 역사가 시작된 것임을 알 수 있다. 경희궁이라는 이름은 영조 36(1760)에 바뀌었고 원래의 규모는 약 7만여 평이었다. 창건 당시 정전, 동궁, 침전 등 무려 1500칸에 달했다. 한때는 이름 있는 전각만 해도 120채가 넘었고, 부속건물까지 합하면 수천 칸에 이르렀다고 한다.

인조 1624년 처음 사용한 이후 영조까지 160년 동안 열일곱 번 경희궁으로 이어(移御)하여 대략 62년간 이용되었으니 조선왕조의 이궁으로서 어엿한 위상을 지녔다고 할 만하다. 하지만 정조 대에는 한 번도 이어하지 않다가 경복궁 중건과 함께 방치되기 시작한다. 1868년 궁내의 빈 땅이 4궁(용동궁, 수진궁, 명례궁, 어의궁)[12]에 경작지로 분배되면서 경희궁은 궁궐로서 권위를 완전히 상실하게 된다. 그 후 민족 항일기인 1907년부터 1910년에 걸쳐 강제로 철거되어 궁궐로서의 존재가치를 상실하였고 궁터도 철저하게 파괴되고 변형되어 결국 1911년 6월 26일 경희궁은 모든 토지와 건물은 총독부에 인계되게 되었다. 광복 후에도 경희궁의 처지는 별반 다르지 않았다. 궁궐 자리에 세워진 경성중학교는 폐교되었지만 그 자리엔 다시 서울고등학교가 들어섰다. 1980년 서울 고등학교가 서초동으로 이전하면서 이 터는 현대건설에 매각되었고, 이 후 다시 서울시에 매입되었다. 그러나 서울시는 어렵사리 되찾은 경희궁지를 1985년 공원용지로 지정해 경희궁 공원으로 개방하더니, 이도 모자라 발굴하지 않은 경희궁 궁역 위로 육중한 서울역사박물관을 세움으로써 향후 궁궐 복원의 여지를 스스로 막아버렸다. 경덕궁, 경희궁, 서궐, 새문안대궐, 홍화문대궐 등으로 불리며 희미하게 이어 내려오던 조선왕조 궁궐의 역사가 아이러니하게도 역사박물관 아래 묻혀버린 셈이다.

사실 조선시대의 궁궐 중 인위적으로 가장 철저하게 파괴된 곳이 경희궁이다. 17세기 초반 광해군시절에 창건된 이후 조선 중기의 대표적인 이궁으로 290여 년 동안을 존속해 왔으나, 대한제국시대 일제에 의해 1907~1910년의 단 3년 사이에 훼멸됨으로써 궁궐로서의 가치를 상실하고 말았다. 1980년대의 발굴 조사 결과 신문로 옛 서울고등학교가 있던 터에 이곳이 궁궐이었음을 보여주는 유구로는 정전이었던 숭정전(崇政殿)의 기단부와 일부 석수(石獸) 및 노주석(路株石)과 댓돌 등뿐

---

12) ≪동국여지비고 東國輿地備攷≫ 궁궐조에 "서부 황화방(皇華坊)에 있었는데 세상에서 일컫기를 순회세자구궁(順懷世子舊宮)이라 했는데, 상세하지 않으며, 명례궁 · 어의궁 · 용동궁 · 수진궁과 함께 4궁이라 부른다." 라고 소개하고 있다.

이었다. 이 밖에 바위에 새긴 명문(銘文)이 남아 있었으며, 신문로 2가와 당주동, 내수동의 경계 지점에 궁역을 추정할 수 있는 담장이 남아 있었다. 현재 옛 궁터에는 숭정전 일곽과 자정전(資政殿) 및 태녕전(泰寧殿) 등이 복원되어 있다.

### ■ 4궁(용동궁, 수진궁, 명례궁, 어의궁)

조선시대에 대표적인 4개의 궁방으로 수진궁(壽進宮)·명례궁(明禮宮)·어의궁(於義宮)·용동궁(龍洞宮)을 말한다. 왕실의 일부였던 궁실(宮室)과 왕실에서 분가·독립한 궁가(宮家)를 통칭하여 궁방이라 했다.

수진궁은 예종의 둘째 아들인 제안대군(齊安大君)의 저택이었으나, 조선 중기 이후부터는 봉작을 받기 전에 사망한 대군·왕자와, 출가하기 전에 사망한 공주·옹주들을 합사(合祀)하는 사우(祠宇)로 변했다.

명례궁은 성종의 형인 월산대군(月山大君)의 저택으로 인조 이후에는 왕실의 사고(私庫), 특히 왕후의 소용(所用)에 내탕(內帑)을 마련하는 역할을 했다. 광해군 때 경운궁(慶運宮)으로 개명되었다가 1907년(융희 1) 고종이 퇴위하고 이곳에 계속 머물면서 덕수궁으로 개칭되었다.

어의궁은 일명 상어의궁이라고도 하며 효종의 잠저(潛邸)였다.

용동궁은 명종의 아들인 순회세자(順懷世子)가 살았던 궁으로 속칭 순회세자궁이라고 했다. 이들 궁방은 원래 소속 궁실의 제사나 재산 보관을 담당하고 있었으나, 조선 후기 이래 경비를 조달하기 위해 사패(賜牌)나 절수(折受)를 받아 토지를 약탈·매입하거나 수세지(收稅地)를 확보하는 등 토지소유를 확대함으로써 소작료 수입을 증대시켜 재산을 늘렸다. 한편 궁방의 토지에 속하면 조세를 면제받는 특혜가 있어 일반 민전 가운데 투탁(投託: 남의 세력에 기댐)하는 경우도 많았다. 그 결과 19세기 중반에는 궁방의 토지가 약 4만여 결에 이르러 정부의 조세수입을 감소시키는 결과를 가져왔다. 1894년(고종 31)에는 궁방전의 면세를 폐지시켰으며, 1907년 이후에는 일제의 왕실재산정리 방침에 따라 소속 토지는 소유권의 조사를 거친 후 국유지로 편입되었다. (참조 : 네이트 백과사전)

### ■ 경희궁의 건물

경희궁의 정전인 숭정전의 건축양식은 외 2출목(二出目)으로서 포작(包作)으로 되어 있고, 안쪽은 전부 보머리 모양으로 처리되어 있다. 기둥 사이에는 공포 대신 화반을 놓아 장여를 받쳤고 장여 위에 바로 도리를 얹었다. 천장은 소란반자로 마감하였고 한 가운데를 움푹 들어가게 조정(操井) 천장을 만들었다. 경희궁에는 부속건물로 회상전, 융복전, 집경당, 흥정당, 흥학문, 황학정이 있었는데 융복전과 집경당은 없어졌다. 나머지 건물은 1910년 지금의 서울고등학교가 설립된 후, 회상전은 조계사로, 홍정당은 광운사로, 숭정전은 조계사에 옮겼다가 다시 동국대학교 안으로, 홍화문은 박문사로, 황학정은 사직공원 뒤로 각각 옮겨져 보존되고 있다.

현재 이 자리에 궁궐이 있었음을 보여주는 유물로는 정전이었던 숭정전의 기단부와 제자리에서 옮겨진 석수, 댓돌 등이 있고 이 밖에 바위에 새겨진 글이 남아있다. 공터 북쪽에 돌로 쌓은 축대의 길이는 약 100m로 건물로 오르는 계단에는 용머리조각과 구름무늬가 있어 주목된다. 서울특별시는 1985년부터 경희궁의 옛 모습을 다시 찾기 위하여 숭정전, 홍화문과 주변 월랑을 복원하였다.

숭정전의 옛 모습(조선고적도보)

숭정전의 모습

흥화문 현재의 모습

흥화문의 옛 모습(조선고적도보)

경희궁(이궁)의 주요 건축물

| 건축물 | 규모와 형태 | 내 용 | 비고 |
|---|---|---|---|
| 숭정전 (崇政殿) | 정면 5칸, 측면 4칸, 단층 팔작지붕 | 경희궁의 정전이었는데 일본인이 강제로 철거하여 원형이 파손되었지만 경희궁 안에서 가장 크고 화려한 건물로 짐작된다. 법당으로 사용되다가 현재건물은 최근에 복원된 것이다. | 유형 문화재 제20호 |
| 흥화문 (興化門) | 정면 3칸, 측면 2칸 우진각지붕, 다포양식 | 광해군(1616)에 세운 경희궁의 정문, 일제는 1932년 남산자락에 이등박문(伊藤博文)을 위한 사당인 박문사(博文寺)를 건립할 때 정문으로 사용하다가 해방후 박문사는 폐사되고 영빈관(迎賓館) 및 신라 호텔의 정문으로 사용되기도 했다. 1988년 서울시는 경희궁 복원 계획의 일환으로 흥화문을 지금의 자리로 이전(移轉) 복원하였다. | 유형 문화재 제19호 |

**③ 경운궁(慶運宮) - 덕수궁(德壽宮) : 사적 124호**

'덕수(德壽)'는 한자가 말해주듯 '덕이 높고 오래 산다.'는 뜻이다. 중국 송나라 때 덕수궁이라는 이름의 궁정이 있었고, 조선 2대 임금 정종이 태상왕으로 물러난 태조 이성계를 위해 개성에 지은 궁궐도 덕수궁이었다.

그래서 조선시대에는 두 곳에 덕수궁이 있었다. 그 하나는 건국 초에 있었고, 또 하나는 조선왕조의 종국(終局)을 맞은 대한제국 말기에 있었다. 그것은 아주 미묘한 대칭을 이루었다고 할 수 있다. 태조는 한양 천도에서 인심을 잃어 결국은 정종에게 양위하는 지경에 이르렀고 정종은 민심의 수습책으로 개성으로 다시 돌아가 옛 수도에 소어(所御)하게 된다. 정종은 상왕인 태조를 위하여 왕 2년 6월 개성에 덕수궁(德壽宮)을 창건되었다.

원래 조선의 덕수궁은 본래 궁이 아니었다가 임진왜란 후 경복궁, 창덕궁, 창경궁이 모두 불타버려 임금이 기거할 곳을 찾아 월산대군의 집을 행으로 삼아 시어소(時御所: 임금이 임시로 지내던 궁전을 의미)라 하였다. 건립 당시에는 경운궁(慶運宮)으로서 이 궁궐은 본래 월산대군(조선 9대 성종의 형) 집이 자리 잡고 있던 곳인데 선조가 임진왜란으로 의주로 몽진하였다가 선조 26년(1593) 10월에 환도하고 보니 경복궁, 창덕궁, 창경의 3대궁이 소실되어 정릉동 소재 옛 월산대군 집을 행궁(行宮)으로 함으로써 경운궁으로서 시작되었다. 월산대군 집은 정전(正殿)[13], 계림군 집은 침전, 심의겸 집은 동궁, 심연원 집은 종묘로 하고 그 부근의 여염 민가들도 궐내로 포함하였다.

13) 정전으로 쓰이던 월산대군의 집이 석어당(昔御堂)이다. 석어당은 궁궐내의 유일한 목조중층(2층) 건물로 단청이 칠해지지 않은 것이다. 오래 전부터 왕이 살았다고 해서 석어당이라 했는데 건물은 화재 후 중창된 것이다. 측면이 정면보다 더 눈에 들어온다. 초기 영국 성공회 성당 건물 신축의 모델이 되기도 했다.

선조의 뒤를 이은 광해군은 즉위 3년(1611)에 이곳을 경운궁으로 고쳐 부르고 1615년 창경궁으로 옮길 때까지 왕궁으로 사용하였다. 그 후 선조의 왕비인 인목대비가 경운궁으로 쫓겨나와 있게 되었는데 그 후로 광해군은 이곳을 서궁으로 낮추어 부르게 하였다. 광해군이 인조반정으로 1623년에 물러나면서 인조는 즉조당과 석어당만을 남기고 나머지 건물들을 옛 주인에게 돌려주거나 없애 버렸다. 그 뒤로 고종황제가 러시아 공관에서 옮겨오면서 다시 왕궁으로 사용되었는데, 그 때부터 이 궁은 비로소 궁궐다운 건물들을 갖추게 되었다.

1904년의 원인 모를 화재로 대부분의 궁궐 건물들이 불에 타 없어지고 서양식 건물인 석조전들이 지어지면서, 원래 궁궐 공간의 조화를 잃어버리게 되었다. 비록 1906년 대부분 중건되었다고는 하지만 그 중 가장 큰 변화는 정문이 바뀐 것이다. 덕수궁의 정문은 남쪽에 있던 인화문이었는데, 다시 지으면서 동쪽에 있던 대안문을 수리하고 이름도 대한문으로 고쳐 정문으로 삼았다. 그 후, 고종황제가 1907년 왕위를 순종황제에게 물려준 뒤에 이곳에서 계속 머물게 되면서 고종황제의 장수를 빈다는 뜻의 덕수궁으로 고쳐 부르게 되었다. 고종은 1919년 1월 21일 승하할 때까지 덕수궁을 떠나지 않았다.

비록 조선 후기에 궁궐로 갖추어진 곳이지만, 구한말의 역사적 현장이었으며 전통목조건축과 서양식의 건축이 함께 남아있는 곳으로 조선왕조의 궁궐 가운데 특이한 위치를 차지하고 있다. 덕수궁에서는 중화전, 중화문, 함녕전과 그 행각, 석어당, 석조당, 석조전, 정관헌, 대한문 등의 건축물들이 남아 있다.

덕수궁의 전경

중화문의 모습

1904년 화재로 잿더미로 변해버린 덕수궁의 모습

월산대군 家인 석어당의 모습

중화전의 모습

함녕전의 모습

▌덕수궁(이궁)의 주요 건축물

| 건축물 | 규모와 형태 | 내 용 | 비고 |
|---|---|---|---|
| 중화전<br>(中和殿) | 정면 5칸, 측면 4칸<br>단층 팔작지붕, 겹처마,<br>다포양식 | 덕수궁의 정전으로 광무6년(1902)에 세웠으나 1904에 불에 타 버려, 지금건물은 1906년에 지은 것으로 중층에서 단층으로 축소된 것이다. 내부에는 화려한 닫집으로 임금자리가 장식되어 있다. | 보물<br>제819호 |
| 중화문<br>(中和門) | 정면 3칸, 측면 2칸,<br>팔작지붕, 다포양식 | 중화전의 정문으로 중화전과 같이 조선후기의 다포양식의 목조건축양식을 보여준다. 중화전과 같이 1906년에 지어진 것이다. | 보물<br>제819호 |
| 함녕전<br>(咸寧殿) | 정면 3칸, 측면 4칸<br>서쪽 뒤로 4칸이 덧붙은 ㄱ자 평면. 겹처마,<br>팔작지붕, 익공양식 | 고종황제가 거처하던 생활(침전)공간이다. 1904년 수리공사 중 불에 타 지금 건물은 그해 12월에 다시 지은 건물로 침전건물에 사용하지 않는 잡상으로 장식되어 있다. | 보물<br>제820호 |
| 석어당<br>(昔御堂) | 아래층: 정면8칸 측면3칸<br>위층 : 정면6칸 측면1칸<br>굴도리 집, 단청 없음 | 덕수궁의 편전으로 유일한 2층 건물로 광무8년(1904)에 세워진 건물로 궁궐건축물로서는 화려함을 느낄 수 없고 소박한 기풍이 있는 건물이다. 선조가 거처하다 승하한 건물이다. | - |

**④ 인경궁(仁慶宮)**

인경궁의 창건 역사가 시작된 것은 1617년(광해군 9년)이며 약 6년의 공역을 거쳐 1623년(광해군 15년)에 전각의 대부분이 완성되었다. 인경궁의 창건 동기에 대해서는 광해군이 풍수음양설을 좇아 창덕궁을 흉궁[14)]으로 생각하여 기피하고 인왕산 아래에 신궁을 영건하고자 한 것이라 보는 것이 일반적이다. 그런데 인경궁의 공사가 진행되는 도중에 다시 새로운 궁전의 조성을 시작하였다. 새문동궁 또는 서별궁으로 불리다가 후에 경덕궁, 다시 개칭하여 경희궁으로 불리게 된 궁전이었다. 경덕궁의 공역은 1617년 7월에 시작해서 1620년에 끝났으며 이 기간 동안 인경궁 공사는 축소진행이 불가피했기에 3년간 조성된 전각은 동궁침전과 정문 및 주변 월랑에 불과했다. 1621년 초부터 인경궁 역사가 본격적으로 조성되고 1622년에는 경회루의 제도에 따라 누각을 조성할 것을 명하였으나 1623년 3월(광해군 15년)에 인조반정이 일어나 광해군이 왕위에서 물러나면서 인경궁의 공사는 완성에 이르지 못한 채 중단되고 궁궐로 이용되지 않고 있었다.

이후 1623년(인조 11년)에 들어 소실된 창경궁을 복구하면서 인경궁의 전각 중 침전의 일부가 철거되어 창경궁으로 옮겨졌고 1647년(인조 25년)에는 창덕궁 복구공사가 시작되면서 인경궁 외전의 정전, 편전 등 주요 전각과 내전 전각들이 철거되었다. 이로 인하여 인경궁 전각은 대부분 철거

14) 단종과 연산군이 폐위된 사실이 있는 궁이기 때문 광해군은 창덕궁으로 가는 것을 꺼려왔다.

되고 약간의 건물만이 남게 되었다. 18세기에 들어와서는 궁궐의 흔적마저 사라지고 궁터에는 민가가 들어차게 되었다. 이런 과정에서 『창경궁수리도감의궤』의 「인경궁전각철이진」에 명시된 내용과 『창덕궁수리도감의궤』의 「인경궁전철각질」에 기록된 내용을 보면 당시의 철거된 인경궁 전각들을 알 수 있다.

이 중에 주목되는 전각은 홍정전과 광정전이다. 홍정전은 인경궁의 정전에 해당하는 건물로 추정되며 광정전은 편전으로 추정된다. 광정전의 경우 1647년(인조 25년)에 헐려 창덕궁에 선정전으로 다시 세워졌다. 이외 철거된 전각들로는 중휘당, 연화문, 희정당, 경극당, 인덕당, 주서청, 내반원, 그리고 각 전에 부속된 행랑과 월랑 등이 있다.

**잊혀진 궁궐, 풍경궁(豊慶宮)**

광무 6년(1902)5월, 대한제국의 황제 고종은 평야에 황궁을 세울 것을 지시한다. 구한만 일제와 외세 열강의 침략이 본격화되던 무렵, 대한제국 황실은 기울어가는 국운을 바로 세우고자 다양한 개혁 정책을 단행하였다. 그 중에는 평양을 서경(西京)으로 삼고 평양외성 내에 황궁을 세우는 대규모 건설 사업도 포함되어있었다. 그러나 공사가 채 끝나기도 전에 러일전쟁이 일어났고, 한반도는 일제의 식민지가 되었다. 일제강점기에 대한제국의 황궁은 그들의 군용지와 식민 의료기관으로 황폐화되었고, 한국전쟁까지 거치면서 황궁의 유구는 완전히 훼철되었다. 유구와 함께 사람들의 기억에서 사라진지 오래된 황궁의 이름은 바로 풍경궁이다.

「궁궐의 눈물, 백년의 침묵, 효형출판, 우동선 · 박성진 외 6인」

# 4. 종묘, 사직단

## 4-1 종묘

### 1) 종묘의 개요

• 위치 : 서울시 종로구 훈정동 1번지 (宗廟: 사적 125호)

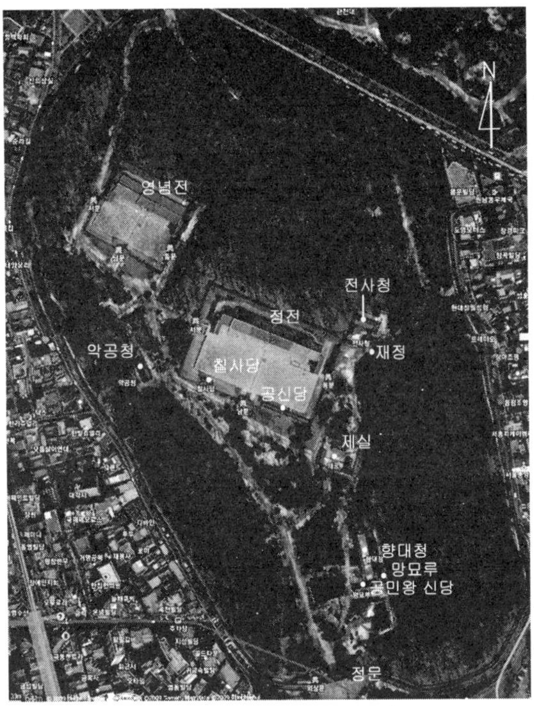


종묘의 건물 배치-항공사진

3단의 장대석의 높이에 넓은 하월대와 계단 3개로 이루어진 상월대 모습의 정전

제례를 올리기 위한 공간으로서 툇칸 부분의 모습

조선 왕조의 역대 왕들과 왕후들의 신주를 모시고 제례를 봉행하는 유교사당이며 태묘(太廟)라고도 한다. 중국의 우(虞)나라에서 처음 시작된 종묘제도는 은(殷), 주(周) 시대에는 7대조까지 묘에 봉안하는 7묘제가 시행되다가 명(明)나라 때에는 9묘제로 바뀌었다. 한국의 경우 종묘에 대한 최초의 기록은 392년(고구려 18대 고국양왕 9년)에 보이며, 신라에서는 5묘제, 고려에서는 7묘제로 하였다.

건립 당시 종묘 정전은 7실로 감실 규모 5칸(목조, 익조, 탁조, 환조 + 태조)에 익실 2실로구성되었다. 그러나 세종 원년(1419년)에 정종이 승하하고 그 신위를 종묘에 모실 때가 되자, 종묘 정전

5칸에는 태조와 태조의 4대 조상을 합쳐 다섯 신위로 모두 차 있어서, 이제 이 다섯 신위에 더해 정종의 신위를 어떻게 모셔야 할 지에 대한 문제가 제기된다.

종묘에는 다섯 신위만 모시도록 예법에 규정되어 있어서 정종의 신위를 종묘에 새로 모시게 되면 목조의 신위는 정전에 모실 수 없게 되기 때문이었다. 이때 의논을 거듭하여 중국 송나라의 예를 따라 1421년 10월 종묘 즉 지금의 정전 서쪽 바깥에 별묘(別廟)를 세워 목조의 신위를 옮겨 모실 것(조천:祧遷)을 결정한다. 이 별묘가 지금의 영녕전이다.

"조종(祖宗)과 자손이 함께 길이 평안하라"는 뜻의 영녕전은 종묘에서 옮겨온 신위를 모셨다고 하여 조묘(祖廟:선조의 사당)라고도 한다.

1392년 조선이 건국된 직후 개경에는 옛 고려 종묘를 헐고 그 자리에 새로 조선 왕조의 종묘가 건립되었으나 1394년 10월 태조가 서울로 수도를 옮기면서 개경의 종묘는 철거하고 그해 12월에 한양에 새로운 종묘를 마련하였다. 종묘는 착수한지 일년이 채 못된 1395년 5월, 경복궁보다 먼저 완공된다. 서울시내에서 가장 먼저 선 기념비적 건축인 것이다. 궁궐이 없어져도 종묘는 보존돼야 나라를 지킬 수 있다는 믿음이 있었기 때문에 어떤 의미에서는 궁궐보다 더욱 중요한 건축물이었다. 궁궐보다 먼저 종묘를 건설해야 한다는 원칙 역시 고대 중국에서부터 유래한 것이다.

준공 초기에는 태조 이성계의 4대조(목조, 익조, 도조, 환조)까지 왕으로 추존하기 위해 건설하였다. 그러나 명종대에 이르러 종묘 정전의 부족한 감실을 해결하기 위하여 4칸이 증축되어 그 규모가 모두 11칸(7칸+4칸 : 초기에 기둥을 기준으로 한 7칸에 5개의 감실이 있었다.)으로 늘어난다. 그 뒤 종묘는 임진왜란(1592)으로 불에 타게 되어, 재건에 대한 구체적인 작업이 진행되지 못하다가 마침내 선조 41년(1608) 1월에 재건 공사를 시작하여 다섯 달 뒤 공해군(15대)이 즉위하고 나서 완공(1608)하게 된다. 재건에 앞서 종묘 제도를 임진왜란 전의 건축 형식으로 할 것인지, 소목제(昭穆制)를 기본으로 하는 중국 주나라의 옛 제도를 따를 것인지에 관한 논의가 신하들 사이에 이루어지다가 결국 종묘 정전을 임진왜란 전의 형식인 11칸의 규모로 재건한다. 재건된 종묘는 중국 고대의 제도와 다른, 고려 시대에 정착된 종묘 제도를 따랐다. 종묘 정전은 그 뒤 영조 2년(21대 1726년)에 4칸, 헌종 2년(24대 1836년)에 4칸을 증축하여 지금의 모습인 19칸으로 정착하게 된다.

종묘를 증축하거나 수리할 때는 종묘에 모신 신주를 다른 곳으로 옮겨야 했는데, 이 경우 이전 장소로는 당시 쓰지 않던 궁궐이나 사당을 주로 이용하였다. 위치로는 창덕궁과 창경궁의 남쪽에 인접하여 위치하고 있으며 조선시대에는 서로 연결되어 있었지만 일제시대에 도로가 나면서 끊기고 현재는 육교로 연결되어 있는 상태이다. 종묘내에 건물은 정전과 영녕전으로 나누어 정전에는 19실에 19위의 왕과 30위의 왕후 신주를 모셨으며, 영녕전에는 정전에서 조천된 15위의 왕과 17위의 왕후 및 의민황태자(懿愍皇太子:영친왕)의 신주를 모셨다. 신주의 봉안 순서는 정전의 경우 서쪽을 상(上)으로 하고 제1실에 태조가 봉안되어 있고 영녕전에는 추존조(追尊祖)인 4왕(목조, 익조, 탁조, 환조)을 정중(正中)에 모시고 정전과 마찬가지로 서쪽을 상으로 하여 차례대로 모셨다. 이를 소목제도(昭穆制度)라고 한다.

정전에는 정식으로 왕위에 오른 선왕과 그 왕비의 신주를 순위에 따라 모시고, 영녕전에는 추존(追尊)된 선왕의 부모나 복위된 왕들을 모셨다. 그리고 정실의 출생이 아닌 왕이 그 사친(私親)을 봉안하는 사당으로서 따로 궁묘를 두었다. 종묘향사는 국가적인 행사인 만큼 왕이 직접 제를 지내고 이에 따르는 의식과 의복, 제기(祭器)의 규격, 제물의 종류, 수 등은 엄격하게 규정하고 준수한다.(국조오례의) 그리고 문묘와 달리 고려의 예를 따라 역대 공신을 위한 공신배향(功臣配享)이 있다.

## 2) 종묘의 건축적 특징

종묘 정전(국보 제227호)의 배치도

- 남문-혼백이 출입하는 곳
- 동문-헌관이 왕이 출입하는 문
- 서문-악공 등이 출입하는 문
- 공신당-조선왕조 역대 공신의 위패를 모신 곳으로 83위가 모셔져 있다.
- 칠사당-7사에 제사 지내는 곳
- 악공청-제례 때 악공들이 기다리는 곳
- 전사청-제사 때 쓰는 재물, 재기를 보관하는 곳
- 재궁-임금이 세자와 함께 제사를 준비하는 곳으로 어재실 (어숙실)이라 한다
- 재정-제사지내는 음식에 사용할 물이 있는 우물

조선 시대에 종묘 정전은 태종, 세종대에 이르러 건축 형식이 정착된다.

본래 종묘 건물은 '一'자로 길게 생겼는데, 지금은 감실에 신위를 모신 몸채 건물과 그 양끝에서 직각으로 앞으로 꺾여 나온 동 · 서 월랑으로 구성되어, 가운데가 긴 ㄷ자형 건물이다. 태종 이래로 이 건축 형식이 종묘 건축의 기본 틀이 되었다. 현재 종묘를 구성하고 있는 중심 건물은 종묘 정전과 영녕전으로, 태조가 종묘를 건설할 당시는 종묘 정전 뿐 이었다. 영녕전은 정전에 모시지 않은

왕과 왕비의 신위를 모신 별묘인데, 세종 3년(1421)에 처음 건립되었다.

종묘는 제례를 위한 공간이므로 건축이 화려하지 않고 지극히 단순하고 절제되어 있다. 묘정 월대와 기단 위의 건물은 신로를 표시하는 선과 몇 개의 판위(版位), 그리고 장식이 배제된 건축 구조 등 과감히 생략된 조형과 단순한 구성으로 종묘에 구현해야 할 건축 의도를 철저하게 나타내었고, 단청 또한 극도로 절제되었다. 각 신실의 건축 구성 역시 지극히 단순하고 절제되어 있다. 각 실 옆으로 길게 연속되면서 종묘 정전의 전체 공간 구성은 압도적인 장엄함을 당당하게 드러낸다. 이것은 어떤 건축도 흉내 낼 수 없는 종묘만이 갖는 건축적 특징이다. 한 칸의 신실 구성을 보면 우선 평면에서 제일 뒤에 신위를 모신 감실이 있고 그 앞에 제사 지낼 공간이 마련되어 있으며 그 끝에 판문이 설치되어 문 밖으로 다시 퇴칸 1칸이 있다. 이것은 제사를 지내는데 필요한 최소한의 공간 구성이며 또한 그 이상 더는 아무것도 필요치 않는 최대 구성이기도 하다. 퇴칸에는 우물천정을 가설하여 지붕 밑이 보이지 않도록 하였다. 서까래는 부연을 달지 않은 홑처마 지붕이다.

정전은 19칸 신실이 있는 곳만 길이가 70m이며 좌우협실과 월랑까지 하면 총길이는 101m에 달한다. 20개의 똑같은 독립된 기둥이 열을 지어 배치되어 있는 모습은 장엄한 의식을 연상시킨다.

20개의 기둥과 우물천정 그리고 신실의 판문이 보인다.

신로가 하월대를 가로질러 상월대의 계단까지 이어진 모습

익공식으로 서까래만으로 이루어진 홑처마의 단순하고 단청도 없이 절제된 건축양식

임금이 판위에 올라가서 예를 갖추는 모습

하월대에 있는 판위의 모습

구조체를 이루는 각 구성 부재는 군더더기 장식을 거의 가미하지 않은 단순한 형태를 취하면서 신로, 월대, 기단, 담 등 필요한 공간만 조성한 구성과 구조, 장식과 색채의 간결함은 종묘 건축의 상징성을 보여준다. 기둥은 보통 굵기가 40㎝를 약간 넘는 굵은 것이고 높이는 대개 굵기의 8, 9배 정도로 다듬어져 있고 약간의 배흘림 곧 엔타시스가 가미되어 그 웅건한 맛을 더한다. 기둥 위에 짜인 공포는 익공식이라고 부르는 비교적 소박한 것으로 기둥과 보를 함께 붙잡아 주는 구조적 기능에 충실하면서 약간의 곡선 장식이 가미되어 있다.

정전은 단순한 구성으로 조영된 각 신실이 모여 하나의 장엄한 수평적인 건축형태를 이룬다. 그리고 큼직큼직한 박석들로 덮인 넓은 2중 월대가 광대하게 펼쳐지면서 정전의 공간은 장대하면서도 엄숙하다. 2중 월대는 상·하월대로 구분되고 하월대와 상월대에는 각기 정면 세 군데에 계단이 설치되어 있는데 가운데 계단은 월대 중앙에 남쪽으로 있는 신로와 통하는 것으로 사람이 오르내릴 수 없는 계단이다.

정전에는 사방에 네모난 울타리가 있고 남쪽과 동서에 문이 나 있는데 남쪽 문이 신문이고 동쪽이 제관이 출입하는 문이며 서쪽은 일반인이 출입하는 문이다. 영녕전이 세종 대에 건립 당시 규모는 태실 4칸, 양 옆 익실 각 1칸을 합하여 모두 6칸이었다. 영녕전이 완공되자 그해 12월 목조의 신위를 영녕전으로 옮겨 모시고, 정전인 종묘에는 익조의 신위를 제1실로, 도조 이하의 신위도 차례로 위로 옮겨 모시게 된다. 영녕전 건립으로 조선 왕조의 종묘 건축 제도는 종묘와 별묘를 두게 되고, 세월이 흘러 봉안해야 할 신위의 수가 늘어남에 따라 증축을 하게 된다. 임진왜란 때 불타 버려 광해군 즉위년에 10실 규모로 고쳐지었으며 그 후 계속 증축하여 현재 16실(34위의 신위가 모셔져 있음)이 되었다. 지금은 정전과 영녕전을 합하여 종묘라고 부르지만 원래 종묘는 지금의 정전을 말하며, 영녕전은 별묘였다.

영녕전을 둘러싸고 있는 담장과 그 너머로 보이는 영녕전, 동·서문과 남문이 보인다.

신실 하나하나의 구성은 정전과 크게 다름이 없지만 부재의 크기가 정전보다 약간 작고 전체 건물 규모도 정전보다 작기 때문에 정전에서와 같은 장대함을 느끼기에는 뒤지는 감이 있으나 오히려 그 때문에 공간이 한눈에 쉽게 들어와 친근감을 더해 준다.

영녕전의 하월대와 상월대 그리고 하월대에서 상월대로 올라갈 수 있게 만들어진 계단이 보인다.

## 4-2 사직단(社稷壇)

### 1) 사직단의 개요

• 위치 : 서울시 종로구 사직동(사적 제121호)

도성에 사직단이 창건된 것은 1396년(태조 4년)으로 이 해에는 종묘와 궁궐이 준공되었는데 사직단 역시 이들 건물과 함께 조성된 것이다. 단이 완성된 정확한 시기는 「실록」에 나와 있지 않지만 종묘와 궁궐이 준공된 9월 이전에는 대체로 공사를 마쳤을 것으로 추측된다. 사직단의 제사는 조선시대 최고의 국가의례인 대사(大祀:큰 제사)로 거행되었고 왕이 직접 올렸다. 국사와 국직의 신위에는 나라의 안위를 좌우하는 토지와 곡식의 신이 계신 것으로 간주하여 보호에 남다른 주의를 기울였다. 따라서 국사와 국직의 신주를 건드리는 사람은 나라를 전복시키려는 역적으로 간주하기도 했다.

사직단은 토지를 주관하는 신(神)인 사단(社壇)과 오곡(五穀)을 주관하는 곡식 신(神)인 직(稷壇)으로 이루어져 사(社)와 직(稷) 신에게 제사를 지내는 재단이다. 사단과 직단은 동서의 방향으로 나란히 세우는데, 사단을 동쪽에 두고 직단을 서쪽에 둔다. 사단과 직단은 지붕을 만들지 않고 그냥 노천에 드러나게 하며, 사각형 모양으로 만들어져 있다. 이와 같이 지붕을 만들지 않는 이유는 신과 곡식신이 자연신이기 때문에 인위적으로 비바람을 막는 시설을 하지 않기 위해서이고 모양이 네모인 이유는 땅이 네모났다고 생각했기 때문에 그 모양을 상징하여 그렇게 한 것이다.

주례 고공기(周禮 考工記)에 나오는 좌묘우사에 따라 도성을 건설할 때 조정을 중심으로 좌에는 묘(종묘)를 두고 우에는 사직단을 두었다. 본래 단(壇)을 세우는 것은 일상적인 것과 높이를 달리함으로써 구별하고자 하는 뜻이 담겨 있다. 바닥을 높임으로써 평범한 것으로부터 높임을 받고자 하며 나아가서 세속으로부터 신성을 구분 짓고자 하는 것이다. 제사를 지내기 위한 시설이 단을 갖는 것은 이런 신성을 추구하기 때문이다. 조선조 사직단의 높이가 3척이고 3단의 장대석으로 쌓았다. 3이라는 길수를 의식한 결과라고 하겠다.

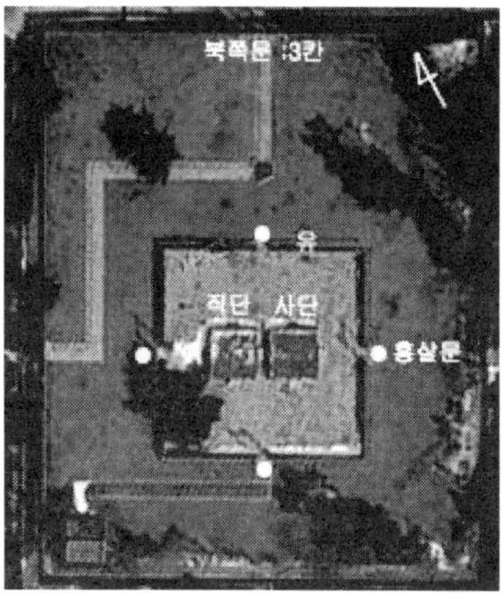

사직단의 배치(위성사진)-북문에서 직선으로 오다가 꺾이는 부분에 판위가 보인다.

북쪽의 홍살 3문(3칸) 신이 출입하는 문이므로 문의 격을 높였다.

북문과 북신문 홍살문(3칸)이 뒤로 보이고 판위도 보인다.

사직단의 모습 (사적 121호) -동쪽에는 토지의 신인 사단(社壇), 서쪽에는 곡식의 신인 직단(稷檀)을 따로 따로 설치되어 있다.

사단과 직단은 사방의 토지를 상징하는 사방색의 흙을 방향에 따라 쌓고 그 위를 황색의 흙으로 덮는다. 즉, 동쪽 방향은 동방색인 청색의 흙을, 서쪽 방향은 서방색인 흰색의 흙을, 그리고 남쪽 방향은 남방색인 붉은색의 흙을 쌓고, 북쪽 방향에는 북방색인 검은색의 흙을 쌓는다. 이는 사직이 토지와 곡식의 신이므로 사방의 토지신을 모두 포괄한다는 의미에서 그렇게 하는 것이다. 마지막으로 그 위를 황색의 흙으로 덮는데, 이는 왕이 사방을 덮는 것을 상징하는 것이다.

「국조오례의」에 실린 초기 사직단의 모습을 보면 가장 중심에 사단과 직단이 있고 이것을 둘러싼 유(방형으로 된 단의 주위에 울타리로 둘러싼 낮은 담을 의미하며 속계와 성계를 구분하는 의미가 포함되어 있다.)에는 사방에 홍살문이 있으며 유 밖으로 다시 네모난 담장이 쳐져서 거기에도 사방에 문이 나있는데 동, 서, 남문은 일반적인 한 칸 규모의 홍살문이지만 북문만은 3문형식으로 되어 있다. 이것은 북문의 경우 신이 출입하는 문이므로 그 격을 높인 때문이다. 유의 바깥 서남쪽에는 신실이 있고 유의 북문과 북신문 사이에는 제사 때 왕이 서는 자리인 축판이 있다.

창건 뒤 사직단은 약간의 보수가 있었는데 1414년(태종 14년)에는 주변 지형에 대한 개축이 있었고 세종 때에는 비나 눈이 올 때를 대비하여 북문 담장 안에 신실을 따로 만들었다. 창건된 사직단은 그 뒤 임진왜란으로 소실되었다가 재건되었다. 복구된 때는 확실치 않지만 사직단은 규모나 구조가 크고 복잡한 것이 아닌 만큼 적어도 종묘를 재건한 선조 41년 이전에는 복구되었을 것으로 생각된다.

### 2) 사직단의 건축물

조선중기 목조건물이며 보물 제177호 이다. 원래는 더 앞쪽에 있었으나 1960년대에 도로 공사 때문에 뒤로 물러나 세워졌다.

정면 4칸의 홑처마 팔작지붕이며 1단의 장대석 기단 위에 사각기둥으로 세워진 안향청

사직단의 부속 건물 가운데 지금 남아 있는 건물은 안향청과 정문이다. 안향청은 천제 때 재궁(임금이 세자와 같이 제사를 준비하던 곳)으로 사용된 건물로 정면 4칸, 측면 2칸의 팔작지붕이며 장대석 1단 기단위에 방형 초석을 놓고 네모기둥을 세워 포를 짜지 않고 보와 도리를 걸고 부연 없이 서까래만 건 홑처마 지붕으로 간소한 구성이다.

정문은 임진왜란 뒤 다시 세워진 것인데 기둥 위의 공포 형식이 학술적으로 주목된다. 초익공이면서 출목이 있고 익공의 형상이나 결구 방식이 주심포식에 가까워서 특이한 점이 있기 때문이다. 또한 정문은 원래 문 왼쪽과 오른쪽으로 담이 있었고 지금의 위치는 원래자리에서 14m 앞에 있던 것을 도로 공사 등으로 인하여 뒤로 옮겨 세웠다.

## 4-3 원구단(圜丘壇)

• 위 치 : 서울특별시 중구 소공동(1967년 7월 15일 사적 제157호로 지정)

사직단이 땅의 신에게 제례를 올리는 곳이라면 원구단은 말 그대로 하늘의 모양을 본 딴 원형의 단으로 하늘의 신에게 제사를 올리는 곳이다. 또한 천명을 받아 나라를 세운 개국시조의 공덕이 하늘과 같은 것이기 때문에 개국시조에 대한 제사도 동시에 올리는 곳이다. 고려시대에는 원구단이 개경에 있었으며 이곳에서 왕이 제천의례를 행했다. 즉, 원구단은 천자(天子)가 하늘에 제를 드리는 둥근 단으로 된 제천단(祭天壇)인데, 예로부터 '천원지방(天圓地方)'이라 하여 하늘에 제를 지내는 단은 둥글게, 땅에 제사 지내는 단은 네모나게 쌓았다.

고려시대 원구단의 제천의례는 최고의 국가제례인 대사(大祀)로 정식 규정되어 있었다. 그러나 조선시대가 되면서 원구단에서 왕이 제천의례를 행할 수 있는지 없는지에 대한 심각한 논쟁이 야기되었다. 그것은 중국에 대하여 제후국을 자처한 조선왕이 천자의 고유권한인 제천의례를 행할 수 없다는 명분상의 문제가 있었기 때문이다. 이런 논쟁의 와중에서 원구단의 제천의례를 하지 못하는 경우도 있었다. 그러나 조선이 건국되었다고 원구단의 제천행사가 곧바로 폐지된 것은 물론 아니다. 개국 직후인 태조 · 정조 때까지는 원구단의 제천행사가 계속 유지되었고, 태종 · 세종 때에는 거행되기도 하고 또는 폐지되기도 하는 등 어려움이 많았다.

세종조까지 하지 못했던 원구단의 제천의례는 세조 때에 다시 거행되었다. 이는 세조가 자신의 왕권을 강화하려는 의도에서 거행한 것인데, 이때도 제후국의 명분을 주장하는 유교 지식인들의 반발을 받았다. 이에 따라 세조 이후부터 원구단의 제찬의례는 공식적으로 폐지되기에 이르러 「국조오례의」를 비롯한 국가예서에서도 삭제되었고 대한제국이 선포되기 전까지는 원구단이 폐지되기에 이르렀다.

▶ 왼쪽 사진은 1897년 러시아 공사관에서 환궁한 고종은 독립협회의 강력한 건의를 받아들여 대한제국의 선포, 고종황제의 즉위식과 하늘에 제사를 지낼 수 있도록 옛 남별 궁터에 원단을 만들어 조성한 단지이다. 오른쪽은 그 뒤 단지 내에 신위판을 봉안하는 3층 팔각지붕의 황궁우를 1899년에 축조하고, 1902년 고종 즉위 40주년을 기념하는 석고단(돌북)을 황궁우 옆에 세웠다. 악기인 듯 한 석고의 몸체에 부각된 용모양은 조선말기 조각의 걸작품으로 꼽히고 있다.

원구단은 땅을 상징하는 네모난 3층 담장을 쌓고, 그 위에 하늘을 상징하는 황금색 지붕을 세워 놓았으며 그 옆에 하늘과 땅 등 여러 신위들을 3층 팔각지붕의 황궁우를 세웠다. 건물의 양식은 익공계(翼工系)인데, 청나라 영향을 받은 장식이 많다. 그런데 자주독립의 상징인 원구단을 일제가 좋아했을리 없다. 그래서 1913년 총독부는 황궁우만 남기고 제단인 원구단을 헐어 그 자리에 조선호텔을 지었다. 이때부터 황궁우는 조선호텔 후원의 장식물로 전락해 버렸다. 광복 후 조선호텔은 더욱 우람한 모습으로 증축되었고 그 주변에 하늘을 찌를 듯한 고층건물들이 들어서고 이들 현대식 건물에 가리어져 황궁우가 어디에 있는지, 원구단이 어디에 있는지 쉽게 찾아 볼 수 없다.

▶ 현재의 석고단과 원구단의 모습 - 처음 조성된 단지는 일제에 의해 1913년 원단이 철거되고 그 다음해에 그 자리에 조선호텔이 들어서면서 축소되었다. 지금은 황궁우와 석고단 그리고 3개의 아치가 있는 석조 대문만이 보존되어 조선호텔 내에 남아 있다.

# 5. 교육 건축

## 5-1 향교와 서당 건축의 개요

최초로 학교 설립에 관한 내용은 고구려 소수림왕 2년 (AD 372) 관학인 태학에 대한 내용이 삼국사기에 기록되어 있다. 서원은 신라시대로부터 유래를 찾아볼 수 있는 사학교육과 고려시대부터 발생하여 세워진 사묘제도(祠廟制度)가 결합되어 성립된 사학교육기관이다.

조선시대는 숭유억불을 국시로 한 만큼 학교에서도 유학의 교육에 전념하였으며, 유학을 교육하기 위한 교육기관으로 관학(官學)인 성균관(成均館), 사학(四學), 향교(鄕校) 등이 있으며 사학(私學)으로는 서원(書院), 서당(書堂), 정사(精舍) 등의 교육기관이 있었다. 관학 가운데 성균관은 후기까지 최고의 학부로서의 시설과 권위를 유지하였으나 사학(四學)과 향교는 시대가 흐름에 따라 세력이 약화되고 사학(私學) 교육기관인 서원이 16세기경 성행하게 되었다.

이후 사학(私學)과 사묘(祠廟)가 각각 발전하여 오다가 조선의 연산군 이후 지방 사림의 발전과 주자 숭배경모사상(崇拜景慕思想) 등의 영향으로 인하여 중종 38년(1543)에 주세붕이 백운동(白雲洞書院 - 현:소수서원)을 건립하여 한국 최초의 서원이 성립되었다. 조선 왕조사에 있어 16세기는 여러 면에서 하나의 전환기였다. 정치적으로 국왕 중심의 통치체제가 흔들려 그 힘을 잃고 있었고, 사회적으로 신분 질서가 흔들려 계층 사이에 갈등이 나타나고 봉건 질서의 빛이 바래고 있었다. 이러한 틈바구니 속에서 사림이라는 새로운 정치 세력이 나타났고 그들 중심의 새로운 질서와 가치관이 제시되었다. 서원은 이러한 역사적 상황 속에서 사람들이 학문의 장, 교육의 장을 명분으로 하면서 실제로는 세력 결집의 장을 확보하기 위해 마련한 곳이기도 하였다.

## 5-2 학교 건축의 종류

조선시대의 관리는 주로 과거 시험에 의하여 선발하였으므로 교육 기관은 관리 양성 기능을 수행하였다. 교육은 양인이상이면 누구나 받을 수 있었으나 실제로는 양반의 자제를 대상으로 이루어졌다. 서당에서는 문자를 익히고 초보적인 유학 지식과 학문을 배웠다. 그리고 서울의 4부 학당과 지방의 군 · 현에 설치된 향교에서는 소학과 사서 등 유학의 경전을 공부하였다. 서울에 설치된 성균관(고려의 최고 교육기관인 국자감이 고려 후기에는 성균관으로 명칭이 바뀌었다.)은 최고 국립교육기관으로서 소과에 합격한 생원과 진사를 입학시켜 높은 수준의 유학 교육을 실시하였다. 그리고 의학, 법학, 천문학, 산학, 외국어 등의 기술 교육은 각기 해당 관청에서 따로 실시하였다.

### 1) 성균관(成均館)과 문묘(文廟)

우리나라 최고학부의 명칭으로 '성균(成均)'이라는 말이 처음 사용된 것은 1298년(충렬왕 24년)에 국학(국자감을 개칭한 것)을 성균감(成均監)이라 개칭한 데서 비롯된다. 그 뒤 1308년에 충렬왕이 죽고 충선왕이 즉위하면서 성균감을 성균관이라 개칭하였다. 1356년(공민왕 5년)에는 배원정책(排元政策)에 따른 관제의 복구로 국자감으로 환원되었다가, 1362년 다시 성균관으로 복구되었다. 한편 공민왕 즉위 초에는 종래까지 성균관(국자감)에 유교학부(儒教學部)와 함께 설치되어온 율학(律學) · 서학(書學) · 산학(算學) 등의 기술학부를 완전히 분리시켜 따로 교육시키게 함으로써, 성균관은 명실공히 유학교육만을 전담하는 최고학부가 되었다.

조선 개국 초에는 고려시대의 직제를 그대로 이어받았다. 그러나 조선왕조가 안정되어감에 따라 공신 · 훈신(勳臣)의 자제들에 대한 각종의 과거 · 교육특전이 부여됨으로써 성균관은 주자학에 대한 학문적 연구보다는 집권 양반자제들의 입신출세의 도구로 이용되게 되어 성균관교육은 침체되어 버렸고, 그 대신 주자학의 학문적 연구를 바탕으로 하는 사학(私學), 즉 서원(書院)이 지방 양반자제들의 과거준비 교육기관으로 발전하게 되었다. 이에 따라 고려시대의 사학으로부터 물려받은 조선 초기 성균관의 교육주도권은 다시금 사학인 서원에 되돌려주게끔 되었다. 연산군의 폭정으로 한때 연락(宴樂)의 장소로 변해버리는 수난을 겪기도 하였던 성균관은 1592년(선조 25년)에 임진왜란으로 불타버려 폐허화되고 말았다. 그 중건공사는 전쟁이 끝난 뒤인 1601년에 시작되어 1606년까지 대성전 · 동무 · 서무의 문묘와 동재 · 서재 · 명륜당 등의 주요건물이 다시 세워졌고, 1626년(인조 4년)에 존경각 · 정록청 · 식당 · 양현고 등의 부속건물도 중건되었다

동재의 모습

동무의 모습

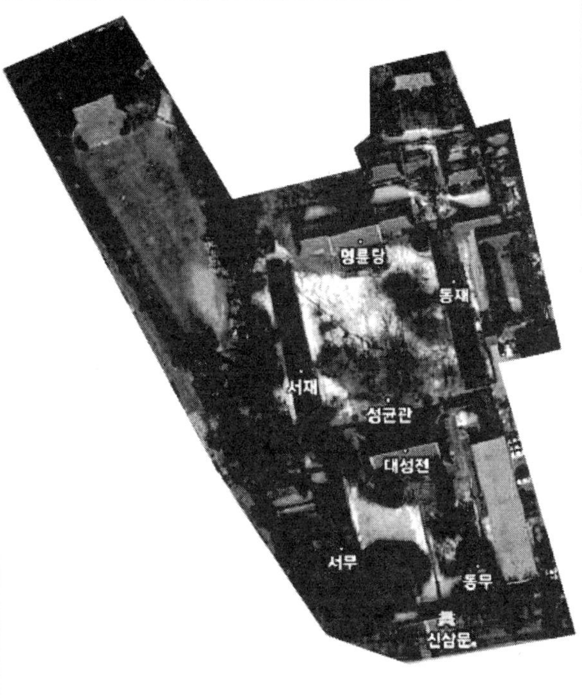

성균관의 건물 배치도 - 전묘후학의 배치

정면 5칸으로 앞부분에 퇴칸을 두어 개방되어 있고 대성전까지 신로가 연결된 것이 보인다.

동익헌과 서익헌이 이어져 있는 명륜당의 모습이며 대성전과 달리 신로가 없다.

외삼문을 들어서면 넓은 장방형의 바깥마당에 이르고 이 마당에서 전면에선 내삼문을 통하여 문묘 앞마당에 이른다. 오늘날에는 외삼문과 바깥마당을 장방형으로 둘러싼 담장들이 철거되어 내삼문을 통하여 문묘 앞마당에 곧바로 들어선다.

내삼문 동측에는 정면 11칸, 측면 1칸 반의 장방형 동무(東廡)가 서향하고, 서측에는 서무(西廡)가 같은 크기로 동향하여 있다. 이 동·서 양무는 모두 정면 11칸, 측면 1칸 반으로 전면 반칸을 퇴로서 개방하였다. 가구는 5량이고 홑처마, 맞배지붕을 이루고 있다.

내삼문과 마주한 앞쪽 터에 높은 장대석 기단을 쌓고 주좌를 쇠시리하여 다듬은 돌초석을 놓고 두리기둥(원기둥)을 세워 공포를 짠 다포양식의 겹처마, 팔작지붕의 대성전이 정면 5칸 측면 4칸의 크기로 자리하고 있다. 공포는 외 2출목, 내 2출목으로 초제공, 이제공은 모두 강직한 앙서로 되어 있고, 그 위에 높이는 첨차는 삼분두형으로 되어 있다. 내부의 출첨들은 초제공과 이제공의 끝과 교두형이나 삼제공 끝은 역시 삼분두형을 이루고 있어 조선 중기의 다포식 건축의 모습을 보여주고 있다. 이 대성전은 태조 6~7년(1397~98) 초창되어 정종 2년(1402)년에 화재로 소실되어 태종 7년

(1407)에 재건하였으나, 선조 25년 임진왜란으로 소실되어 선조 34년(1601)에 중건되어 오늘에 이른다.

내삼문 어칸부터 신도(神道)가 대성전 어칸의 중심축 상에 뻗어 기단 앞에서 ㄱ자로 꺾여 기단에 설치한 두 개의 석계 중 서측 석계와 연이어져 있고, 동측 석계는 돌길과 맞닿아, 이것이 ㄱ자로 꺾여 기단 동쪽에 만든 작은 석계와 이어지면서 동측으로 길게 뻗어 있다.

성균관의 배치는 으뜸 건축물인 명륜당을 장방형의 집터 안쪽 중앙에 남향으로 배치하고 명륜당 동서 양측에 동익헌과 서익헌을 연이어 세우고, 앞뜰 동서에 각각 동재(東齋)와 서재(西齋)를 남북으로 길게 서향과 동향으로 두었다.

명륜당은 장대석 쌓기의 기단을 쌓고 기단 전면에는 역시 장대석 쌓기의 월대를 돌출시키고, 석계를 놓아 월대에 오른다. 기단 위에 다듬은 돌 초석을 놓고 두리기둥을 세워 이익공으로 결구 하였다. 대청 가구는 오량으로 전후 평주에 대량을 걸고 동자주 없이 운두가 높은 중도리를 양측 벽에선 고주(高柱)와 대량(大樑) 위에 걸치고 종보를 이 종도리에 걸어 파련 대공을 종보에 놓아 종도리를 받치고, 겹처마 맞배지붕을 이루고 있다. 내부 바닥은 모두 우물마루의 대청이고 천장은 연등천장이다. 명륜당 양측에 세운 동익헌과 서익헌은 정면 3칸, 측면 2칸으로 명륜당 벽으로부터 정면 2칸, 측면 2칸은 대청이고 나머지 칸은 2칸의 온돌방이다. 이들 양 익헌은 장대석 쌓기 기단 위에 다듬은 돌 초석을 놓고 두리기둥을 세워 초익공으로 결구하였다.

조선시대의 교육은 유학을 고수하면서 성현의 몸가짐을 배워 덕을 몸소 실천하는 것을 목표로 할 만큼, 문묘의 건립은 필수적이 되어 성균관과 지방의 향교에는 반드시 문묘를 건립하였다. 「문묘」는 유학의 대성인 공자와 그의 제자인 사성인(顔子, 曾子, 子思, 孟子), 공문십철(孔門十哲), 송조육현(宋朝六賢), 아국십팔현(我國十八賢)의 위패를 모신 대성전과 기타 공문의 제자들과 현인들의 위패를 모신 동무와 서무로 구성된 것을 의미한다.

현재 성균관의 문묘는 1398년(태조 7년)에 완성되었다. 임진왜란 때 소실된 것을 1601년(선조 34)에 중건해 몇 차례의 중수를 거쳐 오늘에 이르고 있다. 문묘 건축의 특성은 존현의 중심기능인 제사를 위한 의식 공간(儀式空間)이기 때문에, 하나의 축(軸)을 중심으로 대성전과 동·서 양무를 좌우 대칭되게 배치하게 된다. 더욱이, 대성전 앞 동·서 양무는 배치 뿐만 아니라 입면상(立面上)으로도 좌우 대칭되게 했다.

문묘의 대성전은 다른 사묘처럼 단독으로 건축되는 것이 아니다. 조선시대의 교육 기관이었던 서울의 성균관을 비롯해 지방의 향교에 이르기까지 문묘제향을 통한 존현(尊賢)과 강학(講學)을 통한 교학(敎學)의 두 기능에 맞도록 설계되어야 한다. 그러므로 반드시 강당인 명륜당, 동재·서재 등 다른 건물과 함께 건축된다는 점에 다른 사묘와 다르다.

문묘 건축의 배치는 외삼문(外三門)을 들어서면 중앙 중심축 북쪽으로 문선왕전인 대성전이 자리잡고, 그 전면 좌우에 동무 · 서무의 양무를 건립한다. 외삼문부터 대성전 기단의 앞면 계단까지는 신도(神道)를 둔다. 대성전의 평면은 일반적으로 장방형이나, 칸수는 일정하지 않다. 보통 앞면에는 퇴(退)를 두어 개방하고 있다.

교학 공간과 관련해서 존현 공간인 문묘를 공간적으로 우위에 놓는 것도 특징(前廟後學)이다. 그밖에 다른 특성으로 건축평면에서는 동 · 서 양무 모두 내부를 통칸으로 하며, 건축구조에 있어서는 대성전의 구조가 다른 건축물, 즉 동 · 서 양무와 강당, 동 · 서 양재, 고직사(서원구역 외 민가형식의 살림집으로 서원을 관리하는 사람이 살던 곳)등 보다 우위에 두어 기단도 가장 높고, 또 포작계로 건립되었다.

### 2) 향교(鄕校) 건축

#### ① 향교건축의 시대적 배경

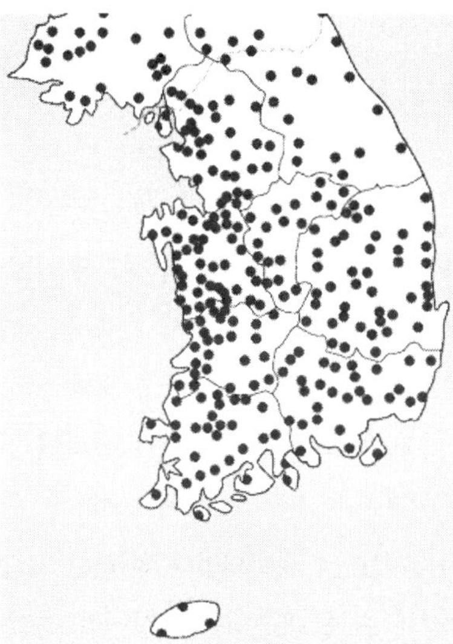

조서시대 향교 분포

조선시대 한반도에 마지막으로 설립된 충남 오천향교 - 명륜당과 동 · 서재이 없이 단순히 3칸 규모의 대성전만 있다.

향교는 주로 조선시대 지방의 유풍(儒風)을 진작시키고 아울러 인재 양성을 목적으로 전국의 크고 작은 고을에 설치했던 관학을 의미한다. 우리나라 향교의 설립은 고려 중기로 올라간다. 고려 중기부터 설립되면서 어느 정도의 발전을 보이다가 고려말기에 이르러 병란을 위시한 각종 내환이 계속되는 가운데 각 지방의 향교가 크게 쇠퇴한 것으로 알려져 있다. 그러나 향교가 언제 어디에 최초로 설치되었는지는 아직 분명히 밝혀지지 않고 있다. 고려시대 향교제도는 중국의 향교제도를 도입하였고 조선시대에 계승되어 각 지방 부(府), 대도호부(大都護府), 목(牧)에서 군과 현에 이르기까지 관학으로서 향교를 설치하였다.

〈태조실록〉의 기록으로 보아 유교이념의 보급을 위해 향교설립을 왕이 직접 명했던 것으로 여겨지며 조선 초기에 향교 설립이 정책적으로 널리 확산된 이유는 조선의 통치 이념이 바로 유교사상이었고 각 왕들은 향교 설립을 통해 그 기반을 견고히 하려 했기 때문이다. 이는 중앙에서 지방을 획일적으로 쉽게 통치할 수 있는 계기가 되기도 했다. 향교는 조선중기 이후 서원이 등장하면서 교육적 기능이 많이 떨어지기는 하였으나 행정구역의 변화 등, 상황에 따라 건립은 꾸준히 지속되었고, 특히 임진왜란 때 소실된 향교는 중건 또는 새 터를 찾아 새롭게 건축되었다. 발전과 쇠퇴를 거듭해 오면서 조선시대 한반도에 마지막으로 설립된 충남 오천향교로서 향교의 역사는 고려 중기 이후 800여 년 이라는 긴 역사를 갖고 있는 셈이다. 이러한 향교는 건축적으로도 한국의 대표적인 유교건축으로 자리 잡고 있다. 그러나 향교는 국립교육 기관이었기 때문에 양반의 자제뿐 아니라 양인도 입학하여 공부할 수 있었지만, 사설 기관인 서원은 양반의 자제만을 받았다. 향교는 낮은 녹봉 때문에 초기부터 교관 확보에 어려움을 겪었고 후기로 갈수록 이 현상이 심화되어 교관의 질이 낮아지기 때문에 학생들은 점차 향교를 기피하고 서원으로 옮겨 갔다.

**② 향교 건축과 배치 구성**

향교건축의 조형미는 단적으로 말해 절제된 단순미에 있다. 유교의 이념 가운데 절약과 검소는 '예(禮)'의 기준이 되어 사회의 윤리규범을 정립해 왔기 때문이라 할 수 있다. 따라서 건축적인 면에서도 화려하거나 필요 이상으로 규모가 증대되지는 않았다. 실제로 조선시대 지방 유교의 상징적 공간이었던 대성전도 정면 5칸이 최고의 규모였고 상당수의 향교에서는 정면 3칸이 보편적인 건축형태로 받아들여졌다. 의장적인 측면에 있어서도 상징이나 장식적인 요소는 모두 배제되었다. 잡상이나 용두 등도 볼 수 없고 공포의 구성도 익공식이 절대적인 유형으로 채택되었다. 이러한 모습은 조선후기에 사찰건축의 본전에서 일반적으로 사용된 다포양식과 크게 대조되는 현상이라 하겠다. 명륜당의 경우는 더 단출하게 민도리 양식이 상당수 향교에서 등장한다. 전반적으로 볼 때 통일적인 요소가 강하다.

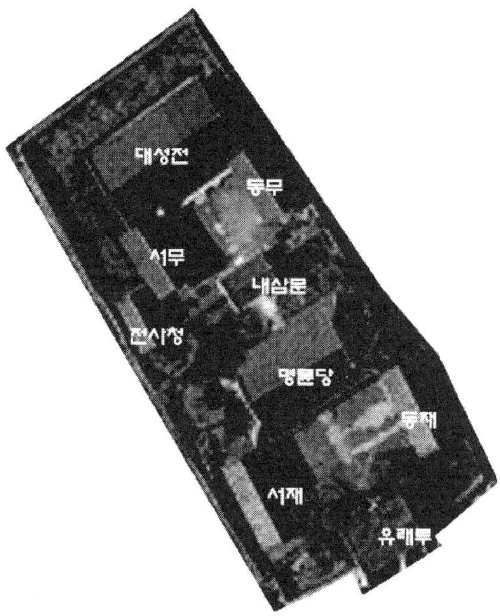


영천향교-누문(유래루) 형태로 이루어진 전학후묘 배치
(명륜당이 앞에 대성전이 뒤에 배치)

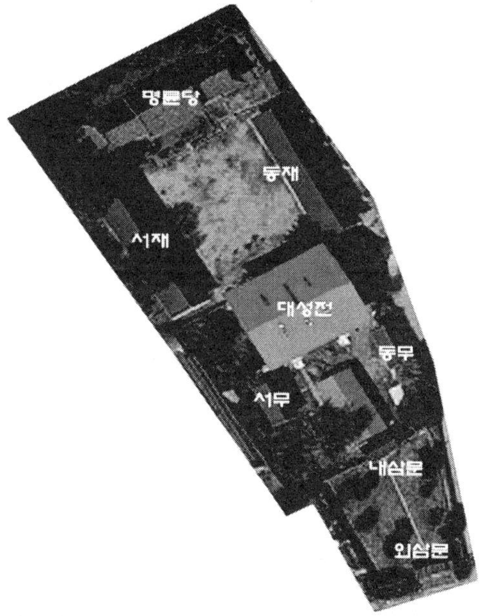


나주향교- 외삼문, 내삼문이 있는 전묘후학의 배치
(대성전이 앞에 명륜당이 뒤에 배치)

일반적으로 향교건축은 조선초부터 세종대까지 약 50년 정도 밖에 안 되는 짧은 기간에 전국적으로 거의 동시에 세워졌고 현존하는 향교의 건물모습은 대부분이 조선후기에 새롭게 중건 과정을 거치면서 정착된 것이다. 특히 임진왜란과 정유재란 때 많은 향교가 파괴되거나 소실되었기에 더욱 그렇다.

향교가 시작된 초기에는 활발히 운영되지 못하였으며, 특히 연산군 때에는 부진한 상태였고 더욱이 후기에는 사학인 서원의 위세로 약화되었다고 한다. 지방 향교의 경우 제사 공간인 대성전 일곽과 교육 공간인 명륜당 일곽을 배치하는 방식에 여러 가지 변형이 나타났다. 조선 초기에 자리 잡은 대도시의 향교는 서울 문묘와 성균관처럼 제사 공간이 앞에 놓이고 뒤에 교육 공간이 자리 잡는 **전묘후학(前廟後學)**형식이 일반적이다. 경주향교나 전주향교가 좋은 예이다. 그러나 점차 이와 반대되는 공간구성, 즉 교육공간인 명륜당이 앞에 배치되고 뒤에 대성전을 비롯한 제사 공간을 두는 **전학후묘(前學後廟)**방식이 일반화되었다.

전학후묘에는 명륜당이 향교 정문을 등진 가운데 대성전 쪽으로 동·서재를 배치하여 내삼문을 통하면 바로 대성전으로 연결되게 한 형태인 전당후재(前堂後齋)로 이 경우 공간 이용에는 편리하나 건물의 독립성이 결여되어 대성전을 신성시하는 정도가 떨어진다고 할 수 있다. 반면에 명륜당이 대성전을 뒤로하고 동·서재를 정문 쪽으로 배치하는 전재후당(前齋後堂)의 형태가 있다. 이 경우 명륜당은 향교 정면을 바라보게 되며, 건물의 독립성이 강하게 드러나는 대신 대성전에 가려면 명륜당을 돌아가야 하는 불편이 따르게 된다.

지방 도시의 경우, 향교는 읍내 중심부에서 조금 떨어진 외곽에 자리를 잡는 것이 보통이다. 대개 그 지세가 평탄한 곳에는 전묘후학(前廟後學)의 배치방식을 경사가 있는 곳에서는 전학후묘(前學後廟)의 배치기법을 이루고 있다. 그러나 전국 3백여 군데 향교가 모두 획일적인 배치 방식에 따르지 않고 대성전과 명륜당을 좌우에 나란히 배치하는 곳도 있는 등 지역의 지형에 따라 건물배치를 반영한 것으로 사료된다.

향교건물은 특별한 감홍을 주기 어렵다. 그 이유는 유교라는 동일한 학문을 가르치는 장소이고 관학이라는 점, 그리고 동일한 인물을 모시는 건물이기에 전국적으로 같은 양식으로 이루어지고 또한 제사 건물이 갖는 경직성과 단조로움으로 인하여 획일화되었다고 할 수 있을 것이다. 명륜당 역시 가운데 대청을 두고 좌우에 온돌방을 갖춘 평범한 5칸 건물로 일관된다. 건물도 간소하고 치장도 보이지 않는다. 그러나 향교는 지방 도시의 한 부분을 차지하면서 도시 구성의 일정한 몫을 담당했다.

조선후기에 오면서 대부분의 향교에는 누각이 세워지고 누각은 여름 더위를 피하는데 쓰이기도 하지만 주로 향교에 속한 사람들의 모임이나 휴식 그리고 외부 손님의 접대 장소로 이용된다. 이 누각이 향교에 유행하면서 전체 건물 구성이나 경관에 색다른 변화가 생기기도 한다. 특히 강릉향교는 누각 형태를 취한 특이한 예이다.

강릉향교 전경 - 오른쪽 누각형태의 명륜당이 보인다.

밀양 향교 - 전학후묘, 전묘후학의 원칙이 아니라 자연지형에 맞게 배치된 사례(좌묘우학)

### ③ 대표적 향교 건축

향교는 기본적으로 유교적 윤리 규범을 교육하는 곳이기 때문에 향교 건물의 건축 양식에서도 위계질서를 찾아 볼 수 있다. 대성전과 동·서무는 명칭에서부터 '전(殿)'과 '무(廡)'의 현격한 차이를 두고 있다. 즉 5성을 모신 대성전은 대궐을 뜻하는 전의 개념을, 제현과 우리나라의 18현을 모시는 동 · 서무는 행랑을 뜻하는 무의 개념을 사용한 것이다. 또 지면으로부터 높낮이를 다르게 하여 우선 시각적으로 위계를 나타냈으며, 재료 사용에 있어서도 대성전에는 둥근 기둥을 사용한 반면 동 · 서무에는 네모난 기둥을 사용하였다. 뿐 만 아니라 구성도 대성전이 익공 양식인 반면 동 · 서무는 일반 주택과 같은 민도리 양식이 주류를 이루고 있다. 대성전과 동 · 서무는 위폐를 모시기 때문에 내부는 통칸으로 되어 있고 바닥은 전(甎, 흙을 구워 방형이나 장방형으로 벽돌보다 넓게 만든 건축 자재)으로 이루어지는 것이 일반적이다.

현존하는 건물로서 전주향교, 경주향교, 나주향교(전묘후학), 강릉향교 등이 우수한 건물군을 이루고 있다. 전주향교 대성전은 사당 건물이 갖추어야 할 엄격하고 질서 있는 외관을 잘 보여주며 경주향교는 향교 전체의 단순하면서도 질서 있는 공간 구성이 돋보인다. 강릉향교는 9칸의 장대한 누각이 일품인데 이처럼 향교에 장대한 누각을 갖추는 것도 드문 일은 아니었다.

### ■ 전주 향교

• 위치 : 전주시 완산구 교통 1가 26 (사적 제379호)

전주향교 배치도(항공사진)

전주향교는 고려시대에 창건되었다고 전하고 있으나, 정확한 기록은 없다. 규모는 대지가 약 3,130평에 이르며 건물은 모두 19동으로 100칸에 이른다.

건물배치는 문묘의 대성전 및 동 · 서제를 뒤에 배치한 전묘후학 배치형식을 따르고 있다. 주요건물은 남북의 중심축을 엄밀하게 지켜 축의 남단에 홍극문(紅戟門)을 두고 약 60n 후방 주축상에 특경문(特敬門, 현 향교 정문)을 두고 문묘 중문인 일월문과 다시 약 13m 간격을 두고 있다.

일월문을 들어서면 넓은 기단위의 대성전을 중심으로 좌우에 동 · 서무(東 · 西 )가 위치하고 있다. 대성전과 뒤의 명륜당(明倫堂) 사이에는 넉자 남짓한 토담이 구획짓고 있어 일각문(一角門)을 통하여 연결된다. 명륜당의 건축적 양식도 전형적인 것과 달리 기단이 지극히 낮고 3칸의 중당(청)은 맞배지붕으로 주심포를 갖고 있으며 양단의 익실을 덧붙인 듯한 외쪽지붕으로 중당부의 동서에 맞대어 있어 전체로 보아 변형된 지붕모양을 하고 있다. 대성전 뒤의 낮은 토담은 문묘공간과 명륜당 공간의 단순한 경계 뿐 아니라 상이한 성격의 두 공간의 공간감의 한계표시를 겸하며, 낮은 높이로 명륜당의 대청에 오르면 문묘까지 한 눈에 뚫어 보이는 조망을 가능토록 하고 있다. 명륜당 좌우에는 동서재가 있고 대성전의 축이 연장되어 어느 정도 대성전과 같이 대칭을 이루고 있다. 서쪽으로 장서각(藏書閣), 계성사(啓聖祠), 동・서재와 사마재(司馬齋), 그리고 주위에 교직사(校直舍) 등 여러 건물이 있다. 이곳 배향위패는 서울의 성균관과 같이 대성전에 공자를 주벽(主壁)으로 사성(四聖)과 십철(十哲), 송대(宋代) 육현(六賢)을 배향하고 있으며, 동서 양무에는 공자의 제자를 비롯한 중국의 유학자 7인과 우리나라의 18현 등 총 25인을 배향하고 있다. 특히 계성사에는, 5성(五聖)의 위패가 있으며, 대성전은 효종 4년(1653)에 부윤 심택(沈澤)과 판관 한진기(韓震琦)가 중건하였는데, 이기발(李起浡)이 중건기를 남겼다. 명륜당은 광무 8년(1904)에 군수 권직상(權直相)이 중수하였다. 또한 대성전은 융희 원년(1907)에 당시 군수였던 이중익(李重翼)이 중수하여 현재에 이르고 있다.

3칸의 일월문

정면 3칸의 대성전

증축된 이미지의 지붕모양을 한 명륜당

### 3) 서원(書院) 건축

여진 정벌과 왜 토벌로 공을 세운 신흥무장 이성계와 연합한 창업파가 고려 왕실을 무너뜨리고 조선 왕조를 개창했을 때, 수성파의 처지는 바람 앞의 촛불과 다름없었다. 정몽주가 선죽교에서 자객에게 피살되는 것을 숨어 지켜보았던 그들은 지방으로 내려가 몸을 숨기며 내일을 기약했으니 이들이 바로 사림파이며, 개국공신 이었던 창업파가 곧 훈구파이다. 이후 90여 년의 세월이 흘러 9대 임금인 성조 때부터 사림파는 서서히 정계에 등장하기 시작하고 14대 선조 대에 이르면 훈구파를 완전히 축출하고 정권을 장악하게 된다. 이후 이들은 서인과 동인으로, 다시 북인과 남인, 노론과 소론으로 분파되지만 그 뿌리는 고려 말 역성혁명(易姓革命)에 반대했던 수성파 사대부의 후예이자 조선 초기 100여 년 동안 초야에 묻혀 지냈던 사림파이다. 와신상담했던 이들이 정계에 진출하면서 가장 먼저 한 일은 수성파의 시조인 정몽주의 사당을 세워 자신들의 정체성을 확립하고 서원을 세워 후학을 가르치는 일이었다. 이리하여 유교건축의 핵심이라 할 수 있는 사당과 서원이 세상에 모습을 드러내게 되었다.

### ① 서원건축의 시대적 배경

서원은 한마디로 말하면 성리학적 고급인재를 양성하기 위해 조선중기에 주로 설립됐던 조선시대 최고의 학당이라고 할 수 있다. 서원은 사학으로서 물론 서원에 따라 차이는 있겠지만 오늘날의 대학에 해당하는 고등교육기관이었다. 서원이 건립되는 계기는 15세기 말부터 향교(양반, 상민 등에게 공평하게 교육기회 부여)의 교육적 기능은 쇠퇴하기 시작하였는데 관학이 갖는 관료주의와 무사안일주의의 병폐가 드러나기 시작했기 때문이다. 관학의 부실화를 초래하는 악순환을 거듭하던 때에, 사람들이 자발적으로 건립하는 서원이 등장하기 시작하였다. 서원 초창기에 서원을 설립한 주체들은 모두 사림파(고려말 새로운 사회 주도세력으로 등장한 사대부 계층)였고, 서원에 봉안된 인물들도 대부분 사림파의 선구적 위인들이었다.

서원이 본격적으로 건립되기 시작한 16세기는 여러 면에서 조선사회의 큰 변혁기였다. 특히 사회적인 측면과 사상적인 측면에서 커다란 변화를 보이고 있었으니 재야에 은거해 있던 사림들이 이때에 이르러 세력집단을 형성하면서 정권참여를 모색하고 마침내 그 목적을 달성하게 된다. 한편 성리학이 사림을 중심으로 근원적으로 연구되면서 철학적 발판을 마련하고 그러한 발판을 디딤돌로 하여 사림정치가 굳어지는 시기가 바로 16세기이다. 이 시기 서원은 날로 번성하여 16세기 중반에서 17세기 초까지 설립된 서원은 110여 군데였지만, 18세기가 되면 600여 군데 증가하여 230여 군데에 불과한 향교를 수적으로 압도하게 된다. 이와 동시에 서원의 성격도 차츰 변화하였다. 대성전과 명륜당으로 양분된 건물 구성에서도 알 수 있듯 서원은 명현(名賢)의 배향과 교육의 기능을 동시에 가진다. 초기의 서원이 제향기능에 충실했던 반면 후기로 갈수록 자제들을 과거시험에 합격시키기 위한 교육기능이 강화되면서 강학공간인 명륜당이 점차 중요해지고 비대해진다. 이러한 배경으로 인해 사교육이 공교육을 능가하는 현상은 당시에도 이미 사회문제가 되고 있었고, 이는 결과적으로 사림의 기반을 공고히 하는 계기가 되었다. 지금 우리나라도 사교육의 비대로 가득권의 기반 강화와 빈곤의  대물림이 그 싹을 보이고 있듯, 공교육인 향교의 쇠퇴에 따라 양인은 점차 교육 기회와 그에 따른 주류 사회로의 편입 기회를 상실하게 되었다.

서원은 바로 이러한 역사적 상황 속에서 사림들이 향촌기지로서 그 구실을 하면서 태동, 발전하여 갔다. 이러한 배경 속에서 발전한 서원은 향촌 교화와 세력화라는 사림들의 이데올로기가 만들어낸 정치적 거점 역할을 했다. 성리학의 세계란 학문과 종교. 정치, 사회 현상이 하나로 총합된 합일의 세계였다.

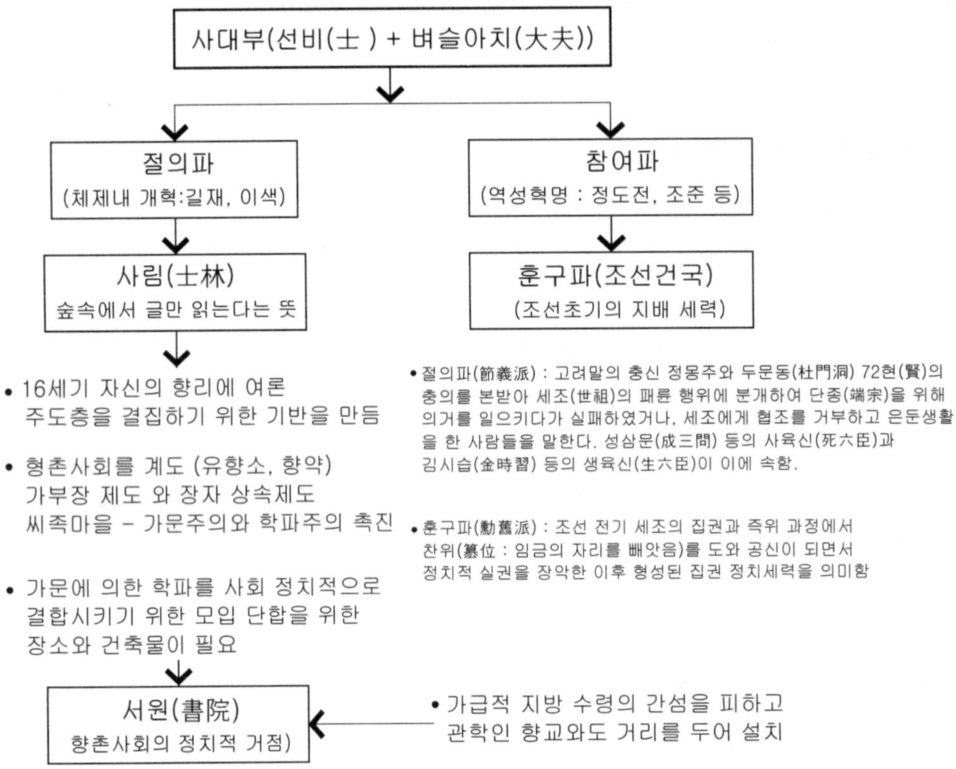


- 서원건축의 시대적 배경 -

### ② 서원 건축의 배치와 구성

서원의 건축양식은 향교건축과 비슷하게 전반적으로 소박하고 간결하며, 일정한 통일 요소를 지니고 있는 것이 특징이다. 이는 사찰 등 다른 건축과 크게 비교되는 것으로 서원건축은 종교성, 권위성 등과는 멀리 오로지 학문연구를 위한 건축으로 출발하였기 때문이다. 한적한 산림 가운데 은거하려는 뜻으로 서원을 세웠기 때문에 화려하고 장식성이 강한 건축은 그들의 이상에 맞지 않았다. 오히려 자연과 잘 어울리는 조형미를 찾으려고 애썼을 것이다. 또한 검소한 생활환경을 장려했던 유교사상도 서원의 조영에 큰 영향을 미쳤을 것으로 여겨진다. 건축의 주체였던 유학자 자신 모두가 유교사상에 심취한 자들이었기 때문이다.

사당의 건축규모는 정면 3칸에 측면 2칸 내지 3칸이 대부분이며 평면은 모두 장방형으로 되어 있다. 이중 상당수의 서원에서는 측면의 앞쪽 1칸을 반칸 규모의 퇴칸으로 처리하여 개방시킴으로써 제향의식시 편리하게 꾸몄다.(소수, 필암, 도산, 남계, 홍암, 용연, 심속, 덕봉서원) 이러한 평면 계획은 사당건축의 특징으로 향교의 대성전에서도 주류를 이루고 있다.

사당건축물의 공포는 익공식이 많고 주심포식은 도동서원 등 몇 곳에서만 나타난다. 화려한 다포식은 찾아볼 수 없다. 결코 화려하지 않은 유교의 절제된 사고에서 우러나온 것 같다. 창방과 주심도리의 장혀 사이에는 화반을 배치하였으며 그렇지 않을 경우에는 간략하게 소로 받침만을 두었다. 가구는 전면으로 툇간을 둘 경우에는 1고주 5량이며 그렇지 않을 경우에는 무고주 5량으로 대부분이 단순한 5량 가구를 취하고 있다. 강당의 공포에서도 사당과 마찬가지로 익공식이 많고 주심포식(도동, 노강서원 등)과 민도리 구조(병산, 도산, 덕봉서원 등)도 간혹 보인다. 기둥머리는 대부분이 창방으로 결구되고, 그 위로는 소로나 화반이 일반적으로 배치되었다. 가구는 대부분 5량 구조로 되어있다. 강당의 평면구성은 중앙으로 대청을 꾸미고 양측 끝으로 1칸 규모의 온돌방을 배치한 형식이 대부분을 차지한다. 이 경우 전면으로 반칸 퇴를 두어 툇마루를 설치하기도 한다. 도산서원은 한쪽으로만 온돌방을 배치하였다.

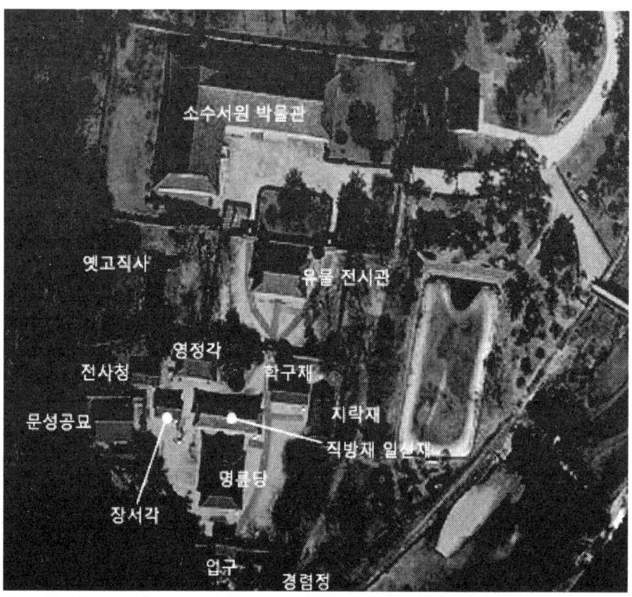


소수서원 : 우리나라 최초의 서원으로 주세붕이 창립하였고 초기에는 백운동 서원으로 불리어지다가 소수서원으로 명칭이 변경되었다. 경북 영주시 풍기읍에 위치하고 있다.

주자의 예와 중국의 백록동 서원을 이상형으로 삼아 태동한 한국의 서원 건축은 하나의 전형적인 형식을 갖추기 시작하였다. 강당을 중심으로 한 강학 공간과 사당을 중심으로 한 제향 공간이 결합한 기능적인 형식을 기본으로 강학 공간을 앞에 높고 제향 공간을 뒤에 놓는 건축 형식이 성립되었다. 하나의 중심축선을 설정하고 그 위에 주요 건물인 강당과 사당을 앞뒤로 일렬로 놓고 좌우에 부속 건물들을 대칭으로 배열하는 건축 '유형'이 일반화되었다.

물론 서원에 따라 약간의 변경은 있지만 이러한 건축 형식은 전국 대부분의 서원에 적용되었다. 서원 건축의 이러한 유형은 관학이 향교 건축과도 유사한 것이었다. 향교 역시 중심축선상에 명륜당과 대성전을 일렬로 배열하고 좌우

대칭으로 부속 건물들을 놓는 형식이 존재하였다. 향교의 경우, 명륜당은 강학 공간의 중심이고 대성전은 제향 공간의 중심이다. 그러므로 형식적인 면에서 서원과 향교는 거의 동일한 기능과 건축 형식을 갖는다. 새로 등장한 서원 제도가 그 이상적인 건축형식으로 중국 송대의 서원건축을 염두에 두었지만 현실적인 재료와 공법 기술 수준으로 인해 기존의 교육 시설인 향교건축의 형식을 받아들였던 것으로 볼 수 있다.

어떤 과정을 겪었던 형식적이고 규범적인 성리학의 특성상 한 번 고착된 건축형식은 강력한 전형과 제도로서 작용하게 되었다. 그러나 서원의 건축 유형이 아직 정착되지 않았던 초기의 서원들은 비교적 다양한 모습을 보여 준다. 예를 들어 최초의 서원 소수서원에는 중심축이라든가 좌·우 대칭의 개념은 존재하지 않았고 필요에 따라 임의로 건물을 배치하여 무질서하게까지 보인다. 또 도산서원과 병산서원은 사당과 강당이 일렬로 배치되지 않고 강당 뒤 동쪽으로 치우쳐 배치되어 비대칭적으로 구성되기도 하였다.

19C 이전에 조성된 현존 서원들은 건축적인 유형을 따르면서도 비교적 변화 있고 다양하게 구성된 반면, 19C 이후 특히 20C에 복원된 서원들은 거의 예의 없이 획일적으로 건축적인 규범을 따르고 있어서 변화를 찾아보기 어렵다.

그리고 다른 건축물도 그렇지만 특히 서원은 거의 지어질 당시의 본래 모습을 남기고 있는 경우는 흔하지 않다. 한때 1천군데 가깝게 번성했던 서원은 19세기 고종 때 서원 철폐령에 의해 철저히 훼손되었고 그 후에는 다시 활발한 복구 작업이 진행되었지만 이미 서원 본래 모습을 되찾지 못하고 변질된 모습으로 지어졌기 때문이다. 고종 때 철폐를 면한 서원은 전국 47군데였다. 그러나 이들 서원들도 20세기를 지나오면서 상당 부분 본래 모습에서 달라졌다. 어떤 서원은 유지 관리할 수 있는 여건이 마련되지 못하여 전각들이 소멸되었고 어떤 서원은 지나치게 서원의 위상을 높이려는 정비사업 때문에 본래 건축 형태를 훼손당하기도 하였다.

서원의 건축 유형을 '전학후묘' 형식이라 부르기도 한다. 앞쪽에 강당을 중심으로 한 강학공간을 그 뒤에 사당을 중심으로 한 제향 공간을 배열한 건축형식을 일컫는다. 약간의 변경은 물론 있지만 거의 모든 서원은 이 유형적 규범을 충실히 따르고 있다. 반면 향교건축은 전학후묘형 뿐 만 아니라 전묘후학, 좌학우묘, 좌묘우학 등 다양한 형식들이 병존하고 있다.

**▌서원건축의 건물과 용도**

· 사당 - 선현의 신위를 모신 건물로서 서원에 따라 영정도 함께 봉안하기도 한다.
· 강당 - 학생이 글을 배우는 강학공간의 중심 건물로 선생의 거처가 되기도 한다.
· 동재, 서재 - 학생들이 기숙하는 곳으로 보통 강당전면에 대칭으로 자리하고 있다.
강당을 향하여 오른쪽에 있는 건물이 동재(선임)이고 왼쪽의 건물이 서재로 부른다.

· 장판각 - 서적의 간행, 수립, 보관 및 관리 등을 위해 지어진 건물이다.
· 전사청(제기고) - 제향시 필요한 제수를 마련하고 기물을 보관하는 곳이다.
· 누각 - 원생들의 휴식과 여가를 위해 또는 시회의 장소 등으로 지은 건물이다.
· 내 · 외삼문 - 내삼문은 제향구역의 정문으로 모든 서원에서 건립된다. 외삼문은 외부와의 경계라는 의미가 일차적으로 강한 문이다. 누각이 들어설 때 외삼문은 생략된다.
· 홍살문 - 서원영역 입구의 맨 전면에 세워지는 일종의 상직적인 문이다.
· 고직사(庫直舍) - 서원의 관리하는 사람들의 살림집 건물이다.
(참고: 교직사(校直舍): 학교나 향교를 지키는 사람이 기거하는 건물이다.)

### ③ 대표적 서원 건축

■ 병산서원

• 위치 : 안동시 풍천면 병산리 (사적 제260호)

전학후묘의 형식으로 배치된 병산서원의 전경

강학당에서 만대루(낙동강과 병산방향)로 바라본 모습

병산서원은 빼어난 자연경관이 병풍을 둘러친 듯 아름답다는 안동시 풍천면 병산리에 위치한 사적 제260호이다. 병산서원은 본래 풍악서당이라 했는데, 조선 명종 18년(1563) 풍산읍에 창건되었으나, 선조 5년(1572)년 현재의 위치로 옮겨졌다. 고려 말부터 사림의 교육기관으로 사용되던 이 서원은 서애 류성룡 선생(1542~1607)이 후학 양성을 위해 이곳으로 옮기고 이름을 병산이라 고쳐 불렀다고 한다. 철종 14년(1863) 병산서원으로 사액을 받은 이곳은 고종 8년(1871) 대원군의 서원 철폐령에도 존속한 전국 47개 서원중의 하나로 알려지고 있다. 서원의 경내에는 존덕사(尊德祠), 입교당(立敎堂), 신문(神門), 전사청(典祀廳), 장판각(藏板閣), 동재(東齋), 서재(西齋), 만대루(晩對樓), 복례문(復禮門), 고직사(庫直舍) 등 자연과 적절하게 조화를 이룬 목조건물이 즐비하다. 당시 아주 폐쇄적이고 권위적인 건축물 유형을 예상할 수 있으나, 이 서원은 시대적인 한계를 이겨낸 다차원적인 공간으로 구성되어 있다.

강당 뒤편에는 사당(존덕사:尊德祠)을 앉힌 사당 공간이 전체의 중심축에서 약간 벗어난 오른쪽 높은 곳에 별도로 일곽을 이루고 있다. 존덕사는 선현의 위패를 모시고 제향의식을 행하던 곳으로 정면 3칸, 측면 2칸 규모의 5량 맞배지붕의 초익공계 건물이다. 담장을 친 별도의 공간에 위치하고 있는데, 현재 건물은 1937년 다시 지은 것이다. 사당 영역 좌측에는 장판각을, 우측에는 전사청을 두었다. 전사청은 제행시 필요한 제수를 마련하고 기물을 보관하는 곳으로 정면 3칸, 측면 1칸의 맞배지붕 건물이라고 한다. 서원의 중심 건물인 입교당은 '가르침을 바로 세운다'는 뜻이 담긴 강당으로 서원에서 가장 핵심이 되는 건물이다. 동, 서재는 학생들의 기숙사로 이용되었으며, 구조가 크게 다르지 않은 대칭적 구성의 건물로 마당을 중심으로 각각 서향과 동향으로 배치돼 있다. 각기 정면 4칸, 측면 1칸 크기로 강당 쪽의 1칸과 만대루 쪽의 2칸이 온돌 구조인 협실로 되어 있으며, 중앙 1칸은 마루 구조로 되어 있다. 비록 2칸이라 하더라도 방의 넓이는 매우 좁다.

병산서원의 가장 특징적이고 최고의 목조 건축물로 손꼽히는 것은 만대루이다. 만대루는 병산서원의 꽃이다. 비록 서원 안에 있으나, 그 시각적 소속은 외부에 속한다. 강학당 대청 가운데 자리에 앉으면 수직적으로 만대루의 기둥이 전면에 보이는 낙동강과 병산의 풍경이 일곱 폭의 병풍으로 나눠 펼쳐지는데, 가히 한국의 풍광을 담은 그 어떤 동양화 작품보다 더 훌륭하다고 말할 수 있다. 만대루의 마루면과 지붕사이로는 유연하게 흐르는 낙동강이 보이고 마루 밑 아래층으로는 대문간이 시야에 들어온다. 이는 건축 당시 산의 솟음과 강물의 흐름을 일체화한 것으로 판단되는데, 지금의 정확한 계산과 수치로도 재구성하기 어려운 건축물이다. 만대루에 올라서면 시간과 공간을 까맣게 잊고 주변 경관에 취한다. 이 누각은 정면 7칸, 측면 2칸 규모 등 팔작지붕으로 꾸며졌으며, 2층 누마루 주위에는 계자각 난간을 둘렀다. 병산서원의 진정한 가치는 빼어난 경치들을 서원 안으로 끌어들인데 있을 정도는 자연과 하나가된 공간을 형성한다.

만대루에서 본 서원의 정문

3문으로 이루어진 사당 존덕사

만대루의 내부 모습

### 4) 향교(鄕校)건축과 서원(書院)건축의 비교

향교와 서원은 설립 주체나 배향(配享) 인물, 설립 시기 등에서 차이를 보이지만 형태나 기능 면에서는 앞에서 살펴본 바와 같이 많은 공통점을 가지고 있어 쉽게 비교 설명할 수 있다.

일반적으로 향교는 공자와 그 제자들의 제사를 지내면서 지방 자제들을 교육시키던 관립학교로 인식되고 있다. 그러나 처음에는 '지방 학교'라는 의미를 지녔으며, 이러한 의미에서 세워진 것으로 소학(小學), 주학(州學), 향학(鄕學), 상숙(庠塾) 등이 있었다.

반면에 서원은 비록 서원들마다 다르겠지만 유학의 발전에 혁혁한 공헌을 세운 대유학자이거나 나라를 위해 충절을 바친 선현들만이 봉안될 수 있었다. 대표적인 인물로 이황, 이이, 송시열 등과 같은 우리나라의 명현들로 많아야 10인을 넘지 않았다. 이러한 선현들은 학덕과 위대한 유훈을 하나의 모범으로 받들면서 후학들을 계도하고 학문을 연마하는데 도움이 된다고 믿었기 때문이다.

향교는 고려조에 설립되었으나 무신집권기와 몽고와 왜의 침입 등으로 인하여 제대로 운영되지 못하다가 고려 말에 지방관과 유생들의 노력에 의해 점점 그 기능을 회복하고 숫자도 증가하였다. 그 뒤 조선이 건국되면서 향교는 전국적으로 확산되었다. 즉 국가의  지도 이념으로 채택된 성리학을 모든 백성에게 보급시키기 위한 '1읍 1교(一邑一校)'의 원칙에 따라 전국의 모든 군현에 향교를 건립하게 된 것이다. 원래 향교에는 양반 상민을 가리지 않고 공평한 교육 기회를 부여하였다. 그러나 조선사회가 전개되면서 반상의 구분은 더욱 뚜렷해졌고 격차도 심화되었다. 따라서 양반의 자제들 특히 사림들은 대중 교육의 성격이 짙은 관학을 외면하였고, 유명한 스승을 찾아 사숙하는 사교육이 일반 관행으로 자리 잡았다. 능력있고 걸출한 학자들에게는 개인적인 제자들이 몰려들었기 때문에 굳이 관학에 관여할 필요가 없었고 점차 무자격자, 무능력자들이 향교의 교수직을 채우게 되었다. 따라서 관학 교육은 극히 형식적이 되고, 급격한 속도로 발전하는 성리학에 대한 교육 수요를 감당할 수 없게 되었다.

▌향교와 서원 비교

| 구 분 | 설립 주체 | 배향 인물 | 설립 시기 | 기능 |
|---|---|---|---|---|
| **향교(鄕校)** | 국가(관학) | 공자(文宣王), 4성(四聖)<br>10철(十哲) 72현(72賢),<br>송조 6현(宋朝 6賢),<br>우리나라 18현 등(일률적) | 고려 | 교육기관, 제향 |
| **서원(書院)** | 개인(사학) | 이황, 이이, 송시열 등<br>우리나라 명현(서원마다 다름) | 조선(16C 이후) | 교육기관, 제향 |

**〈 참고 〉**

4성 : 안자(顔子) · 증자(曾子) · 자사(子思) · 맹자(孟子) 4성과 공자를 비롯한 5성위(5星位) 공자의 수제자-10철 / 공자의 문하생-72현 송조 6현(송나라 6현)은 도국공 주돈이(道國公 周敦, 1017~1073), 애국공 정호(애국공 程顥, 1032~1085), 낙국공 정이(洛國公 程伊, 1033~1107), 신인백 소옹(新安伯 邵雍, 1011~1077), 미백 장재(미伯 張裁, 1020~1077), 휘국공 주희(徽國公 朱熹, 1130~1200)이며, 송나라 2현은 정호(程顥), 주희(朱熹)를 말하며, 신라 2현은 설총(薛聰, 655~?), 최치원(崔致遠 857~?), 고려 2현은 안향(安珦, 1243~1306), 정몽주(鄭夢周, 1337~1392)이며, 조선 14현은 김굉필(金宏弼, 1454~1504), 정여창(丁汝昌, 1450~1504), 조광조(趙光祖, 1482~1519), 이언적(이언적, 1491~1553), 이황(李滉, 1501~1570), 김인후(金麟厚, 1510~1560), 이이(李珥, 1536~1584), 成渾, 1535~1598), 김장생(金長生, 1548~1631), 조헌(1544~1592), 김집(金集, 1574~1656), 송시열(宋時烈, 1607~1689), 송준길(宋浚吉, 1606~1672), 박세채(朴世采, 1631~1695)를 말한다.

서원이 출현하기 시작한 16세기 중반에는 이미 전국 곳곳에 정사(精舍)와 서당, 서재라는 이름의 개인적인 교육 시설들이 성행하고 있었다. 양반층과 사림이 외면하는 관학에 대해 정부의 지원도 시들할 수밖에 없었다. 재정 지원의 격감하고 정치적 위상의 약화가 다시 관학의 부실화를 초래하는 악순환을 거듭하던 때에 사림들이 자발적으로 건립하는 서원이 등장하게 된다.

# 6. 전통마을

## 6-1. 전통마을의 개념

### 1) 전통마을의 개념

전통마을은 정확한 정의를 내리기는 모호한 면을 가지고 있지만, 씨족마을이나 역사성 있는 마을로만 단순하게 정의 할 수는 없다. 강선중(1984) "단순한 씨족집단의 모임단체 뿐만 아니라 자족적인 생활권을 지닌 마을로서 자연에 의한 사회적 관계가 가능한 지역공동체의 개념으로 전래의 유교적 향약의 촌규와 씨족적 결합력이 강한 반촌을 의미한다."고 정의를 내리고 있고, 김근호(1987)는 "그 곳에 몸담고 있던 사람들의 표상이 어린 곳으로서 그 곳 특유의 전통문화를 간직하며 후손들이 옛 선조들의 향기와 얼을 느낄 수 있는 부락"이라고 정의하였다. 현재 사용되는 우리나라 전통마을이란 용어는 취락, 촌락, 동족부락의 개념과는 차원이 다른 의미로 사용되고 있고, 오랫동안의 시대변화에 동요 없이 마을 전통이 내려오고 있는 지역 집단을 말하며, 혈연부락과 자연부락의 개념을 포함하는 포괄적인 개념으로 사용된다.

우리나라에 씨족마을이 형성되기 시작한 시점이 15세기 이후이고, 형성시기만을 볼 때는 대부분의 씨족마을들이 전통마을의 조건을 가지고 있다. 그러나 오랜 시간의 흐름에 따라 대부분의 씨족마을들이 변화 과정을 거쳐 소멸되거나 일반 농촌화되었고, 현재는 넓은 의미의 역사환경, 즉 전통마을로 불릴 수 있는 곳이 40여 곳에 불과한 실정이다.(강동진, 1994) 1990년 이후 문화체육부는 법보호대상의 6개 마을 외에 특징 있는 전통문화를 보유한 마을을 '전통문화마을'로 지정하고 있다. 전통문화마을로 지정된 마을들은 전통문화의 개념을 확대하여 인문적 요소인 조형물, 조경물, 건물 등이 포함되는 유형적인 요소는 물론 무형적인 문화요소와 자연적 요소까지를 포함하여 보존대상으로 삼고 있다는 특징을 가진다(문화체육부, 1994). 이러한 '전통문화'의 개념이 확대 · 적용된 전통문화마을을 고려한다면 '전통마을'이란 예로부터 이어져 내려오는 마을로써 혈연중심마을(씨족마을형)과 자연중심마을로 나눌 수 있다. 혈연중심마을에 대비되는 개념인 자연중심마을은 지연(地緣)을 토대로 형성된 마을이며, 혈연중심마을이 대체로 반촌(班村)이라고 한다면 자연중심마을은 대체로 민촌(民村)에 해당된다. 그러므로 우리나라의 '전통마을'이란 용어는 오랫동안 시대변화의 동요됨이 없이 마을전통이 내려오고 있는 지역 집단을 말하며, 위의 두 가지 유형을 모두 포함하는 포괄적인 개념으로 사용한다.

법적으로 보호받고 있는 전통마을을 6개(안동의 하회마을, 제주의 성읍마을, 경주의 양동마을,

승주의 낙안읍성, 예산의 외암리(송악)마을, 고성의 왕곡(오봉리)마을) 정도이다. 그 외 전통문화마을로 지정된 곳은 전국에 31개(1997) 정도로 알려져 있다. 그러나 일반인의 인식 속에서는 전통마을이 '민속마을'로 불리기도 한다. 앞에서 언급된 여러 용어 체계를 기준으로 한다면 전통마을의 성격은 〈취락→촌락→씨족마을〉 위계 관계 속에서 촌락과 씨족마을의 중간적인 성격을 지니는 마을로 정의될 수 있다.

전남 순천시 승주 낙안읍성 전경

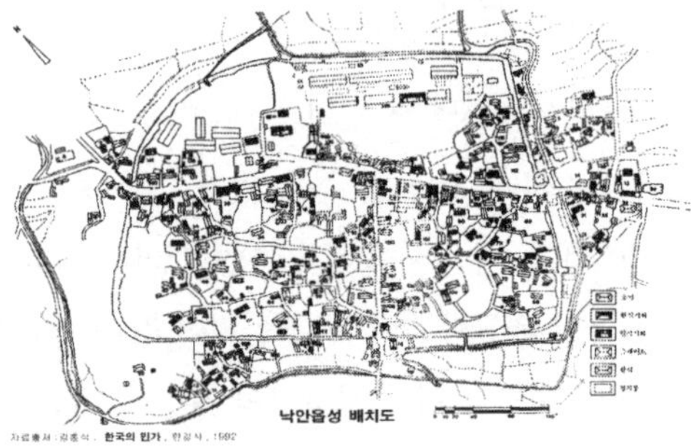


전남 순천시 승주 낙안읍성 배치도

### 2) 마을공간과 주민의 삶

한국의 전통마을들은 일반적으로 산기슭 남쪽 경사면의 양지바른 곳에 자리 잡으면서 배산임수(背山臨水)의 공간형태를 취한다. 이러한 공간들은 주거지 조성 및 경작물 재배에 유리한 지형조건이 되고 유사시 자기신변을 보호할 수 있는 피난처를 가까이 지니고 있다. 그리고 마을 사람들에게는 최소한의 생활영역을 형성시키는 테두리가 되면서 자연 속에 존재하게 된다. 이렇게 마을이 자연 속에 전제해야 하는 필요충분조건에 비추어 보아 자연에 대한 사람들의 능력에는 한계가 있어 불가항력적인 현상이 되므로 마을 공간 안에서 일어나는 사람들에 의한 건축행위들은 저절로 자연환경에 순응·조화되어 나타나게 된다. 이때 나타나는 건축행위의 기본원리들은 마을 사람들의 생활과 오랫동안 이어져 내려오면서 삶과 융해되어 '생활의 장'으로서 마을공간을 구성하여 오고 있다. 마을공간 구성 방법에 있어 마을 사람들에게 널리 영향을 끼친 기본 원리들은, 상징·주술적인 논리를 가진 풍수지리설에서 발전하여 보다 현실성을 지니고 구체적인 내용을 담는 실학파의 복거론(卜居論)을 의미한다.

그러나 오늘날 새마을 운동이 펼쳐지면서 많은 사람들이 모여 사는 농촌 지역의 마을들은 '생활의 장'으로 거주할 만한 보람과 긍지·애착심을 가지고 살 수 있는 곳이 되도록 하는데 실패하여 오고 있다고 볼 수 있다.(최양부의 『농촌발전과 농촌계획』 참조) 즉 농촌지역은 근대화·도시화되는 과정에서 무분별한 서구문물의 도입으로 인하여 생산노동 위주에서 여가·오락위주의 패턴으로 바뀌면서, 마을공간 구성방법에서도 조상들의 경험이 축적된 자연유산에 등을 돌린 채 취락개선사업의 명목으로 바람직하지 못한 방향으로 급격한 변화를 초래하고 있다.

역사적으로 우리 조상들이 마을자리를 정하고, 집터를 선택하는 일들이 신석기 시대(기원전 3000~6,700년)에 몇 개의 주거들을 저습지나 구릉의 경사지에 자리함에서 시작되었고 마을로써 본격적인 틀을 이루게 된 것은 통일신라 말부터라고 볼 수 있다. (신영훈의 『살림집』 참조) 이후로 고려 · 조선의 새로운 왕조 건국에 따라 민심을 수습하기 위한 국가의 정책적인 배려로 인하여 주로 삶의 거주 범위가 큰 도읍지(개성 · 서울 · 공주)가 풍수도참설의 영향에 의하여 길지로 자리 잡게 되었다. 그러나 임진 · 병자 양란이후에 실사구시(實事求是)와 이용후생(利用厚生)등 보다 현실에 맞는 건축재료, 구조의 선택이나 기술들을 실제 생활에 응용하는 건축행위가 실학건축사상에 대두되면서 한국인 의식의 흐름에 자리 잡게되어 마을공간 구성방법에 있어서 일맥의 전통사상을 형성하게 된다. (김홍식의 「실학건축사상연구」) 이러한 조상들의 사상들은 주로 농업에 대한 기술 서적을 중심으로 전하여 내려오고, 그 중 복거에 대한 내용을 지닌 대표적인 문헌은 홍만선의 『산림경제』[15], 이주환의 『택리지』[16], 서유구의 『임원십륙지』[17]등이 있다.

20세기 초 한일 합방 후 복거에 대한 일본인들의 연구는 한국인들 사이에 전하여 내려온 기존 기록들을 종합 · 정리 집필하였고 이때부터 민가연구에도 서구적인 방법으로 단위주거인 집을 중심으로 조사가 시작되면서 마을공간에도 관심을 갖게 되어 몇몇 사람들에 의하여 해방 후까지 연구가 계속되었다. 특히 1960년대 후반에 이르러서는 정부주도 아래 새마을 운동에 따른 농촌지역에 대한 연구가 활발하게 이루어지면서 70년대 초에서부터 많은 연구논문과 서적 · 보고서들이 발표되었다. 이렇듯 집들을 수용하는 그릇이 마을임에도 불구하고 주거에 대한 연구가 활발함에 비하여 마을공간 구성에 대한 연구가 소홀하여 왔음을 거듭 부인하지 않을 수 없다. 따라서 마을자리 및 집터, 영조물들을 배치하는 마을공간 구성 방법이 병행하여 발전되어야 환경계획적인 측면에서 바람직한 주거환경을 만드는데 커다란 역할을 할 수 있을 것이라 믿어진다.

---

15) ≪산림경제≫는 농서로서 농림 축잠업을 망라하였을 뿐 아니라, 농촌생활에 관련되는 주택 · 건강 · 의료 · 취미 · 흉년대비 등에 이르기까지 논술하고 있다. 따라서, 종래의 농서들에서 볼 수 없는 종합적인 농가 경제서라고 할 수 있다. 현재의 농업과 임업에도 많이 참고가 될 과학적인 면도 있다.

16) 택리지는 우리나라에서 실학이 발흥하고 있었던 배경에서 만들어진 대표적인 한국지리책이다.

17) 이 책은 중국과 우리나라 생물과학의 거의 모든 분야를 집대성한 새로운 백과사전 서적 박물학서이다. 그것은 ≪농사직설≫ · ≪동의보감≫ · ≪산림경제≫ · ≪택리지≫ · ≪고사촬요≫와 ≪고사신서 攷事新書≫ · ≪과농소초 課農小抄≫로 이어지는 종래의 조선 농학과 박물학의 체계 위에, 800여 종의 문헌을 참고하여 이를 확대 발전시켜 19세기 중기의 조선사회가 요구하는 보다 완벽한 박물학서라고 할 수 있다.

### 3) 마을의 형성

한국의 촌락은 고대사회부터 형성되기 시작하였다. 고대의 씨족중심, 촌락중심의 사회로서 대개 한 씨족이 마을을 형성하여 수개 이상의 씨족과 마을이 결합 또는 연맹하여 촌락사회를 형성하였으며 다시 여러 부족이 연합하여 보다 큰 동맹체(종족사회)를 이루었다.

마을은 사회적 동물로서의 인간이 집단생활을 영위하려는 인간본래의 속성에 맞추어 창조된 것이고 이러한 인간의 속성은 가옥을 기본단위로 하여 전개되고 있다. 인간이 생활하는 양식은 형태에 영향을 주는 모든 문화적, 정신적, 물리적, 사회적 측면을 포괄한다. 집과 마을은 바로 생활양식의 물리적 표현이며 상징성을 가지고 있다. 이밖에 생활양식의 사회문화적 구성요소는 문화, 민족정신, 세계관 그리고 국민성이라는 개념들의 총화로서 다음과 같이 정의 할 수 있다.

- 문화 - 한 인간의 관념, 제도, 관습적 활동의 총체적 장치
- 민족정신 - 도덕적 의무의 조직적인 개념
- 세계관 - 인간이 세계를 보는 특징적 방법
- 국민성 - 일반적으로 이 사회에서 일어나는 한 인간 또는 그 나라의 개성유형

인간은 자신에게 발생하는 모든 것을 상징화하고 마치 그 상징들이 실제의 환경이 주는 자극적인 것처럼 반응하려는 경향이 크기 때문에 여러 가지 경제적, 지리적 제약, 인간의 생물적, 신체적, 심리적 구조 그리고 물리학의 법칙과 구조적인 지식 내에서 가능한 선택의 종류는 수 없이 많다. 그러므로 사회문화적인 요소의 영향은 환경과 인간의 생활양식을 관련시키는게 가장 중요한 것이 된다.

마을이란 인간의 공동생활을 지향하는 사회적 본성에 기인된 것이다. 한국의 마을은 신석기시대부터 저습지나 구릉의 경사지에 자리 잡음으로써 시작되었고 마을로 틀을 이루게 된 것을 통일신라 말부터라고 볼 수 있다. 이후로 고려와 조선을 거치면서 한국의 마을은 제 나름의 역사와 그 역사를 특징짓는 제조건을 가지며 발전하고 있다. 그것은 가부장제적인 본질에 의한 공동체적 속성으로 집약되고 그 위에 고대적, 봉건적 또는 근대적인 제 관계가 특징 지워지면서 한국의 특수한 역사가 전개되어 왔다. 다시 말하면 한국의 역사는 혈연성을 토대로 하는 공동체적 제 관계 위에서 전개된 생산양식의 변천과정으로서 규정지을 수 있다.

마을이라는 용어는 우리 주변에서 흔히 취락, 촌락, 자연부락, 동족부락, 농촌마을, 문중마을, 전통마을 등으로 불리는 용어들과 명칭은 다르지만 유사한 개념으로 사용되고 있다. 최남선(1972)은

'마을'은 촌집회소(村集會所) 또는 그 접사(接舍)의 명칭에서 유래했다고 한다. '마을'은 집회의 뜻인 「모을」 「모들」에서 나왔으며, 사람들이 상부상조의 공동생활을 목적으로 사는 곳을 「고불」이라고 하고 더 작은 곳을 「물」이라고 했으나, 지금 고을이라는 말은 옛날 「고불」이 변했다고 한다. 마을의 역사적인 형성과정은 자연발생적인 지역공동체 내에서 출발하고 있으며, 지역공동체는 혈연공동체의 분화에 의하여 공동체 내부 또는 공동체와 공동체 사이의 사회적 분업의 발전에 따라 형성되어 혈연공동체가 자연적인 한 지역을 보유하면서 발전하는 가운데 형성된 것이다.

생산력의 발전수준이 미약하면 미약할수록 개인으로서의 인간은 자연적으로 견고한 공동조직을 필요로 하게 되었고 그 결과 형성된 것이 마을이었다. 한국의 마을을 구체적으로 말하면 촌락사회라고 규정지을 수 있으며, 그것은 특히 공동체적 속성과 연관된 동족관계나 근린관계로 얽힌 가족을 단위로 형성되었으며 그 대부분이 집단적 형태를 취하고 있다. 그러나 한국의 마을은 아시아적 제관계와 관련되어 게젤샤프트(Gesellschaft)보다 게마인샤프트(Germineschaft)적 성격을 띠고 있으며 그 내부에 여러 가지의 특성을 나타내고 있다.

특히 동족마을의 경우 그러한 의식이 내면에 짙게 깔려 있는데 동족관념은 상황의 인식과 행동의 조직에 사용되어지는 공동조상의 후계라는 혈연공유를 매개로 한 사회적, 도덕적, 정치적, 경제적 경험 및 인식일체로 정의 할 수 있다. 특히 그것이 촌락수준에서 구성원 간에 명확한 계보적 인식이 가능한 경우, 즉 확실한 공동조상으로부터 나오는 혈연의식을 공유한 경우 그들을 하나의 기능집단으로 통합하여 성원간의 행위를 위한 처방으로 작용할 수 있다.

## 6-2. 전통마을과 주거

### 1) 전통마을의 배치

우리나라 전통마을을 조선시대 작은 사회구조 단위로서 자연환경, 사회적 요인, 의식구조, 가치관 등을 통하여 장기간에 걸쳐 형성된 것이며, 인간 주거의 집단으로서 취락형태와 사회문화적 요인의 결합체로서 나타나는 현상이다. '촌락사회'라는 개념을 통하여 알 수 있듯이, 마을이란 공동체적 속성과 관련된 동족관계나 근린관계로 얽힌 가족을 단위로 구성되었으며, 그 대부분이 집촌적 형태를 취하고 있다. 이러한 연유로 전통마을이 폐쇄성과 고립성을 가져오게 하고, 그 자체를 자연부락의 범주에 머무르게 하였다.

대개의 동족마을이 집촌 형태로 입향조의 정주에 의한 상향적 위계가 형성되어 그 지역의 가장 높은 중심에 종가(宗家)가 자리잡고 점차 후손의 확산에 따라 종가에서 분파된 후손들의 공간으로 계열화되어 사회적 위계와 그 맥을 같이 한 상호 관련성을 가지고 배치되어 있다. 이러한 위계는 주축과 부축을 형성하며 통로와 향천적(鄕天的)인 의미를 가지고 있고, 한 마을 안에서도 시간을 통한 연대적 의미와 신분에 의해 공간배치상의 위계를 형성하고 있다. 마을에서의 좌향은 인간 중심적인 내부 조건과 외부 공간과의 관계에서 이루어지는 것이며, 이는 자연적인 조건인 태양과의 관계로 동, 서, 남, 북의 절대적인 향이 있고 인위적인 구조에서의 상대향이 있다. 자연환경 안에서 만들어진 전통건축의 위치 설정에는 당연히 자연환경의 여러 요인이 관여했다. 더욱이 우리 전통마을의 입향조에 이르러선 풍수지리설이라는 이론적 토대로 마을의 배치가 전반적으로 이루어져 있는 상태이다.

풍수지리설의 이론은 인간이 생활환경의 바탕을 이루는 산(山), 물(水), 들판(野)에 대한 물리적인 해석과 인간과 자연의 기본적인 해석으로서의 기(氣)에 대한 이론으로 구성되며, 그 배경은 동양의 철학을 포함한 사상체계로 구성되어 있다.

조선시대 전통마을은 대다수는 씨족마을이고, 그 취락 환경은 마을의 뼈대를 이루고 있고 각 반가(班家)들에 관계된 민가(民家)들로 구성되어 있다. 이러한 마을의 민가들은 지형, 지세, 기후, 기상 등 자연적 인자에 의해 크게 좌우되어 왔으며, 산업 · 교통 등의 미발달로 성쇠(盛衰) 소장(消長)이 제한되어 있어서 그 민가유형에 있어서도 정체성과 불변성을 가져왔다.

민가의 조영은 집터를 선택하는 것에서부터 시작되는데, 집터는 풍수지리나 지형지세 등을 고려하여 주위보다 약간 높으면서 전방은 확 트이고 후방과 양측면은 산으로 둘러싸인 지형에 토양은 비옥하고 샘물 맛이 좋고 수목이 무성한 곳을 이상적인 집터로 여겨왔다. 그리고 집을 짓는 일은 마을사람들의 도움을 얻어 집터를 다지고, 집의 대들보를 세우며 건축하게 된다. 이러한 작업은 마을 주민의 공동의 일이며 하나하나가 중요한 의미를 갖는다. 따라서 한 채의 집은 마을 내에서 독자적으로 존재하는 것이 아니라 기존의 주거나 사회적 개념과의 조화를 유지하도록 배려되어 있다. 또 새로이 주거를 지을 때에도 민가유형의 선택과정에서는 관습적 사고가 깊이 관여하고 변화보다는 안정 추구적 심리가 작용하여 마을의 많은 사람들이 보편적으로 살고 있는 주거유형을 자연스럽게 받아들이고 있다. 따라서 전통마을의 주문화 환경은 같은 자연적인 조건 아래에서 풍수지리적 해석에 의한 배산임수에 의한 향을 중요시 여기며 주거군을 형성하고 있다. 그리고 마을단위의 사회구조를 중심으로 하고 있기 때문에 공동체 의식이 뚜렷하고 단일의 주거문화 환경을 추구하여 한 마을에는 대체로 그 지역에서 보편적으로 존재하는 주된 한 가지 민가유형을 따르고 있다.

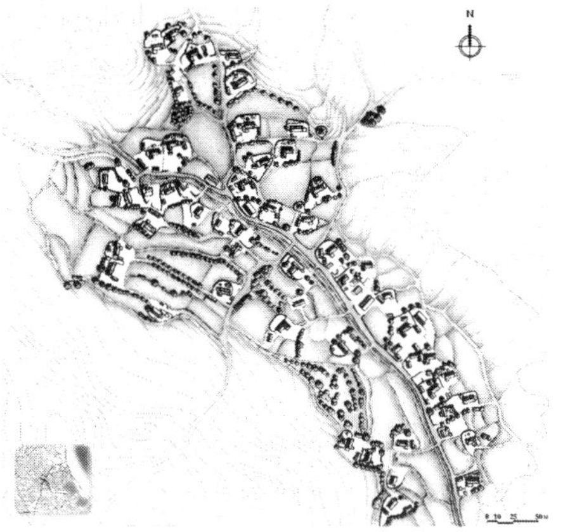

강원도 고성군 왕곡마을 배치도

충남 아산시 송악면 외암리(송악) 마을 배치도

## 2) 대표적인 전통마을

하회마을과 양동마을은 조선시대의 가장 대표되는 씨족마을이라고 할 수 있다. 18세기경의 하회마을은 풍산 유씨 문중이 마을을 거의 지배하고 있었고 본래 있던 다른 성씨를 가진 집들은 소멸되거나 다른 곳으로 이주해 버렸다. 양동마을의 경우는 본래 있던 손씨 집안과 뒤에 마을에 장착한 이씨 두 집안이 마을을 지배하는 경우가 된다. 이런 마을들은 씨족마을이라고 부르기도 하고 혹은 동족마을이라고도 부르는데 조선시대에는 농촌지역에 수많은 씨족마을들이 있었고, 이 씨족마을은 조선시대 마을의 가장 특징적인 형태로 알려져 있다.

### ① 안동의 하회마을

하회가 있는 안동군은 경북의 동북부에 위치하여 동으로 영양·청송, 서로 예천, 남으로 의성, 북으로 영주시와 각각 인접하고 있다. 풍천면은 안동군의 서남단 지역이다. 하회가 속하는 안동지방은 중부지방과는 소백산맥이 가로놓여 있고 해안과는 태백산맥이 내려와 내륙과의 교류를 어렵게 하여 폐쇄적인 성격을 가짐과 동시에 경북 이남의 문화를 중부지방과 연결해줘야 하므로 남북 문화교류의 요충지에 위치하였다고 할 수 있다.

하회는 풍산에서 안으로 더 들어간 곳에 있다. 남쪽으로만 흐르던 낙동강이 하회에 이르러 잠시 동북쪽으로 선회하여 큰 원을 그리며 산을 휘감아 안고 산은 물을 얼싸 안은 곳에 터 잡은 마을이다. 마을을 둘러싼 주변의 산수는, 동북으로 마을의 주산인 꽃뫼, 곧 화산(花山)이 든든히 뒤를 받치고, 남쪽은 화천(花川)을 사이에 두고 영양의 일월산에서 그 맥이 흘러온 남산을 마주하고, 서쪽으로는 같은 일월산의 지맥인 원지산이 자리하고 있다. 북쪽에는 강 건너 벼랑처럼 우뚝 서서 하회마을을 내려다보는 부용대가 있으며, 동쪽은 영양·청송과 통한다. 무엇보다 긴 타원 지형에 자리잡은 마을을 낙동강이 감싸 흐르니, 이러한 형국을 두고 태극형 자리 또는 산태극수태극(山太極水太極)이라고 한다. 이렇게 물이 돌아나간다고 해서 '물돌이동'이라고 하며, 한자로는 '하회(河回)라고 이름 붙었다.

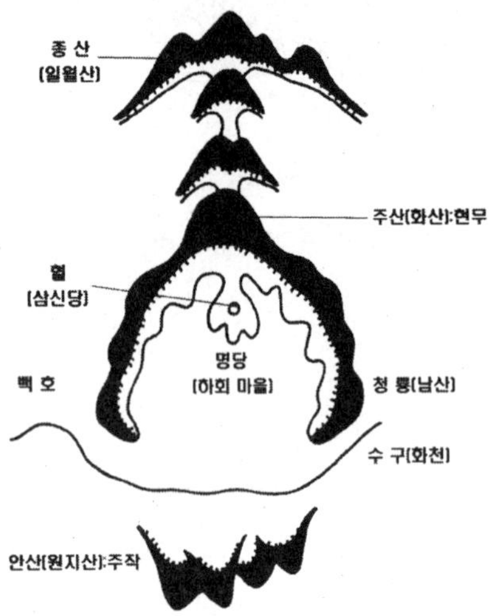


하회마을의 풍수지리적 입지해석

안동하회마을 위성사진 (다음지도 참조)

화회마을은 전반적인 풍수이론에서의 배산임수의 법칙에 전체적으로 정확히 들어맞는 경우가 아닌 평지형 배치를 가지고 있지만, 마을의 입지를 풍수지리에 맞추어 계획하였다. 마을의 지형은 예부터 연화부수형(蓮花浮水形), 다리미형 등으로 불리어 왔다. 동으로 태백산의 지맥인 해발 271m의 화산이 있고, 이 줄기의 끝이 동내까지 뻗쳐 손등과 같은 아주 낮은 골을 짓고 있다. 이 낮은 구릉형상의 골을 따라 주택들이 세워졌고 길도 골에 따라 통하고 있다. 즉, 자연지형의 경사에 의해 주택과 길들이 구획되어져 있다. 주택들은 중앙의 능선을 등으로 하고 외곽지대로 향하여 세워져 있기 때문에 동서남북의 모든 좌향이 있는 것이 특색이다.

특히, 하회 마을은 조선시대 씨족마을의 하나로 영남지방에서 중심적인 역할을 하며, 일반적인 재지사족과 같이 토지와 노비소유를 경제적 기반으로 일찍이 대단한 지위에 올랐던 선조를 받들며 종가(宗家)를 유지하였다. 종가를 중심으로 하는 족적 유대를 굳게 하였으며, 나아가 혼인을 맺을 때에도 지체를 가려 집안끼리의 결속을 다졌다.

하회마을의 형성은 고려 중엽 허씨를 시작으로 그 후에 안씨가 입향했으며 류종혜의 입향은 공민왕 4년이라고 하나 확인이 어렵지만 조선초기부터 류씨가 집단적으로 정주한 것으로 추정하고 있다. 풍산 류씨의 하회마을 입향조는 7世(충효당 종손 寧夏(영하)씨는 27世) 전서(典書) 류종혜(柳從惠)이다. 그는 원래 풍산현 상리에서 고려말까지 호장을 세습하여 거주하다가 현재의 하회마을과는 비교가 안 될 정도로 국이 좁은 상리를 벗어나 새로운 정주지를 골라 이곳으로 입향하였고, 그 후 친구이자 사돈 간이던 전서 뱃사공을 불러들여 자신의 전답(田畓) 반을 나누어주고 함께 살았다고 한다.

하회마을은 배치도에서 보이는 바와 같이 마을의 중심부를 통과하는 도로에 의해 크게 북촌과 남촌으로 나누어지며 북촌은 양진당이 남촌은 충효당이 중심이 되어 성촌하였다. 후에 서애파가 겸암파보다 사회적 지위를 얻어 세력이 팽창하고 자손이 번창하게 되어서 6대손에 와서 북촌댁과 남촌댁이 각각 북촌과 남촌에 세워지게 되었다. 하회마을의 북촌은 양진당과 북촌댁이 남촌은 충효당과 남촌택이 중심이 되어 있고 이는 마을전체가 크게 사분으로 나누어진 주거군을 형성하고 있는 모습니다. 그리고 하회마을은 각 영역 주거지를 다시 반가군과 민가군으로 양분할 수 있다. 즉, 마을의 중심부는 반가가 입지하고 있어서 집의 규모나 형태가 당당하게 자리 잡고 있으며 하천을 따라서 주변에는 민가들이 운집하고 있는 형상이다. 지형적으로 볼 때 각 영역주거지의 위쪽에는 반가군을, 아래쪽에는 민가군을 형성하고 있다. 이는 조선시대 씨족마을의 분가(分家)가 종가나 각 파별 소종가와의 혈연적 관계가 가까울수록 종가에 가깝게 분가되며, 분가가 되더라도 종가의 위치보다는 높은 곳에 위치를 점하지 않는 것과 맥을 같이 한다. 하회의 주거형태는 실로 다양하다. 우선 반가를 보더라도 양진당, 충효당의 ㅁ자형을 비롯하여 ㄷ형, ㄱ형, ㅡ 형 등 다양한 모습을 보이고 있어서 반가를 한, 두 채 지니는 것만으로도 자랑으로 삼는 여느 마을과는 달리 각기 다른 구성요소를 지닌 가옥이 즐비한 것이다.

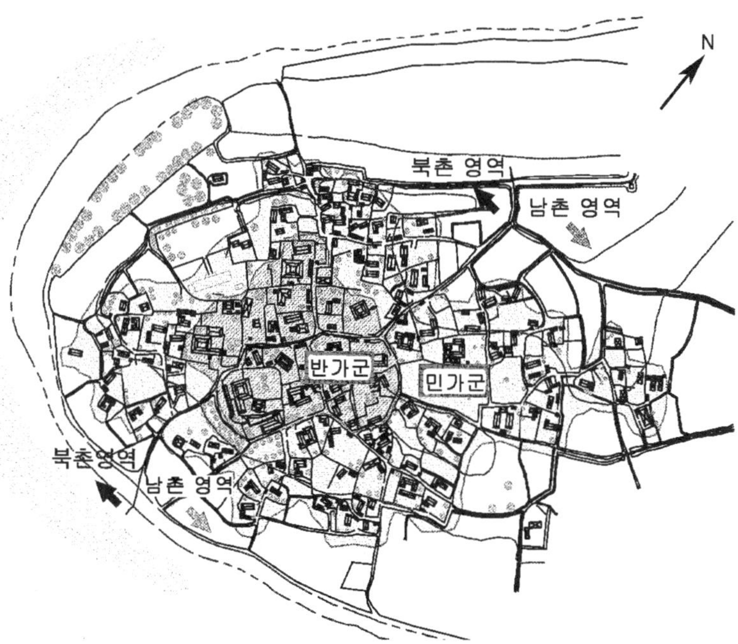

안동화회마을의 배치도 (자료: 안동하회마을, 만가와 민가, 김경희)

더구나, 민가는 초가삼간 정도의 규모

에서 부속채를 다 갖추어서 반가 못지않은 면모를 갖춘 가옥까지 다양하며, 민가유형도 추운 북부지역의 겹집과 더운 남부지역의 홑집이 공존한다. 공간 배치방식도 ㄱ형, ㅡ 형 등으로 다양하며 민가들은 류문(柳門)들도 거주하지만 대체로 그 옛날의 '하동인(河東人)들의 집(행랑집)들로 보인다. 그리고 지금까지 민가형으로서 전해지고 있는 하회의 민가들은 대부분 조선시대에 지어진 것들이다.

안동 하회마을 전경

충효당 정문에서 본 모습

양진당 정문에서 본 모습

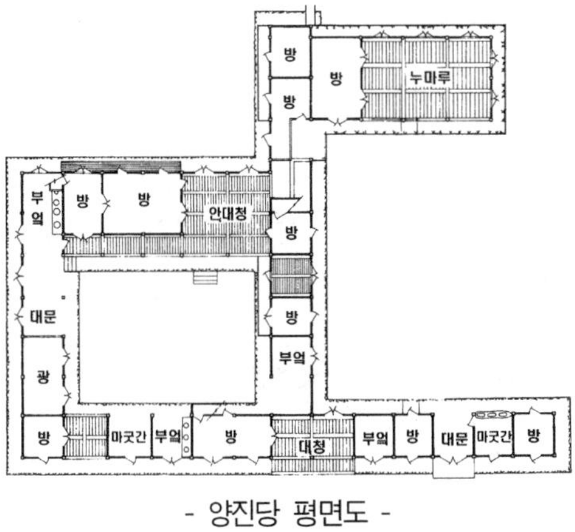


- 양진당 평면도 -

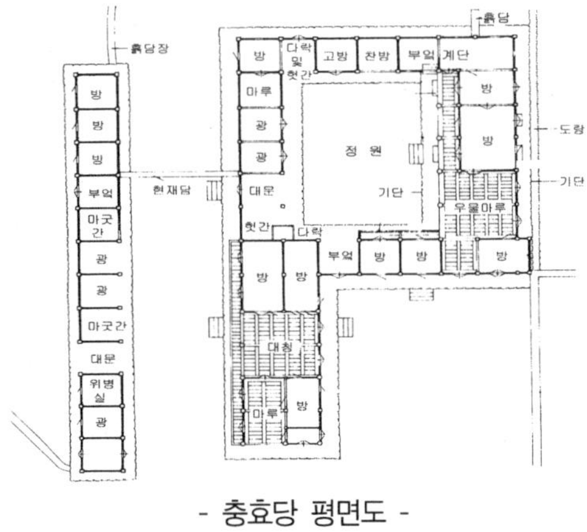


- 충효당 평면도 -

② **경주의 양동마을**

행정구역상 경상북도 경주시 양동면 양동리에 위치하고 있으며 마을의 형성은 신라시대 아산(牙山) 장씨(蔣氏)가 처음 5~6호 거주하게 되면서 형성된 곳으로 전해지고 있으며, 전형적인 반촌(班村)으로 경주 손씨(慶州 孫氏)와 여강 이씨(驪江 李氏)의 씨족마을로서 약 600여 년의 역사를 가지고 있다. 마을의 입향조(入鄕祖)는 경주 손씨인 혜민공 손소(1433~1484)로 알려져 있고 그의 차자인 우제 손중돈(1464~1529)과 외손인 해제 이언적(1491~1533)에 의해 마을의 기반을 다지게 된다. 지정 면적은 541,686㎡(317필지)이다.

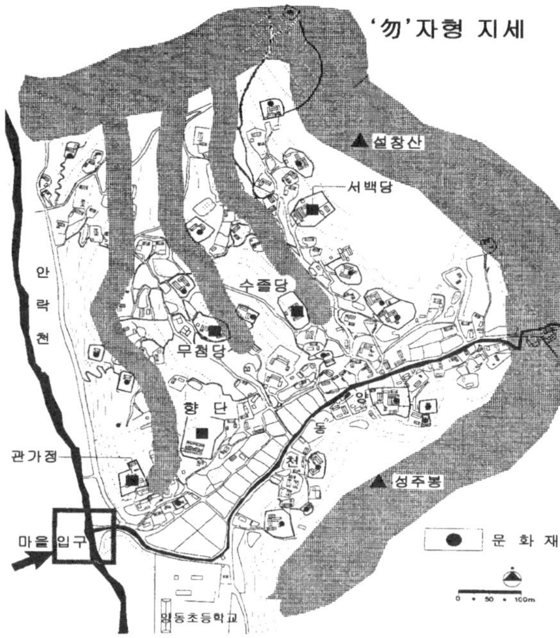


勿자형 지세의 양동마을 지세와 배치도
(자료 : 경주 양동마을의 해석과 보전 방법론 연구, 강동진)

경주의 양동마을 전경

서백당(손동만씨 가옥)의 전경

수졸당 전경

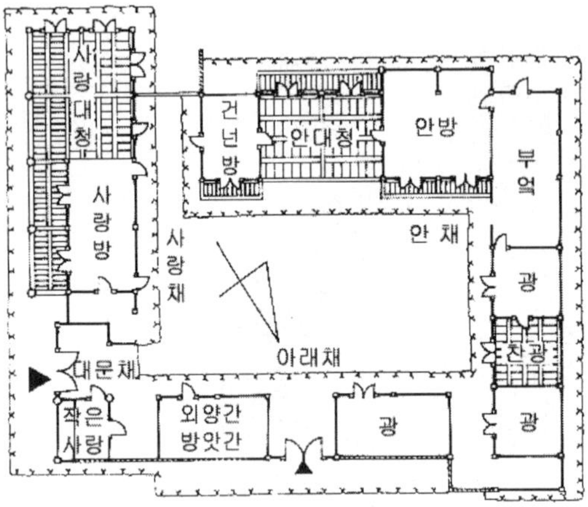


- 수졸당 평면도 -

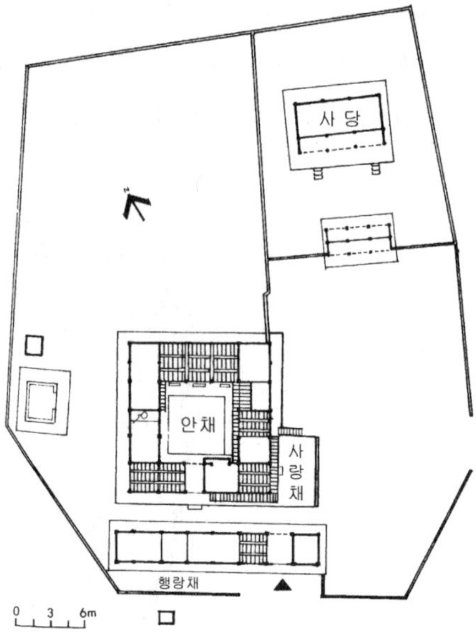


- 서백당 평면도 (손동만씨 가옥) -

환경적 요인에 있어 마을의 지형은 설창봉을 중심으로'勿 (물)'자형의 능선이 뻗어 내려와 있고, 그 앞으로는 양동천(良洞川)이 흐르고 있어 마을의 입지는 배산임수(背山臨水)형으로 외부로부터는 시각적인 단절감과 폐쇄감을 갖고 그 내부로는 안정감을 갖고 있다. 이러한 지형적 영향으로 인하여 구릉사이의 비교적 높은 입지에 있는 주거가 많다. 또한 이러한 지형 · 지세적 요인과 함께 농촌마을에서는 경작지의 중요성이 입지에 보다 근원적인 요인이 된다. 경작지의 기반에 문제가 되는 토양은 그 지질 계통적 특성에서 찾아볼 수 있다.

양동마을에 있어서도 동일하게 나타나는데 마을의 주도로를 따라 양동천이 형산강(兄山江)의 지류인 안락천(安樂川)으로 흐르는데, 이 주변은 동쪽 안계리와 서쪽 안강(安康) 평야의 제4기 최신층인 충적층(沖積層)과 접하고 있어서 마을 밖의 많은 경작지를 확보하고 있다.

양동마을의 기후는 여름에는 비교적 시원한 반면에 겨울에는 상대적으로 온난한 편이다. 마을의 주거형식에 있어서, 기후적 영향으로 인한 특별한 형태는 보이지 않으며 대체로 일반적인 남부지방의 상류주택 형태를 취하고 있다. 마을의 입지에서도 일반적인 배산임수형태를 나타내고 있음을 알 수 있으며 또한 마을 앞에 흐르는 양동천의 범람에 대비하여 주거군들이 산기슭 위로 입지하고 있다. 따라서 우리나라의 농촌마을은 그 경제적 형태에서 기인하는 영향요인을 자연적 환경에 적응시켜, 배산임수형태를 취하게된 것으로 이는 지형, 지세, 경작지의 확보, 기후적인 요소에 영향을 받은 것으로 보인다.

사회 · 경제 · 문화적 요인에서 큰 비중을 차지하는 것은 경작지이다. 대부분의 전통마을의 경우 경작지가 마을 앞에 넓게 펼쳐져 있으나 양동마을의 경우 그 경제적 세력이 큰 이유로 인하여 경작지는 비교적 먼 거리에까지 위치하고 있다. 이러한 광대한 토지소유와 함께 그 경작에 필요한 노동력은 많은 수의 노비로서 충당하였다. 이와 같이 양동마을이 동족마을로서 오랜 세월동안 번창되어 온 까닭은 그 경제적 기반을 기초로 한 것임을 알 수 있다. 아울러 신분계급에 따른 공간적 분화는 그 경제적 종속관계와 관련되어 있겠지만 크게 양반지주계급과 양 · 천민계급은 한마을 내에서 집단적으로 분화된 경향을 보인다. 여기에는 여러 가지 형태가 있는데, 첫 번째 두 개의 완전히 독립된 영역의 마을로 구분된 경우가 있고, 두 번째의 경우 한 마을을 형성하고는 있지만 두 개의 분화된 영역으로 분리되어 나타나게 된다. 이에 대한 예로써 경기도 안성군 양성면 덕미마을과 이에 종속된 관계를 보이는 서원마을이 있으며 또 다른 예로는 안동댐 수몰지구인 의인 · 섬마을의 경우 이 두 마을이 지형적으로나 행정구역상 같은 영역이면서도 작은 내를 경계로 하여 의인은 중심반가들이 자리하고 섬마을에는 이에 딸린 소작농이나 뱃사람들이 거주하고 있었다. 세 번째 형태는 중심반가를 중심으로 그 주위에 종속된 민가들이 위치하고 있는 경우인데 양동마을이 이에 해당하는 것으로 지형적으로 높은 위치에는 양반주택들이 있고, 이를 중심으로 그 아래 몇 채의 가랍집(하인집)들이 분포되어 있다. 즉, 월성 손씨와 여강 이씨가 우세한 대표적 성씨로서 이들의 종사는 높은 곳에 위치하고 각 파종가(派宗家) 및 후손들의 주거는 그 보다 낮은 곳에 입지하고 있다. 문화적 요인으로는 조선시대의 유교사상과 민간신앙 및 풍수지리사상 등을 들 수 있다.

주택의 경우 유교적 사상이 가지고 있는 남·여 구별에 따른 공간적 분화가 나타나며, 마을의 배치구조에서는 조상에 대한 제사나 친목 등의 유교적 성향이 사당, 정자, 서원 등의 건축물 배치로서 나타나게 된다. 그 구체적인 표현물로서 마을 뒷산 중턱에 산신을 모시는 산신당, 마을 입구에는 서낭신을 모시는 서낭당이 있고, 그 옆에 장승, 솟대 등이 있어서 마을의 경계를 나타냄과 동시에 마을 구성원의 신앙적 숭배대상이 되며, 자연적인 공간적 축을 형성하여 주변 환경에 대한 시각적 흐름과 심리적인 향천적(鄕天的)흐름을 주고 있다. 또한 이들은 마을사람들에게 아늑함과 둘러싸임의 안정감을 주는 동시에 마을의 경계를 표시하는 실질적이며 상징적인 요소가 된다. 이러한 요소들을 양동마을에서 찾아본다면 이 마을에서 풍수지리상의 혈(穴)에 해당되는 위치에 송씨 종가가 위치하고 있고 마을 공동행사인 줄 당기기 패에 고사(告祀)를 지내는 고사목(은행나무)이 두 그루 있는데, 위 마을에 있는 고사목은 안골 손씨 종가 아래 위치하며 아랫마을의 경우에는 관가정 앞에 위치한다. 이러한 점에서 볼 때 민간 신앙적 요소는 비교적 마을의 중심이 되는 지점과 일치한다는 것을 알 수 있다. 또한 양동마을은 유교적 성격이 강한 이유 때문에 다른 마을에서 흔히 볼 수 있는 민간 신앙적 요소가 비교적 약하게 나타나고 있다.

# 7. 전통 주거건축

## 7-1. 주거건축의 개요

한옥을 짓기 위한 첫 번째 과정은 집 지을 터를 마련하는 일인데 풍수상으로 좋은 집터를 선정하는 방법은 양기풍수라고 하며 무덤자리의 음기풍수와 구별되었다. 양기풍수에 있어서 집터를 선정하는 일을 복거(卜居)라 한다. 일정한 집터가 선정되면 그곳에 건물의 위치와 방향을 정하는 일도 풍수적인 방법에 의해 이루어졌다. 집터가 등진 방위에서 정면으로 보이는 방향을 좌향(坐向)이라고 하는데 좌향도 집주인의 운명에 영향을 준다고 믿었기 때문이다. 좌향을 볼 때  가장 중요한 요소는 안방(주인이 기거하는 방)과 부엌(먹을 것을 장만하는 부엌(灶)), 대문(사람이 출입하는 문(門))이라고 생각하여 이를 양택의 삼요(三要, 民宅三要)라 불렸으며, 이러한 요소의 위치와 방향은 반드시 풍수전문가가 결정해야 한다고 믿었던 것이다. 좌향(坐向)이란 국혈(局穴)을 중심으로 각 방위의 길흉을 살피는 방법으로서, 혈이란 국의 중심으로서 땅으로부터 나오는 생기의 감응을 받는 곳이며 좌향의 기준이 되는 주 건물 자리는 집터라는 국면에서 혈의 자리에 해당되어야 했다. 이런 혈의 자리는 종종 만물을 수태하고 길러 내는 지모(地母)의 자궁, 즉 어머니의 자궁을 찾는 과정이라는 상징적인 의미를 가지게 된다.

또한 살 곳을 택할 때에는 처음에 지리(地理:지형적 조건)를 살펴보고, 다음에 생리(生理:경제적 조건), 인심(人心:사회적 조건), 산수(山水:집터 주변의 자연)를 돌아보고 이중 한 가지만 없어도 살기 좋은 곳이 못된다고 한다.

| 복거(卜居)와 좌향(坐向) | ▶ | 개기(開基)와 열초(列礎) | ▶ | 치목(治木)과 입주(入柱) | ▶ | 상량(上樑)과 입택(入宅) |
|---|---|---|---|---|---|---|
| **복거** : 집터를 선정하는 하는 과정<br>**좌향** : 공간의 방향 설정 하는 것 | | 개기 : 집터 닦는 날 또는 터 허는 날<br>열초 : 주초를 놓는 작업으로 기둥이 놓일자리 결정하는 것 | | 치목 : 쓰임새에 따라 목재를 가공하는 작업<br>입주 : 각 부재가 완성되면 주초위에 기둥을 세우는 작업 | | **상량** : 최상부(종도리)를 얹는 작업<br>**입택** : 풍수에 따라 정해진  날에 집에 들어가는 날 |

- 일반주택의 시공과정 -

치목-목수들이 목재를 치목한다.

열초-기둥자리에 주초를 배치한다.

입주-기둥을 세우고 예를 올린다.

상량-종도리를 올리기 전 예를 올린다.

입택-손님을 초대한다.

입택을 위한 상차림의 모습

## 7-2. 전통 주거건축의 형태

### 1) 우리나라 민가의 배치와 평면

사람이 한 장소에 머물고 살고자 하는 본능을 충족시키는 데는 집이라는 건축적 공간이 이루어져야 하고 이 건축적 공간을 이루는 데는 반드시 넓은 대지 위에 위치를 결정하는 「배치」라는 개념과 공간의 밑바탕을 이루는 어떤 장(場)에 펼쳐진 「평면」 이라는 개념이 성립되어야 하는데, 이는 주택 연구의 중요한 요소가 되는 것이다. 지금 현재 남아 있는 주택들은 대부분 조선시대의 주택으로 배치와 평면에는 우선 두 가지 원인으로 각기 달리 구분되고 있다.

첫째, 기후와 기타 풍속적이 요인으로서 각 지방마다 다른 평면 구성을 한다. 이는 한반도가 비교적 다양한 기후 지역을 이루고 있기 때문이다. 이들 지방마다 다른 평면을 고찰 · 분류하는 데는 부엌 · 방 · 대청의 3공간을 기본 요소로 보고 이들이 어떻게 상호 결합되는가를 찾아 지방마다의 평면형을 결정하는 것이다. 그것은 지금까지의 시대적 연구에서 가장 원시적인 수혈주거(竪穴住居)에서의 〈일실일주거(一室一住居)〉에 〈이실일주거(二室一住居)〉를 이룬 후, 이로부터 다양하게 변화되었다는 사실에 근거된다. 그리고 여기의 실(室)은 온돌바닥으로 된 〈방(房)〉과 마룻바닥으로 된 〈대청(大廳)〉으로 부엌과 대립되는 공간을 구성하기 때문에 결국 각 지방마다 다른 평면 구성의 기본 요소로 부엌 · 방 · 대청을 생각하게 되는 것이다. 조선시대 주택의 지방별 평면 분류로는 함경도 지방형, 경상도 지방형, 중부 지방형, 서울지방형, 남부 지방형, 제주도 지방형으로 구분 될 수 있으나, 그 간 많은 유형의 평면들이 조사되어 보고됨으로써 재고되어야 한다고 생각된다.

둘째, 조선시대의 주택은 사회 신분 제도에 의하여 크게 셋으로 분류될 수 있는바, 서민주택 · 중류주택 · 상류주택의 세 가지가 그것이다. 서민주택은 일반 평민들의 주택으로 이들은 농(農) · 공(工) · 상(商)에 종사하고, 조세와 군역의 의무가 있는 계층이다. 이들은 신분상으로는 물론 경제적으로도 빈곤하여 자연히 주택도 다른 계층보다 빈약하다. 중류주택은 중인계급과 이들보다 한 계급 낮은 군교(軍校) · 서리(胥吏), 이교(吏校)의 주택들을 말한다. 그러나 한 가지 추가적으로 설명 할 것은 중류주택이 신분적으로 서민계급보다 한 계급 위에 있으면서 또한 경제적으로도 부유한 사람들의 주택을 가리킨다는 것이다. 왜냐하면 신분상으로는 우위에 있으나 빈곤한 사람들의 주택은 서민주택과 거의 차이가 없기 때문이다.

마지막으로 상류주택은 현직 양반과 양반에 임용될 자격을 갖춘 신분을 갖춘 사람들의 주택으로서 여기에도 필수적으로 경제적 여건이 어느 계급보다는 우위를 차지하여야 한다. 아무리 양반이라 하더라도 앞에서 말한 바와 같이 빈곤할 때에는 서민주택과 같은 모습을 하기 때문이다. 그리고 이 세 가지 외에 소위 〈가랍집〉이라 일컫는 노비계급(奴婢階級)의 주택이 있다. 노비는 천인(賤人)으로 양반들이 주택 안에 거주시키는 솔거노비(率居奴婢)와 집 밖에 두는 외거노비(外居奴婢)가 있는데 외거 노비의 집이 바로 가랍집이다.

### 2) 상류주택과 중류주택

상류주택의 배치와 평면은 풍수지리의 양택론에 근거하여 집을 배치하고 평면을 결정하는 점과, 대가족제도에 의하여 한 주택 내에 보통 3대에서 4대에 이르는 가족들이 생활할 수 있는 공간을 마련하는 것이다. 그리고 남 · 녀 유별이라는 조선시대의 사회통념은 내외(內外)의 생활공간의 구별을 엄격하게 하고, 분명하게 구분할 수 있게 만든 것이 주거환경형의 두드러진 특징이라 할 수 있다. 남성의 공간인 사랑채와 여성의 공간인 안채를 하나의 건물로 건립한다고 해도 공간적으로 구분하게 된다. 하나의 주택내에서 생활하는 솔거노비들을 위해서는 행랑채를 짓고, 집 밖에 거처하는 외거노비들을 위해서는 집 밖의 터에 가랍집을 건립한다. 한편 종가에서는 조상의 사대신위인 고조고비(高祖考妣), 증조고비(曾祖考妣), 조고비(祖考妣), 고비(考妣)의 신위를 모시는 사당(祠堂, 家廟)을 짓는다. (참조 : 고비(考妣) - 돌아가신 아버지와 어머니를 의미함)

또한 제례를 중시(주자의 가례서(家禮書))하는 사대부 주택은 이런 제례가 주택공간 계획에 영향을 미치게 된다. 특히 제사를 주도하는 남성이 여성보다 우월해지고 남성중심의 주택공간을 형성(사랑채가 우월한 모습을 갖추게 됨)하게 된다. 즉 제례의 중시는 제사를 담당하는 남성을 여성에 대해 월등히 우월하게 만들었고 남성의 위상이 강조되면서 주택 내에 사랑채가 다른 부분에 비해 우월한 모습을 갖추게 되었다. 그러나 상인 세력과 광작의 농민이 나타나면서 기존 지배세력인 사대부 또는 속칭해서 양반 계층은 더욱 자신들의 입지를 굳히고자 혈족만이 배타적인 집단을 이루게 되고 이는 씨족마을로 확산되었고 마을 내에 장원급제나 정계진출, 대학자 배출정도에 따라 집안의 세력을 나타내고 마을의 주된 성씨로 자리를 굳히게 된다.

17세기 후반 양반주택의 전국적 공통사항을 살펴보면 첫째, 행랑채, 안채, 사랑채 그리고 사당을 기본적인 구성요소로 하고 있음을 확인할 수 있다. 둘째, 어느 주택에서나 사랑채가 집의 머리로서 외관의 격식에서나 세부치장에서도 단연 으뜸이 되고 있다. 셋째, 사랑채는 대개 6칸의 넓은 대청을 두어 제사 때 많은 사람이 모여 앉을 수 있고 평상시에 손님 접대를 할 수 있는 개방된 공간 확보와 안쪽에는 낮은 천장의 온돌방을 두어 대청과 대비된 구성을 한다.

여자의 공간인 안채는 부엌, 안방, 대청, 건너방(지방에 따라 상방, 또는 모방이라고도 함), 웃방 등으로 구성되는데, 부엌과 안방은 일반적으로 연이어 건립하는 것이 일반적이다. 대청은 안방과 건넌방 사이에 위치시키고 안방과 건넌방에 출입 할 때 전실로서의 기능과 여름철 안주인이 휴식 등 장소로 사용된다.(건넌방은 경상도지방에서는 상방, 전라도지방에서 모방이라고도 함) 사랑채는 사랑방과 침방, 대청, 누마루로 구성된다. 때로는 대청을 중심으로 ㄱ자로 꺾어지면서 한 쪽에 큰 방을 두어 큰 사랑으로 하고 다른 쪽에 작은 방을 두어 사랑으로 한다. 사랑방은 주간에는 주인의 거실로서 이곳에서 손님을 맞이한다.

이렇게 사대부주택의 공간 구성에 영향을 끼친 요소들을 살펴 보면 첫째, 양방 계급들이 권력기관에 참여하면서 얻은 궁중 생활의 경험이 개인의 주거 건축에 영향을 주는데 대표적으로 상류 살림집에서는 상당히 넓은 대청마루가 있는 것이 보편적이다. 이는 궁궐의 침전 건축(교태전, 강녕전, 석어당 등)에서 유래된 것으로 추정된다. 둘째, 유교 정신에 입각한 생활 풍습의 영향이다. 가부장적인 가족제도, 조상숭배, 관혼상제의 예교와 의식중심 생활, 철저한 계급 의식적 사고방식 등이 주거에 큰 영향을 주었다. 실례로 주거 공간내에 조상을 모신 사당을 반드시 두고 있다는 점, 안채의 큰 대청마루는 주로 관혼상제의 의식을 위해서 쓰이고 있다는 점, 신분에 따라서 철절히 거처를 달리한 점 등을 들 수 있다. 마지막으로 지역사회에서 행한 중심적 역할이다. 상류 살림집은 동족촌의 중심적인 상징 역할을 했으며, 그 지역 사회에서 경제적 자위 협동체의 중심이었다.

중류주택은 중인계급과 서리, 군교들의 주택인데, 특히 중인계급은 한품서용(限品敍用)으로 그

품계의 상한선이 있을 뿐이지 경제적으로 양반계급과 별 차이가 없어 주택의 모습은 상류주택과 같은 격식을 이루고 있다.

### 3) 서민 주택

우리나라 서민주택의 평면유형은 지방별로 ㅡ 자형(남부), ㄱ자형(중부), 田자(북부)형식으로 대별된다. 이 3가지 형식은 특수지역을 제외하면 남부, 중부, 북부로 나눈 한반도 3지역의 민가형식이기도 하다.

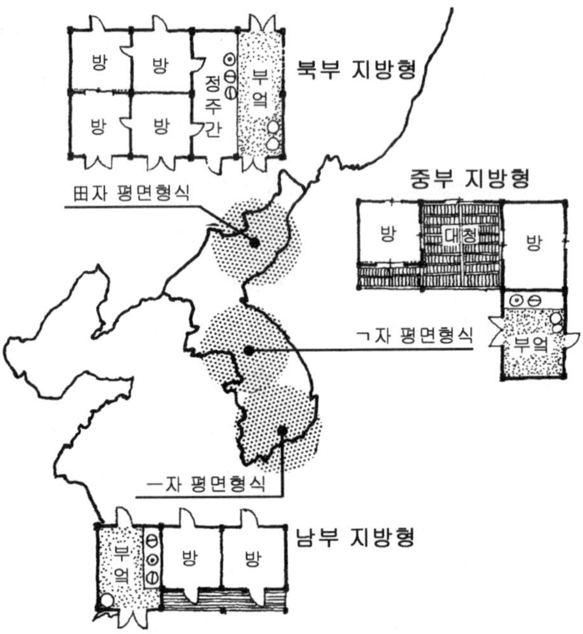


지방별 민가의 대표적 평면유형 (자료: 한국건축사 강론, 박언곤)

#### ① 남부형 ( ㅡ자형 / 분산형 주거)

하나의 주거공간에서 불을 이용하는 취사공간과 침실의 기능구분만을 가져와 가장 기본적인 공간인 부엌과 방으로 형성되었다. 공간의 형성은 보방향이 아닌 도리방향으로 길게 연이어 형성되고, 필요에 따라 도리방향으로 증축이 가능하다. 대부분 주심도리와 종도리로 이루어진 3량 구조로 전면이 3칸 내지 4칸의 규모가 일반적이다. 부엌, 방, 경우에 따라 마루 등이 일렬로 연속 배치되므로 모든 방이 남쪽으로 개구부를 만들 수 있으므로 쾌적하고 위생상 효율이 높은 공간이 될 수 있다.

남부형은 우리나라 농촌민가의 가장 일반적인 형식이며, 구지 지역을 구분한다면 중부 이남인 전라남북도와 경상북도에 많은 사례를 볼 수 있다. 한반도에서는 비교적 따뜻한 기후로 방 앞에 툇마루를 달거나 경우에 따라 한 칸의 마루를 방 사이에 위치시키기도 한다. 정면 3칸의 민가에서는 부엌, 안방, 웃방을 연속적으로 배치하고 안방과 웃방 앞에 툇마루를 붙이는 형식이며, 정면 4칸일 때는 부엌, 안방, 마루, 건넌방으로 나열 배치하고 각 방 앞에는 툇마루를 두어서 3칸 형과 같이 개방적인 공간성격을 가지도록 계획한다. 一자형식 농촌민가에서는 부속건물을 본체의 좌우편이나 앞쪽으로 따로 건축하여 마당의 농경작업 효율을 높일 수 있는 공간으로 구성시켜준다.

**② 중부형 ( ㄱ자형 / 절충형 주거)**

정면이 3칸이나 4칸이 되고 한쪽의 툇간이 앞으로 연결되어 일렬공간배치에서 직각으로 방이 연결되는 형식이다. ㄱ자 형식에는 두 가지 평면배치가 있다. 하나는 부엌, 안방, 웃방으로 일렬배치하고 웃방에서 직각방향에 대청을 두고 건넌방을 연결하는 형식과 다른 하나는 안방을 지각으로 꺾은 부분에 자리하고 부엌, 안방, 대청, 건넌방으로 배치하는 형식이다. (위의 그림 참조) 전자는 한반도의 중부지방에 널리 분포된 형식이며, 후자는 서울을 중심으로 형성된 민가이다. 부엌은 툇칸으로 독립하고 용마루가 지각으로 꺾이는 부분에 웃방과 대청을 배치하는 형식은 비교적 각 방이 남면을 유지할 수 있어서 일조와 일사에 유리하나 방의 독립성에는 불편한 편이다.

용마루가 직각으로 꺾이는 부분에 안방을 두고 앞으로는 부엌을 옆으로는 대청과 건넌방을 배치한 형식은 안방이 남면으로 배치하기가 어려우므로 일조와 일사에 불리하나 안방으로서의 독립성은 철저하게 보장될 수 있다. ㄱ자 형식의 민가에서는 대청과 툇마루의 공식적인 배치가 공간기능과 자연환경의 적응에서 나타나는 자연발생적이라기보다 중부지방과 서울이라는 사회적 환경에 크게 지배를 받아 의도적 요소로 구성되었다고 볼 수 있다. 또 ㄱ자 형식의 기본 평면은 一자 평면에서 발전된 형식이다.

**③ 북부형 ( 田자형 / 집중형 주거 )**

취방 위주로 평면을 구성시킨 주택형식이다. 부엌, 정주간, 방의 온돌기능을 최대한 활용한 것으로 한반도의 북부지방인 함경북도와 평안남북도 주택의 주류를 이루는 평면형식이다.

불을 다루고 부엌의 부뚜막을 넓게하여 취사 및 거주기능을 가지는 정주간을 만들고 방에서 방으로 직접 연결되어 도리방향의 칸막이벽으로 방들이 田자 같이 구성하는 것으로 한반도의 중부와 남부보다는 특이한 평면이다. 불을 가까이에서 취급할 수 있는 정주간은 물론 각 방들도 부엌의 아궁이에서 연결되는 온돌구조를 하고 있으며, 방으로 출입하기에 편리하도록 만들어진 간단한 툇마루 이외의 대청이나 마루공간은 없다.

한랭지방의 주택형식이므로 평면구성 외에도 벽을 두껍게 하고 창이 많지 않을 뿐 아니라 창의 크기가 작기 때문에 일조와 일사에 불리하며, 어둡고 통풍이 원만하지 못한 내부공간을 구성하고 각 방의 독립성을 확보하지 못하고, 추운지역의 자연조건에만 치중한 형식이다.

이와 같이 一자, ㄱ자, 田자의 평면형식은 1차적으로 자연조건이 크게 적용되었고, 2차적으로는 당시의 사회적 환경에 의한 의도적 구성으로 조영되었을 것이다. 3가지 형식의 기본 공통성은 온돌과 온돌방 그리고 이엉으로 엮은 완만한 곡선의 지붕이며, 이 점이 한국민가의 결정적인 특징이라 할 수 있을 것이다.

**④ 그 외 제주도형**

제주도는 섬으로 육지의 주택과는 다른 명칭과 다른 형태를 가지고 있을 뿐 아니라 양택론이나 성리학 등으로 설명하기 힘든 제주만의 특징을 가지고 있다. 이는 제주 전통주택이 시대와 지역적으로 분리되었다는 이유도 있겠지만 제주도만이 가지고 있는 의례 등이 기반을 이루고 있기 때문일 것이다.

제주도의 전통가옥은 육지의 주택과 달리 하나의 건물로 이루어져 있지 않고 안거리, 밖거리, 목거리로 채가 나뉘어져 있는 것이 일반적이다.(사례 : 고평오 가옥배치도 참조) 그리고 안거리를 중심으로 사례의 주택인 문형행 가옥과 고평오 가옥의 평면형식을 살펴보면 중앙에 대청마루인 상방을 두고 서측으로 부엌과 작은 구들, 동측으로 큰 구들과 고팡(물건을 보관하는 수장고)을 배치하였다. 상방은 전통주택 전체공간의 중심이며 이 상방을 통하여 큰 구들, 고팡, 정지, 안뒤(안거리의 후원 또는 뒤뜰)를 출입하도록 되어 있다. 큰 구들에는 부모님이 거주하고, 작은 구들에는 자녀들이 거주하는 공간이다. 부엌의 부뚜막은 작은 구들쪽과 반대되는 위치에 배치하여 취사시의 열이 방에 들어가지 않도록 하며, 또 큰 구들과 작은 구들의 고래들은 방 전체의 3분의 2정도만 깔고 난방하는 것이 특징이다.

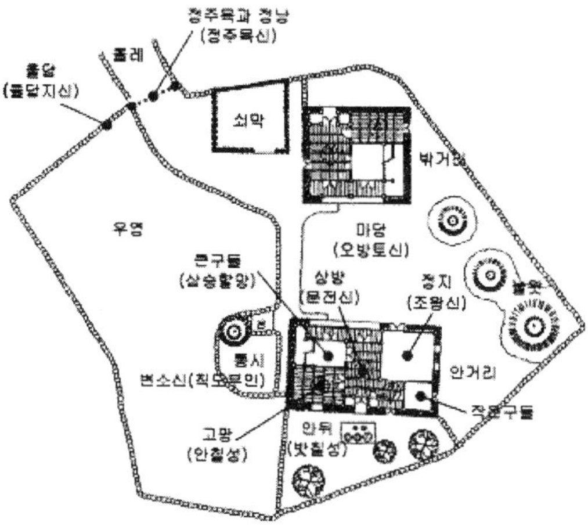


문형행 가옥, 제주도 애월읍 하가리 제주도 지정민속자료 3-8호(문전본풀이를 통해 본 제주전통주택의 경계공간연구, 김형준, 대한건축학회, 2007. 3)

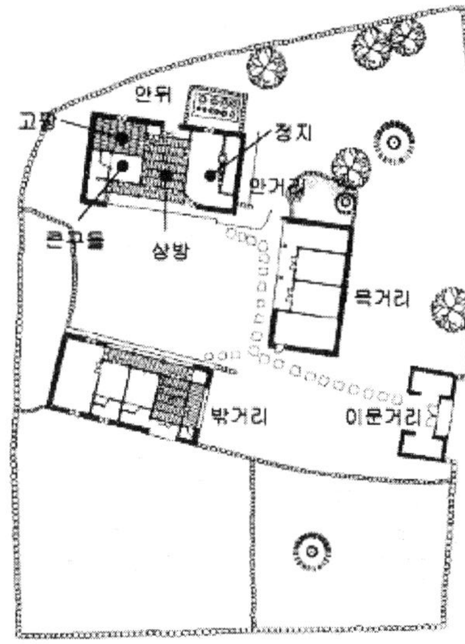


고평오 가옥의 평면도(문전본풀이를 통해 본 제주전통주택의 경계공간연구, 김형준, 대한건축학회, 2007. 3)

- 올레 : 진입로에서 주택에 출입하는 긴 골목
- 안거리 : 안채 또는 본채
- 밖거리 : 바깥채로서 안거리와 마주 앉음
- 이문거리 : 좌우에 주거나 축사가 칸으로 된 문간
- 상방 : 마루방
- 목거리 : 안채, 바깥채에 대하여 모로 배치된 건물
- 정지 : 부엌 (정지거리 : 순수하게 정지만 설치된 건물)
- 챗방 : 정시에 면하여 식사를 하는 공간
- 통시 : 변소
- 고팡 : 곡류를 보관하는 창고 공간
- 큰구들 : 안방
- 우영 : 텃밭
- 안뒤 : 안거리의 후원 또는 뒤뜰
- 쇠막 : 마굿간
- 굴묵 : 큰구들의 불을 때는 공간
- 물팡 : 물허벅을 올려놓는 시설
- 생깃문(호령창) : 상방 옆벽 대문 곁에 설치된 창

### 4) 가옥의 구조

일반적으로 서민의 주택은 막돌 허튼 층 쌓기의 기단이나, 토단(土壇) 위에 막돌 초석을 놓고 네모기둥이나 통나무기둥을 세우고 납도리와 보를 걸거나, 통나무도리나 보를 걸어 지붕틀을 형성하였다. 산간지방에서는 너와집, 굴피집, 돌기와집 등을 지었고 이들의 몸체는 귀틀집 구조를 이루는 것이 일반적이다. 중류주택의 중인주택은 상류주택과 그 구조가 거의 같고, 이교(吏校)[18]의 주

18) 조선시대의 계급은 5계급으로 분류된다. "양반(兩班)""중인(中人)""이교(吏校)""양인(良人)""천인(賤人)"

택은 서민주택의 모습과 거의 같은 구조를 이룬다.

상류주택은 서울의 주택에서는 일반적으로 장대석 두 세벌대의 기단 위에 사각형의 다듬은 초석을 놓고 네모기둥을 세워 납도리와 보로 결구하여 지붕틀을 구성한다. 지방의 상류주택에서는 막돌 허튼층쌓기기단 위에 막돌초석을 놓고 네모기둥이나 때로 두리기둥을 세워 납도리, 굴도리로 결구한다. 또 익공을 두어 익공식 구조를 이루기도 한다.

가구는 오량이 일반적이고 서울의 대가에서 칠량구조를 이루기도 하였다. 처마는 홑처마가 일반적이나, 때로 겹처마를 이루기도 한다. 안채와 사랑채가 독립된 채로 건립될 때에는 팔작지붕이 주류를 이루고, 한 지붕으로 연속되어 건립될 때에는 안채의 양측 용마루 끝단에 합각을 이루어 팔작지붕의 모양을 이룬다. 행랑채는 납도리 삼량가구로 홑처마의 맞배지붕이 일반적이다.

한옥에서의 구조양식은 기둥과 보와 도리가 결구되는 상황에서 외관적인 처리방식을 의미하는 것이며 구조법의 원리적인 면에서는 대동소이하나 시각적인 면에서는 큰 차이를 느끼게 된다. 따라서 장식적인 양식과는 구분하는 의미로 구조양식이라 표현한 것이다.

주택에 사용되는 구조 양식에는 초익공양식, 소로수장 양식, 민도리 양식 3종류로 대별할 수 있다. 이중에서 가장 일반적으로 사용되는 것으로는 간결하고 소박한 양식인 민도리 양식이 서민의 주택에 사용되었다. 소로수장 양식은 민도리 양식 보다는 고급의 것이라 할 수 있으며, 도리 밑으로 장여와 창방 사이에 소로를 적당한 간격으로 배열한 모습니다. 이 양식은 규모 있는 주택에서 별당채와 몸채의 주요부에 사용하고 기타는 민도리 양식을 사용하는 등으로 소로수장과 민도리 양식이 혼용되는 경우가 많다.

일정한 간격으로 소로를 수장하는 모습

민도리 구조-두암고택(경북)

익공(물익공)이 간단하게 처리된 모습

익공양식에는 초익공, 이익공, 삼익공양식이 있으나 주택에서는 대부분 초익공 양식을 사용하고 있다. 그나마도 그 당시 건축규제로 인해 주택에는 사용치 못하도록 금지되고 있으나 왕실의 가족이거나 혼인관계로 맺어진 특수한 계층에 한정적으로 허용되었으므로, 오래된 주택에서 익공양식이 사용되었다면 예사로운 주택이 아닌 것으로 보아야 할 것이다.

주택에 사용되는 초익공 양식은 궁궐이나 관아건축에서 사용되는 전형적인 익공약식과는 달리 익공의 끝이 둥글게 굴려진 것이 많고, 그러한 형식을 물익공 양식 - 다른 표현으로는 무익공양식이라고도 하지만 단어의 의미 전달에 혼돈을 야기하므로 여기서는 물익공으로 지칭한다. - 이라 구분하여 표현하기도 한다. 따라서 물익공이 주택에 사용되는 배경에는 심미적인 면에서 날카롭고 경직되어 보이는 전형적인 익공양식보다는 온화하고 원만한 모습으로 구성하려는 의도에서 선호된 것으로 해석할 수 있다. 물익공 양식에서 치장을 한 단계 추가하는 방법으로는 운공(雲工)양식이라 하여 소로위에 장식적인 부재를 도리와 직교되게 배치하는데, 구름이 서린 듯 한 모양새를 닮았다 하여 운공이라 칭하는 것이다.

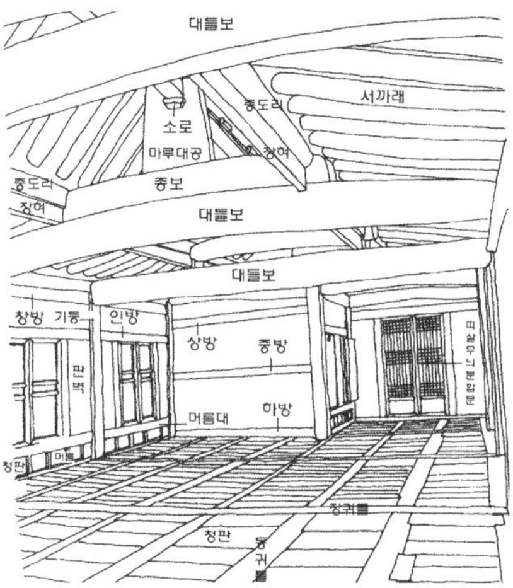


전통주택 내부 각 부재명칭

겹처마 지붕 부재 및 외부의 세부명칭 (창덕궁 낙선재)

### 5) 문(門) · 호(戶) · 창호의 의미

전통건축에서는 문외에 '호(戶)'라는 건축 요소가 하나 더 있다. 전통 건축에서 '문'이란 동대문이나 남대문, 현관문, 정문, 후문과 같이 성(城)이나 건물전체에 사용되는 출입구를 말하며, '호'는 방에 사용되는 출입구를 말한다. 또한 '門'과 '戶'라는 글자 모양을 보아서도 알 수 있듯이, 문이 주로 두 짝으로 이루어진 육중한 판자문이라면 호는 외짝으로 이루어진 가벼운 창호지문이다. 말하자면 문은 'gate'에 해당되고, 호는 'door'인 셈이다.

중국의 집은 '택(宅)' 혹은 '가(家)'라고 불리는 큰 주택 안에 당(堂)이라 불리는 작은 집들이 여러 채 모여 있는데, 형식적으로는 대가족 이지만 실질적으로는 부부와 어린 자녀로 이루어진 핵가족이 하나의 당에서 생활했다. 택에 붙은 출입구를 문이라 하고, 당에 붙은 출입구를 호라 했다. 택에 붙은 문은 가택의 내외부를 경계 짓는 문이자 도둑의 침입도 막아야 했으므로 판자를 사용하여 거대하고 육중하게 만들었지만, 당에 붙은 호는 쉽게 여닫을 수 있도록 가볍게 만들어 사용했다.

이렇듯 '호'에는 단위가족이라는 뜻이 포함되어 있기 때문에 지금도 호구조사(戶口調査), 호적(戶籍), 호주(戶主)와 같은 용어를 사용하고 있다. 근대국가는 주민등록번호를 부여하여 국민을 개별적으로 통제하고 있지만 중세에는 국가의 행정력이 만간까지 세심하게 미치지 못하여 개인이 아닌 호별로 세금과 부역을 매겼다. 따라서 본디'당'에 붙은 출입구였던 '호'는 이후 출입구보다 '한집에 사는 단위가족'이라는 의미로 더 자주 사용되었다.

'가가호호'라는 말에서도 알 수 있듯이 당 안에 함께 사는 사람이 단위가족 곧 '호'라면 '택'안에 같이 사는 사람은 확대가족 곧 '가(家)'가 된다. 따라서 택의 출입구인 '문'에는 확대가족의 의미가 포함되어 있어 가정이나 가족과는 그 뉘앙스가 다른 가문(家門), 문중(門中)과 같은 말에 '문'자가 사용되고 있다. 무엇보다 문은 지금도 건축 용어로 사용되고 있으나 호의 건축적 의미는 희석되고 말았다.

한편 '창호'라는 말은 고려시대부터 등장하기 시작했다. 창과 호를 아울러 지칭하는 이 말은 채광을 위한 창과 출입을 위한 호를 명확히 구분하지 않는 전통건축의 독특한 미학을 반영한다. 한옥을 생각할 때 가장 먼저 연상되는 것은 화려하게 치장된 처마 아래의 육중한 기둥과 기둥 그 사이에 들어찬 새하얀 창호지문인데, 이러한 입면은 대략 고려시대부터 시작되었다. 나무살로 이루어진 문틀에 창호지를 바른 '창호지문'은 한지가 점차 보급되기 시작한 고려시대부터 나타났다. 알다시피 종이는 서기 100년경 중국의 채륜이 처음 발명한 것으로, 당시 중국인들은 제지술을 국가적 기밀로 관리하고 있었다. 우리나라에서는 삼국시대에 왕궁에서만 간신히 창호지를 바를 수 있는 정도였지만 고려시대에 들어 점차 종이가 흔해지면서 중류계층까지 창호지가 보급되었다.

흙벽에 살창과 판문으로 구성된 삼국시대의 집과 벽체의 대부분이 창호로 이루어진 고려시대의 집은 외관상으로도 확연히 구분된다. 그리고 이는 조선도 마찬가지이기 때문에 고려의 집과 조선의 집은 매우 비슷해 보인다. 현재 고려시대의 건축으로 남아 있는 것으로는 부석사 무량수전과 수덕사 대웅전, 봉정사 극락전 등 사찰건축이 주를 이루며, 주거건축으로는 고려 말 최영 장군이 건립한 후 그의 손녀사위 맹사성이 살았다고 알려진 충남 아산의 맹씨행단(孟氏杏亶) 등이 있다. 이것은 조선시대의 건축과는 크게 다를 바가 없어 보이지만, 창호의 구성에서 조선과 고려의 건축적 차이가 두드러진다.

대개 조선의 창호는 두 짝이나 네 짝 등 짝수로 이루어져 있으나 고려의 창호는 세 짝으로 되어 있다. 그중에서 가운데 문이 출입에 사용되는 여단이문이고 양옆의 문은 채광을 위해 사용되는 들어열개문이다. 맹씨행단과 부석사 무량수전에서 볼 수 있듯이 가운데의 창호는 출입용 문, 양옆의 창호는 채광용 창으로 사용되고 있다. 창호에 사용된 살의 모습도 달라서, 고려의 창호가 격자살이나 빗살이라면 조선시대에 가장 많이 사용된 것은 띠살문이다.

위쪽으로 들어열개문을 고정시키는 들쇠가 보이며 창호의 형태는 격자살이다.

정면 5칸 중 가운데 3칸은 3짝으로 되어 있으며 이중 가운덴 문이 출입에 사용되는 여닫이문이고 양옆의 문은 태창을 위해 사용되는 들어열개 문이다.

## ■ 주요 내용 정리하기

1. 한양 도성의 공간구조에 관해서 정리해 보자

2. 궁궐의 배치원리에 관해서 정리해 보자

3. 3문3조란 무엇을 의미하는 것인지 정리해보자

4. 창덕궁의 배치의 특징에 관해서 정리해보자

5. 제사건축(종묘, 사직단 등)은 조선에 있어서 어떤 의미를 가지고 있는지 정리해보자

6. 교육건축인 향교와 서원의 배치기법에 관해서 정리해 보자

7. 전통마을에서 주택배치는 어떤 방식으로 이루어졌는지 정리해 보자

8. 우리나라 전통건축의 일반적인 시공순서를 간략히 정리해 보자

9. 우리나라 북부, 중부, 남부의 전통민가의 평면형식과 특징을 정리해 보자

## ■ 주요 용어 설명

1) 여단 : 돌림병을 예방하기 위해 주인이 없는 외로운 혼령을 국가에서 제사 지내주던 제단. 서울의 북교(北郊)에 있었다고 하나 폐지된 지 오래되어 정확한 위치는 알 수 없다. 단의 모양은 정사각형이며 한 변의 길이가 6.3m(2장1척), 높이는 0.75m(2척 5촌) 정도이다. 사방에 층계로 담을 쌓아 단을 보호하였다. 토담 한 변의 길이는 15m(25보) 정도이며, 남쪽으로 출입문이 있다. 단의 남쪽에는 한 변의 길이가 1.5m(5척)인 요단(燎壇)을 설치했다. 출입문은 0.6m의 너비로, 위로 열고 드나들도록 되어 있다.

2) 병자호란(丙子胡亂) : 1636년(인조 14년) 12월부터 이듬해 1월에 청나라가 조선에 대한 제2차 침입으로 일어난 전쟁

3) 도고(都賈)상인 : 조선후기 상품의 매점매석을 통하여 이윤을 극대화를 노리던 상행위 또는

그러한 상행위를 하던 상인이나 상인 조직

4) 성(城) : 한문을 풀이하면 흙토(土) 이룰성(成)이 합하여 흙으로 이루어 진 것을 의미한다.

5) 계좌정향(癸坐丁向) : 정남향인 자좌(정북)오향(정남)이나 계좌(북→동으로 15도) 정향(남→서로 15도)

6) 아문(衙門) : 관원들이 정무를 보는 곳을 통틀어 이르는 말 또는 상급의 관아를 의미한다.

7) 소목제(昭穆制) : 소목이란 종묘나 사당에 조상의 신주를 모시는 차례, 왼쪽 줄은 소(昭)라하고 오른쪽 줄을 목(穆)이라 하여 1세를 가운데 모시고 2세, 4세, 6세 짝수는 소에 모시고 3, 5, 7세와 같은 홀수는 목에 모신다.

8) 종묘의 정전과 영녕전 : 정전 - 태조, 태종, 세종, 세조, 성종, 중종, 선조, 인조, 효종, 현종, 숙종, 영조, 정조, 순조, 문조, 헌종, 철종, 고종, 순종
영녕전 - 정종, 문종, 단종, 덕종, 예종, 인종(서협) 인종, 명종, 원종, 경종, 진종, 장조, 의민황태자 영친왕(동협), 중앙-목조, 익조, 도조, 환조

9) 「국조오례의」 조선시대의 세종의 명으로 허주 등이 편찬에 착수하고 세조때 강희맹 등을 거쳐 신숙주, 정척 등이 완성한 예서로서 길례(吉禮), 가례(嘉禮), 빈례(賓禮), 군례(軍禮), 흉례(凶禮)의 오례 가운데 실행하여야 할 것을 뽑아 도식으로 엮었다. 성종 5년(1474)에 간행되었다.

10) 동무(東廡) : 무(廡)는 큰집 또는 곁채라는 뜻을 갖고 있으므로 동무와 서무는 각기 동쪽과 서쪽에 있는 본전 곁에 있는 큰 집이란 의미가 된다.

11) 서재(西齋) : 재(齋)는 집을 뜻하는 특히 공부하는 집이란 의미를 갖는다.

12) 공문십철(孔門十哲) : 공자의 제자 가운데 특히 학덕이 뛰어난 열명으로 안회, 민자건, 염백우, 염옹, 재아, 자공, 염구, 자로, 자유, 자하를 이른다.

13) 송조육현(宋朝六賢) : 조선 시대에 문묘에 모시고 제사를 지내던 중국 송나라의 여섯 명현(名賢)으로 주돈이, 정호, 정이, 소옹, 장재, 주희를 이른다.

14) 아국십팔현(我國十八賢) : 우리나라의 18명의 현인으로 최치원, 설총, 안향, 정몽주, 김굉필, 정여창, 이언적, 조광조, 이황, 김인후, 이이, 성혼, 김장생, 김집, 조헌, 송시열, 송준길, 박세채 등이 있다. 이중 최치원, 설총, 안향은 고려시대에 이미 문묘에 종사되었으며 이하 15명은 조선시대 종사되었다.

15) 오천향교 : 1905년에 창건된 향교다. 명륜당과 동 · 서재 등은 없고 단순히 3칸 규모의 대성전만 있다. 대성전에는 오성(五聖)과 송조4현(宋朝四賢)그리고 우리나라 18현의 위패가 봉안되어 있다. 갑오경장 이후 신학제 실시에 따라 교육적 기능이 없어졌다. (문화재 자료 제137호)

16) 정유재란 : 임진왜란 중 화의교섭의 결렬로 1597년(선조 30)에 일어난 재차의 왜란, 정유년에 일어났다고 하여 '정유재란'이라함

17) 산림경제(山林經濟) : 조선 숙종 때 실학자 홍만선(洪萬選)이 엮은 농서 겸 가정생활서. 4권 4책의 농서로서 농림 축잠업을 망라하였을 뿐 아니라, 농촌생활에 관련되는 주택 · 건강 · 의료 · 취미 · 흉년대비 등에 이르기까지 논술하고 있다. 따라서, 종래의 농서들에서 볼 수 없는 종합적인 농가 경제서라고 할 수 있다. 현재의 농업과 임업에도 많이 참고가 될 과학적인 면도 있다.

18) 택리지(擇里志) : 1751년(영조 27) 실학자 이중환(李重煥)이 현지답사를 기초로 하여 저술한 우리나라 지리서로서 실학이 발흥하고 있었던 배경에서 만들어진 대표적인 한국지리책이다.

19) 임원십육지(林園十六志, 임원경제지) : 이 책은 조선후기 실학자 서유구가 저술한 농서로서 중국과 우리나라 생물과학의 거의 모든 분야를 집대성한 새로운 백과사전 서적 박물학서이다. 그것은 ≪농사직설≫ · ≪동의보감≫ · ≪산림경제≫ · ≪택리지≫ · ≪고사촬요≫와 ≪고사신서 攷事新書≫ · ≪과농소초 課農小抄≫로 이어지는 종래의 조선 농학과 박물학의 체계 위에, 800여 종의 문헌을 참고하여 이를 확대 발전시켜 19세기 중기의 조선사회가 요구하는 보다 완벽한 박물학서라고 할 수 있다.

20) 게젤샤프트(Gesellschaft) : 독일어, 사회학자 토니에스가 체계화한 사회유형으로 합리적 의지에 의해 결합된 이익사회(공식적이고 상대방의 내면세계에 관심을 가지지 않는 이차적 관계로 영리회사, 협회, 국가, 금전관계가 대표적인 예이다.)

21) 게마인샤프트(Germineschaft) : 독일어, 사회학자 토니에스가 체계화한 사회유형으로 본연의지에 의해 결합된 공동사회(일차적 관계에 의한, 시골농촌사회, 부모자식관계, 친족관계가 대표적인 예이다.)

22) 재지사족(在地士族) : 조선시대 향촌사회에 머물러 있던 지식계층을 일컫는 말. 넓은 의미에서는 흔히 양반을 가리킨다.

# VIII. 근대건축

## 1. 근대건축의 시작

### 1-1. 개항과 근대건축의 시작

조선시대 500여 년간은 정치를 비롯한 경제 · 사회 · 문화 등의 모든 분야에서 폐쇄적인 쇄국정책에 의하여 외국의 새로운 문화의 유입이 차단된 시기라고 할 수 있다. 우리나라의 개방은 불행하게도 외압의 형식에 의해 1876년 병자년에 체결된 우리나라와 일본 간의 병자수호조약(강화도 조약)에 의해 개국과 개항이 이루어지고, 이어 조선사회의 근대화를 촉진시키는 역사적 계기를 맞이하게 된다. 특히 조선 후기에 이르러 갑오경장(甲午更張, 1894)에 의한 사회개혁은 양반과 상민의 구별을 없애고 노비를 풀어 주는 등 조선시대의 사회전반에 걸쳐 큰 변화를 가져오면서 19세기 후반부터 우리나라의 전통건축에 새로운 징후가 뚜렷이 나타나기 시작한다. 사실 조선 초기 노비의 값은 말과 비슷했지만, 후기로 갈수록 점차 비싸졌다. 또한 노비도 돈을 모아 관청에 내면 속량(贖良: 몸값을 받고 노비의 신분을 풀어주어서 양민이 되게 하는 것)할 수 있었는데, 그 값이 후기로 갈수록 점차 저렴해지면서 많은 노비들이 천민의 신분을 면하고 이들 중 상당수가 상인계층으로 흡수되면서 노비들이 담당하던 집 안의 자질구레한 일을 안주인이 직접 하기 시작하면서 우리의 전통주택 공간에 변화가 생기기 시작한다.

이미 18세기 후반부터 실학의 발전, 상공업의 발달, 신분제의 붕괴, 도시의 성장 등 근대 지향적인 사회문화의 변동현상이 나타나고 봉건사회가 해체되기 시작함으로써 근대화의 시작이 예견되기도 하였다. 그러나 보수반동적인 쇄국정책과 내분으로 인해 조선의 내부에서 사회변화가 진행되고 있는 사이에 서양의 열강들과 일본은 군대를 앞세워 개항(開港)을 요구하게 되었고, 마침내 1876년 병자수호조약을 시작으로 서양의 여러 국가들과 강제적인 국교를 맺기에 이르렀다. 개항의 사건은 외국의 여러 문물들이 직접 유입하게 되는 계기가 되었다. 이에 따라 일본과 서구에서 발달한 건축문화도 들어오게 되고 한국사회가 본격적으로 변모되기 시작하였다. 이런 의미에서 우리에게 근대적 의미의 신건축이란 1876년 개항 이후 들어온 근대 건축양식이라 할 수 있다. 다시 말해 우리가 능동적인으로 도입해 온 것이 아니라 시대적인 상황에 의해서 타율적으로 들어온 것이라 할 수 있다. 때문에 개항이후 서구화된 건축은 오늘날 우리 건축의 선조라고 여겨지기 보다는 전통건축과의 단절을 초래한 우울한 서구화의 표상이라고 할 수 있을 것이다.

최초의 외국인 건물은 개항 다음해인 1877년 부산에 세워진 일본 관리청 건물이었다. 원산, 인천에 이어 1884년 서울에 일본의 영사관이 세워졌다. 이들 건물의 외관은 서양식이었지만 구조는 일본식이었다. 일본인들이 서양식 건물을 흉내 내어 목조로 만들어 낸 것들 이었다. 이런 건물을 짓기 위해 일본에서 목수들이 부산이나 서울에 와서 작업을 했다.

뒤이어 중국, 영국, 독일 등이 인천에 자신들의 거주지에 주택을 짓거나 또는 상업 목적의 건물을 세우면서 본격적인 서양식 건물이 나타나게 되었다. 1884년에 독일인에 의해 세워진 인천 세창양행은 2층 벽돌조 건물로 전면에 사각기둥의 개방된 아케이드를 둔 별장풍 건물이었다. 전면의 개방된 아케이드는 유럽인들이 아시아 식민지 일대에 세운 건물들과 맥을 같이 한 것이었다. 구미각국의 공사관은 처음에는 한옥을 개수하여 사용하다가 1890년대 들어와서 본격적으로 서양식 건물을 짓기 시작했다. 1892년 영국영사관의 준공에 이어 러시아공사관(1895), 프랑스공사관(1897), 독일영사관(1900), 이탈리아공사관(1901), 벨기에영사관(1905)이 차례로 준공되었다.

벨기에 영사관(1905) - 사적254

인천 세창양행사택(1884)의 아케이드의 모습 - 現無

프랑스 공사관(1897) - 現無

1886년 한 · 불조약을 계기로 18세기말 이후 혹독한 박해를 받았던 가톨릭교회가 비로소 선교의 자유를 얻게 되면서 가톨릭 교회건축이 세워지게 되었다. 초기에는 한옥성당이 지어졌지만 대도시와 개항지에서는 서양식의 벽돌조 건물이 지어지면서 최초의 본격적인 서양식 교회당인 약현성당이 1892년에 지어졌고, 1892년에 시작해서 7년 뒤인 1898년에 완성된 명동성당은 국내 가톨릭성당의 가장 돋보이는 건물로 건축되었다. 그리고 인천 대불호텔(1885)을 비롯한 상업 건축물들과 배재학당(1866)을 비롯한 학교건축들, 또한 서울 전환국(1886)과 같은 새로운 기능의 관청 등이 외국인들의 손이나 감독으로 지어져 그들의 건축형태와 시공방법을 보여주게 되었다. 중국 · 일본 역시 초기에는 다른 아시아 국가들과 다를 바 없이 서양의 건축물을 간접적으로 받아들였다. 그러나 일본은 재빨리 서구건축을 일본화 시켰다.

명동성당의 모습

배재학당 현재의 모습

약현성당의 모습

## 1-2. 서양식 건축의 유입 유형

근대 초기 우리나라에 처음 서양식 건축물이 세워질 때 우리 민족은 어떤 느낌을 받았을지 조금은 상상해볼 수 있다. 낮게 깔린 기와집과는 초가집이 어우러진 전통적인 도시 경관과 극적으로 대비되는 이 낯선 건축물들이 연출한 새로운 경관은, 당시 우리 민족에게 서양의 힘을 상징적으로 보여주는 매우 충격적인 광경으로 각인되었을 것이다. 외세의 불가항력적인 힘에 쓰러져가던 국가의 위태로운 정치 상황과 맞물려 그 충격은 더욱 컸을 것이다.

우리나라에 서양식 건축이 유입된 경로는 5가지인데 그것을 다음과 같다.(한국건축사 연구, 발언 pp.401~403)

1) **개항 초기 조계지(租界地:외국인이 행정자치권이나 치외법권을 가지고 있는 거주지)에 지어지는 외국인들의 건축물** - 11개소의 개항 및 개시장(1876-1899)의 설정으로 외래건축이 유입되고 도시의 모습이 급변하기 시작하였다. 외국인 거류지를 중심으로 측량도면에 의한 구(區) · 필지분할이 이루어지고(단지계획의 시초), 외국공관, 은행, 학당, 예배당,  의원 등과 주거겸용의 병용주택이 들어서기 시작하였는데, 개방부터 1890년대 초까지는 주로 한옥전통가옥을 수용하거나 서양풍 건축이 주류를 이루었고, 1890년대 이후 벽돌과 석재의 양식건축이 등장한다. 그 특징은 다음과 같다. 내부공간의 구성은 중복도 · 편복도 · 홀형 · 복합형 등이며, 구조는 목 골조(전돌과 흑회색벽돌 사용), 목조 의양풍(후기 르네상스), 일본식 목조(회반죽마감), 중국식 벽돌(4면 모두 벽돌조+목조지붕) 등이었으며, 상하 오르내리창, 양판덧문, 차양, 발코니 궁형아치 등의 외래요소들이 첨가되었고 서양식 가구와 집기 등이 유입되었다.

2) **서울을 중심으로 지어지는 외국공간과 상업건물** - 서울은 조선조 말까지 강력한 쇄국정책으로 말미암아 도성 내 외국인의 거주가 금지되었으며, 궁궐이 중심이 되는 도시로서 궁궐 · 저택 · 민가 · 가게 등으로 이루어져 있었다. 그러나 문호개방으로 그리스도교의 신앙의 자유가 허락되고, 임오군란(1882)을 계기로 청 · 일 양군의 동시 주둔에다 구미 각국 사람들의 내주(來住) · 거주 · 통상이 허용되면서 서양식 건축물이 1890년대부터 하나 둘씩 들어서기 시작하였다. 전통적인 한옥거리의 모습이 가장 먼저 바뀌기 시작한 곳은 외국 사절단의 거주가 허용되었던 정동 일대와 일찍이 천주교 계통의 건물이 들어서고 일본인 상가가 진출한 명동 일대이다. 동아시아 콜로니얼 스타일의 아케이드, 발코니, 베란다, 현관, 포치 등과 네오고딕의 첨탑, 첨두아치, 보울트 천장 등의 양식요소가 소개되었다.

3) **외래 종교계통의 건축** - 교회당, 학교, 병원, 선교사 주택 - 오랜 박해 끝에 선교의 자유를 획득한 가톨릭교회는 선교사의 주도 하에 교회건축이 시작되었지만 대도시와 몇몇 교우 촌에 지은 서양식 벽돌조 건물을 제외하고는 모두 한옥이었으며, 네비게우스 선교(자급, 자립, 자체 선교를 골자로 하는 선교방식으로 초기 한국 개신교의 형성에 큰 기어를 하였다.) 정책을 채택한 개신교와 성공회도 한옥교회를 지었다. 이 시기의 교회건축은 선교단체의 선교이념과 문화적 배경, 그리고 도시와 농촌의 차이가 건축양식 결정에 큰 영향을 주었다. 서양식 교회건축은 비고딕적인 구조에도 불구하고 회흑색 이형벽돌과 목조 보울트 천장, 내부공간의 분전과 통일성이라는 서양 중세교회 건축의 이념에 충실하였으며, 한옥교회는 전통건축형식 내에서 서양 교회건축의 핵심적인 공간형태를 찾으려 하였다. 특히 성공회는 서양 선교회에 의해 교회건축의 토착화를 일관되게 추구하였고 상당한 성과가 있었다는 점이 주목을 끈다.

정동제일교회 (1896)

명동성당 (1898)

4) **일본계의 유사 서양식 건축** - 개항지의 일본 거류지에는 당시 일본에 유행했던 소위, '의양풍(擬洋風)'이라는 유사 서양식 건축이 지어졌는데, 이는 일본인 목수들이 목조로 서양건축의 석조나 벽돌조로 모방한 것이다. 사실 일제강점기에 경성에 세워진 네오르네상스 양식의 건축물은 설계와 건설에 비용이 많이 드는 건축이었다. 독일이나 러시아 등지의 외국인 건축가나 유럽에서 공부한 일본인 건축가가 설계를 맡고 화강암이나 벽돌, 철근콘크리트 등의 값비싼 자재들로 짓는 건물들이었다. 그러나 지방 도시에서는 조금 다른 형태의 건물들이 자리 잡기 시작했는데 대체로 비용 적게 들고 서양의 근대건축을 공부하지 않은 일본의 재래식 목수들이 간단하게 지을 수 있는 목조건물이었다. 2-3층 정도의 벽돌조나, 벽돌조에 철근콘크리트의 혼합 구조가 많았으며, 외관은 벽돌조에

일부 석조를 사용하였다. 다만 지붕은 전통적인 형태의 기와를 얹었는데, 이렇듯 몸체는 서양식 건물에 지붕은 동양식 기와를 얹은 형식을 동양부흥식 또는 제관주의 양식이 나타나기도 했다.

**5) 한국이 스스로 외국문물에 자극받아 새로운 시도를 한 것** - 정부의 관제개혁(1880)과 수신사(일본, 1876, 1880), 신사유람단(일본, 1881), 영선사(청(중국), 1881) 등의 파견으로 새로운 문물에 대한 자극을 받고 한국이 스스로 새로운 건축을 시도하였는데, 그것은 새로운 기능의 관청건물과 민간 상가건축에서 나타났다. 을미사변과 아관파천을 계기로 실권을 장악한 친 러시아 수구파들은 1897년 개혁파의 협력 하에 국왕을 환궁시키고 연호를 광무(光武)로 고친 다음, 황제 즉위식을 거행함과 함께 국호를 대한제국으로 고치면서 자주독립을 재천명하였다. 그러나 광무정권을 열강들의 각축 속에 시대가 절실히 요청하는 구국할 수 있는 개혁을 추진하지 못하였으며, 구국할 수 있는 개혁운동은 개혁파들이 집권해보지 못한 채 재야 구국개혁운동으로만 전개되었다. 일본과 서구 열강들의 경제적 이권침탈과 진출로 그간 주요도시에는 적지 않은 서양식 건물이 들어서고 전화(1898), 전기(1900), 수도(1903)가 가설되기 시작하였으며, 1899년에는 서울에 전차가 개통되고, 경인철도가 개통되는 등 어쨌든 표면적으로는 신문물이 상당히 들어오고 있었다.

20세기 첫 해는 경운궁(덕수궁)에 서양식 건축물이 세워졌고, 전통목조건축들로 이루어진 궁궐에 일련의 서양식 건축물이 들어선다는 것은 조선정부에서도 변화의 물결이 일기 시작하였다는 상징적인 사건이었다. 19세기 말에서 20세기 초에 걸쳐 경운궁에 건립된 서구식 건물 등 현재의 궁내에 남아 있는 것은 정관헌과 석조전 뿐 이다. 석조전은 중화전의 서북쪽 방향, 준명당의 서쪽에 위치해 있다. 석조전은 영국인 J.M. 브라운의 발의에 의해 1900년 착공하여 1910년에 완공하였고, 공사감독은 한국인 심의석(沈宜碩), 러시아인 사바틴, 일본인 오가와(小川陽吉), 영국인 M.H. 데이빗슨 등이 했다. 3층 석조 건물로 1층에는 거실, 2층에는 접견실 및 홀, 3층에는 황제 황후의 침실 · 담화실 · 거실 · 욕실 등이 있다. 높은 기단 위에 장중한 이오닉 오더의 기둥을 세우고 정면 17칸(54.2m)과 양 측면 10칸(31m)에 튀어나온 현관을 만들었다. 실내는 로코코풍으로 장식하였다. 석조전의 이러한 구성은 건물 앞 정원과 더불어 18세기 유럽의 궁전 양식을 모방한 것으로 신고전주의 건축이라 할 수 있다. 석조전은 당시 건립된 서구식 건물들 중에 가장 규모가 크고 순수 석조 건물이라는데 의의가 있다. 석조전 앞 정원과 청동제 분수는 1938년에 조성된 것으로 알려지고 있으며, 우리나라 최초의 이탈리아식 서구형 정원이다. 또한 석조전에서 서남쪽 방향으로 연결되어 있는 별관은 1937년 이왕직박물관으로 건립되었다. 1919년 고종이 승하하면서 석조전은 일본 미술품 등을 전시하였으며, 해방 이후에는 미소공동위원회, 국립현대미술관, 국립박물관 등으로 활용되어 왔다.

덕수궁내의 석조전 전경

석조전 전면의 이오닉 기둥 - 페디먼트의 뮤틀이 보인다.

1906년에는 통감부가 설치되고 일본에 의한 차관정치가 시작되면서 일본 기술이 조직적으로 들어오기 시작했는데, 주도적인 역할을 한 것은 탁지부(度支部:재무부에 해당)산하의 건축소였다. 많은 일본인 건축가가 들어왔고 일본 대장성 소속의 관료건축가 대부분이었다. 재료는 관급으로 이루어지고 건축소 부설 벽돌제작소가 건설되어 민간공사에도 납품하기 시작하였다. 한국정부의 관청건축은 일본 대장성의 영향 하에 흘러들어왔다고 하여도 과언이 아니며, 이때부터 건축의 식민화가 이루어지기 시작하였다. 건축소는 1910년 한일합방 때까지 존치되었고 이어 조선총독부 기관으로 바뀌었다.

**▌ 독립문에 대한 오해**

독립문에서의 독립의 의미는 우리가 오해하기 쉬운 일제로부터의 독립이 아닌 청나라의 내정간섭으로부터의 독립을 의미한다. 서울특별시 서대문구 현저동에 있는 조선 말기의 석조문. 높이 14.28m, 너비 11.48m. 사적 제32호. 지정면적 2,715.8㎡. 갑오경장 이후 자주독립의 결의를 다짐하려고 중국 사신을 영접하던 사대외교의 표상인 영은문(迎恩門)을 헐고 그 자리에 세운 문으로서, 자주 민권과 자강운동의 한 기념물이다. 1896년(건양 1년) 미국 망명생활에서 돌아온 서재필(徐載弼)이 조직한 독립협회의 발의로 국왕의 동의를 얻어 뜻있는 많은 애국지사와 국민들의 광범위한 호응을 받아 1896년 11월 21일 정초식(定礎式)을 거행하여 1년 뒤인 1897년 11월 20일에 완공하였다.

서재필의 자서전에 의하면 설계는 독일공사관의 스위스 기사가 하고, 우리나라 목수(심의석)가 시공하였다고 되어 있으나, ≪경성부사 京城府史≫에는 러시아인 세레딘 사바린(1860~1921)에 의한 것이라고 기록되어 있어 확실하지 않다. 구조는 화강석 쌓기로서 중앙에 홍예문(虹霓門)이 있고 내부 왼쪽에 정상으로 통하는 돌층계가 있으며, 정상에는 돌난간이 둘러져 있다.
1979년 성산대로 공사로 이전이 불가피하게 되어 그 자리에 '독립문지. 이전일자 1979. 7.13. 서울특별시장'이라고 새겨진 기념동판(가로 · 세로 각 70㎝)을 묻고 원위치에서 서북쪽으로 70m 떨어진 지점으로 옮겨 오늘에 이른다. 이전공사는 1980년 1월에 끝났다.(참조 : 네이트 백과사전)

## 1-3. 궁궐에 들어선 근대건축물

건축물은 그것이 지닌 본래의 용도와 기능에 따른 가치뿐만 아니라 건축물이 지어지고 사용되는 동안의 사회 · 정치 · 역사적 맥락에 따라서도 여러 가지 가치가 부가된다. 특히 궁궐에 들어선 근대건축물은 개별적인 건축물 자체가 갖는 건축적 가치뿐만 아니라, 한국의 전통 사회 및 건축을 대표하는 궁궐건축과 대비되어 지어졌다는 상대적 관계에서 더 많은 의미가 부여된다. 중화전에 대비되는 석조전이나 근정전에 대비되는 조선총독부 청사의 모습은 명동성당이나 러시아공사관만큼 커다란 충격으로 다가왔을 것이다. 또 궁궐에 들어선 근대 건축물들은 석조전이나 조선총독부 청사 같은 예에서 확인되듯이 쓰임새와 양식은 물론 그 성격과 의미에서도 많은 차이가 나타내고 있었다.

경복궁, 창덕궁, 창경궁, 경운궁, 경희궁 등 우리나라의 대표적 궁궐은 근대의 격변기를 거치는 동안 본연의 기능을 상실하면서 변경, 훼손되어왔다. 그리고 그 빈자리에 근대건축물이 하나, 둘 들어섰다. 조선왕조의 정궁이었던 경복궁에는 일제식민지 지배 권력의 상징인 조선총독부 청사가 들어섰고, 각종 박람회 개최와 함께 일제 통치를 기념하는 미술관과 박물관이 지어졌다. 창경궁에는 동물원과 식물원이 만들어지면서 각종 동물 우리와 식물 온실, 장서각 등의 건물이 들어섰다. 물론 일제가 지은 경복궁과 창경궁내 근대건축물과는 다른 성격의 근대건축물도 있었다. 고종황제가 대한제국의 정궁으로 조성한 경운궁에 세워진 중명전과 정관헌, 돈덕전, 석조전 같은 건축물이 그 예다.

덕수궁의 중명전(中明殿)

덕수궁 정관헌의 모습

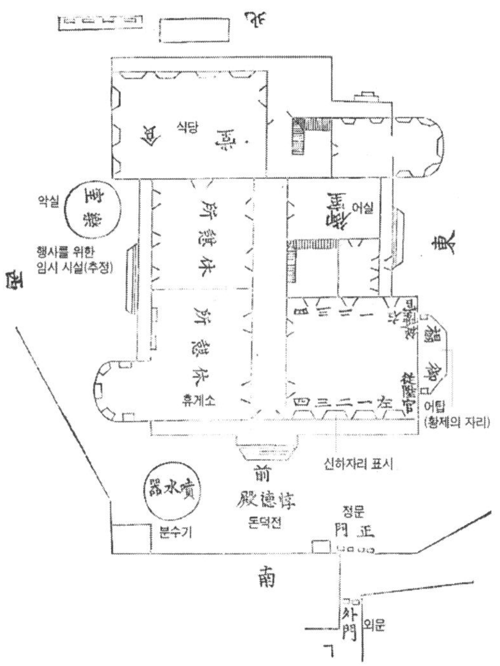


남북으로 이어지는 복도를 사이에 두고 공간이 나뉜다. 즉위식장과 왕의 공간인 어실(御室)이 동편에, 휴게소와 식당이 서편에 있다.

돈덕전의 모습

1907년 황제에서 물러난 고종이 평복을 입고 돈덕전 2층에 섰다.

정관헌(靜觀軒)은 고종황제가 다과를 들고 음악을 감상하며 휴식을 취하던 건물로 알려져 있다. 정관헌이라는 이름에서도 드러나듯이, 고종황제가 현실 정치의 번잡스러움을 잠시 잊고 조용히 세상을 관조하며 사색을 즐기기 위한 목적으로 지은 건물로 보인다. 이 건물은 대한제국의 정국으로서 위엄을 더할 경운궁 공사가 한창이던 1900년을 전후해 지어진 듯하다. 정관헌은 2004년 2월 4일 등록문화재 제 82호로 등록되었다가 사적 제124호로 관리되던 덕수궁과 이중 관리되는 문제점을 시정하는 과정에서 덕수궁에 포함되었다. 건축물의 형태는 단층의 팔작지붕 건물로 벽돌조의 벽체와 인조석의 기둥이 주된 구조체이다. 정면과 좌우측면에 차양 칸처럼 설치된 바깥쪽 공간은 목조 기둥으로 지지된다. 지붕은 목조 왕대공 트러스 구조로 현재는 방수 시트 위에 아스팔트 싱글로 마감되었다.

경운궁(덕수궁)에서 가장 이른 시기에 근대건축물이 지어진 곳은 현재 덕수궁 영역의 서쪽 외곽, 미국대사관 너머에 위치한 중명전 영역으로 추정되고 있다. 원래는 경운궁 영역에 포함되었으나 1897년 정동 돌담이 생기면서 궁 밖에 위치하게 되었다. 1925년 3월 12일 발생한 화재로 벽체만 남고 건물 대부분은 소실되어 버렸다. 이후 복구되는 과정에서 많은 부분이 변형되었다. 1963년 이방자 여사와 함께 영구 귀국한 영친왕은 1974년까지 이곳에 머물렀다. 1983년 11월 11일 서울특별시 유형문화재 53호로 지정되었다. 2006년 9월 문화재청으로 소유권이 이전되었고 2007년 2월에 서야 사적 124호로 덕수궁에 포함되었다. 건축물의 형태는 지상 2층 지하1층 규모의 벽돌조 건축물로, 목조 왕대공 트러스 구조의 모임지붕 형태다. 건립 초기 사진을 보면 주출입구 위에는 사각기둥으로 지지되는 경사 지붕의 캐노피가 설치되었으나 현재는 다른 모습을 하고 있다. 1층에는 좌우로 넓은 아치창을 3개씩 설치하여 아치가 연속된 입면을 형성하고 있다.

돈덕전에서 돈덕(惇德)은 『서경(書經)』에 나오는 "덕 있는 이를 도탑게 하여 어진 이를 믿는다.(惇德允元)"는 글귀에서 나왔다. 돈덕전은 현재 덕수궁 권역의 북서쪽 모서리, 석조전 뒤편에 위치해 있었다. 1901년 건립된 것으로 추정되는 가장 앞선 시기의 양관 건물이다. 손탁 호텔과 러시아공사관 등을 설계한 기사 사바친이 설계한 것으로 알려졌다. 일제 강점기에 헐렸다. 순종 황제가 즉위식을 거행한 장소이기도 하다. 건축물의 형태는 벽돌조 2층 건물로 경사가 급한 모임지붕으로 처리되었고, 측면에 뾰족한 원추형의 탑을 올린 것이 특징적이다. 경사 지붕에는 지붕창을 설치하였다. 1층과 2층 모두 벽돌 기둥 사이에 아치를 올려 아케이드를 만들었다. 벽돌 기둥과 기둥 사이 난간에도 대한제국 황실의 상징인 배꽃 문양을 장식하여 시각적으로 두드러지는 효과를 주었다.

궁궐에 근대건축물을 건립하는 일은 비단 일제 강점기만으로 끝나지는 않았다. 일제가 세운 근대건축물을 철거하면서 한편으로 새로운 건축물이 그 자리에 들어선 것이다. 경복궁에는 1970년대에는 국립민속박물관이 들어서면서 전통성에 대한 많은 논란이 있었고, 10여 년 전에는 현재의 국립고궁박물관이 신축되었다. 경희궁에는 서울역사박물관이 문을 열었다. 이러한 건축물이 지어지던 때에는 나름의 타당한 논리가 있었고, 공사는 정당한 절차를 거쳐 진행되었다. 물론 일제강점기에도 그때 나름의 논리는 있었다. 앞으로 우리 궁궐의 모습은 또다시 어떻게 변화하게 될까? 100여 년의 세월이 지난 지금 궁궐에 들어선 근대건축물을 다시 되돌아보게 된다.

경복궁내의 국립민속박물관의 모습

경희궁 앞쪽에 위치한 서울역사 박물관의 모습

## 2. 일제시대의 건축

### 2-1. 식민통치 시설의 확산

1910년 한일합방으로 인하여 왕조시대 도시의 틀이 붕괴된 자리에 식민 지배자들의 통치시설이 들어섰다. 즉 수탁을 용이하게 하기 위해 한반도 전역에 철도를 부설하면서 역사(驛舍)라는 건물이 필요하게 되고, 경제를 장악하기 위해 근대적 금융제도를 도입하면서 은행이라는 건물이 필요하게 되었다. 식민통치의 일환으로 근대교육을 도입하면서 학교라는 새로운 건물이 필요해졌고, 사업제도를 도입하면서 경찰서, 재판소 등의 건물이, 조선의 원자재를 싼값에 사들인 뒤 재가공하여 비싼 가격에 되팔기 위해 백화점이라는 건물이 필요해졌으며, 이 모든 과정을 통괄하기 위해 조선총독부를 비롯한 관청건물이 필요하게 되었다. 그렇다면 이전에 한 번도 지어지지 않은 새로운 용도의 건물이 도시 곳곳에 세워지면서 우리의 전통 도시는 빠르게 과거의 모습을 상실하고 어설픈 근대적 외관을 갖추게 되었다. 특히 1910년 이후 지어진 일련의 식민 관청들은 도시 중심부에 세워지면서 기존 도시의 건축 구성을 무너뜨렸다. 이들 관청건물은 양식주의에 입각한 권위적인 외관을 강조하면서 기존 도시의 건축 구성을 무너뜨렸다. 이들 관청건물은 양식주의에 입각한 권위적인 외관을 강조하면서 500년 동안 형성해 온 도시의 건축 질서를 바꾸어 놓았다. 좋은 사례로 조선총독부,

조선은행(현 한국은행) 등과 같이 중앙에 높고 큰 돔을 올리고 정면에 열주를 세우는 등의 건축수법은 극히 권위적이고 상징적인 건물로, 비단 일본 뿐 아니라 당시 서구 열강이 식민지에 앞 다투어 지은 전형적인 식민지풍의 건물이라 할 수 있다.

특히 1906년에 설치된 탁지부 건축소는 이 기구의 업무가 조선총독부 내무부로 이관되는 1910년까지 정부가 주도하는 근대건축의 대부분을 담당하였다. 그 사이에 손을 댄 건물은 관사 50동과 청사 136동의 신축, 기타 부속 가옥의 신축과 증축이 504건이었으며 기타 건물 수리도 405건이었다고 한다. 남산 아래 지은 총독청사를 비롯해서 지방청 재판소, 감옥, 경찰관서, 의원과 각 급 학교, 광업소의 청사와 관사, 창고 등이 포함되었다.

1910년 일제의 조선 강점에 이어 개항지를 중심으로 식민지 도시개조를 시작하였고, 1912년 토지조사령을 공포하여 토지조사에 착수하였으며, 1913년에는 시가지건축물취체규칙(市街地建築物取締規則)을 공포하였다. 그리고 도시정비와 도로확장 등의 명목으로 1907년 도성의 성벽을 철거하여 우리의 유구한 역사문화재를 파괴하기 시작하였으며 조선조의 수도 한성을 경성부(京城府)로 개칭하였다.

서대문 형무6소 전경

1908년(순종 2) 10월 21일 일본인 건축가 시텐노 가즈마[四天王要馬]의 설계에 의해 인왕산록(仁王山麓)의 금계동에 한국 최초의 근대식 감옥인 경성감옥으로 준공되었다. 그 후 여러 차례 증축되면서 1912년 일제에 의해 서대문감옥으로, 1923년 서대문형무소로 불렸으며, 1946년 경성형무소, 1950년 서울형무소로 개칭되었다. 1961년 개정된 행형법(行刑法)에 따라 서울교도소가 되었으며 현재는 서대문역사문화관으로 공공에게 개방되어있다. 1919년 3・1운동 당시에는 시위관련자 1,600여 명을 포함해 3,000여 명이 수용되었고 유관순・등 수많은 애국지사가 수감되었던 곳이다.

이 시기 탁지부 건축소 주관으로 조성된 건물들은 벽돌과 돌 또는 목재를 건물 규모에 따라 적절히 혼용하여 지어졌으며 대개 2층 정도의 작은 규모였다. 외관은 좌우 대칭을 살리고 창호의 형태나 위치가 건물 전체와 조화되도록 하여 안정된 비례를 살린 모습이었다. 전반적으로 서양의 르네상스나 바로크풍의 외관을 모방하는 경향이었다. 그 가운데 대한의원 본관, 공업전습소 건물, 서울 광통관은 지금까지 건물이 남아있고 이밖에 사라진 건물로는 내부청사, 농상공부청사, 부산세관 등을 꼽을 수 있다. 대한의원(1907)은 그 전에 분산되어 있던 의로 기관들을 흡수 통합하여 설립된 병원이다. 그 본관은 벽돌로 지은 2층 건물로, 정면 중앙부에 높은 시계탑을 세우고 전체를 대칭으로 꾸미고 창호 등 세부에 정교한 장식을 가미한 네오바로크(Neo-baroque architecture-바로

크 부흥 건축(Baroque Revival architecture))은 19세기 후반 유럽에서 있었던 17세기에서 18세기까지 유행하였던 바로크 건축 양식의 부흥을 의미하는 건축)의 외관으로 구성되었다.

대한의원 본관의 모습

사적 248호로서 1907년 대한제국 정부가 임금의 명령에 의해 창경궁의 바깥 정원인 함춘원의 언덕에 지었다. 일본인 기술자의 설계로 1907년 건물을 짓기 시작하여 1908년에 완성하였다. 처음에는 병동과 부검실, 의학교가 지어졌으나 현재는 본관건물만 남아 있다. 건물의 구조는 지상 2층으로 현관을 중심으로 좌우 대칭형으로 되어 있으며, 자동차로 직접 현관까지 들어갈 수 있도록 현관에 차 대는 곳을 만들어 정면 입구를 강조한 것이 특징이다. 본관의 지붕은 앞면에서 봤을 때 사다리꼴 모양을 한 우진각 지붕이며, 중앙에 높이 솟은 시계탑은 바로크양식을 하고 있어 본격적인 서양식 건축물의 특징을 찾을 수 있다.

1910년 한일합방 이후의 건축 업무는 조선총독부 내 회계국 영선과나 철도국 공무과 등이 담당하게 되었다. 총독부가 주관하여 지은 건물은 거의가 서울을 비롯한 각 지방의 관청 건물이었는데 특히 서울에 규모가 큰 건물이 집중되어 지어졌다. 관청 외에도 식민지 경제활동을 위해 민간조직에 의해 지어진 건물도 급격히 늘어났다. 이 시기에 지어진 일련의 식민지 관청 건물이나 그 산하의 민간조직 건물은 권위적인 외관, 단조로운 형태로 일관하였다. 주로 서양에서 18세기 이래 유행하던 역사적 스타일의 모방에 치중했으며 중요한 건물은 표면을 석재로 마감하여 육중한 외관을 강조하는 것이 보통이었다. 서울에 세워졌던 이런 유형의 건물로는 조선은행, 경성우체국, 경성부청에 이어 총독부청사를 대표적으로 꼽을 수 있다.

일제당시의 조선은행의 모습

조선은행 후 한국은행으로 사용되다가 현재는 화폐박물관으로 일반인에게 공개되어 있다.

조선총독부는 이전까지는 남산 북쪽 기슭의 왜성대에 있던 통감부 건물을 그대로 총독부 건물로 사용했다. 1926년 1월 7일, 남산 기슭에 있던 경복궁 앞에 새로 지은 청사로 이전했다. 1915년 가을의 조선물산공진회가 끝난 직후 새 청사를 짓기 시작한 지 10년이 흐른 뒤였다. (설계는 독일인 게오르그 라란테가 맡았으며, 1916년에 공사를 시작하여 1925년에 완공했다.) 일제는 한국 강점 5주년을 기념해 식민 통치의 성과를 내외에 널리 알린다는 구실로 오늘날의 산업박람회에 해당하는 조선물산공진회를 개최했다. 장소는 경복궁으로 정했는데 이때 이미 총독부 신청사 건물을 경복궁 앞에 지으려는 계획을 세웠다. 조선왕조의 정궁(正宮)이던 경복궁이 갖는 상징적 · 문화적 의미를 충분히 고려한 결정이었다.

총독부는 경복궁을 공진회장으로 개조하면서 대다수 전각을 헐어버리고는 그 터 일부에 가건물들을 지었다. 50여 일간의 공진회가 끝난 뒤, 미술품 진열관만 박물관으로 전환시키고 나머지 가건물들은 모두 헐었다. 총독부 신청사 건립 공사는 그 직후 시작되었다. 그나마 남아있던 강녕전과 교태전도 1918년 창덕궁 화재 복구공사 명목으로 헐렸다. 총독부는 건물들을 헐어낸 자리에 '잔디'를 심어 표시해 두는 일을 잊지 않았다. 잔디는 한자로 사초(莎草)라 쓴다. 아주 오랫동안 한국인들은 '사'라는 글자에서 죽음과 불길(不吉)을 떠올렸다. 4를 F로 바꿔놓은 엘리베이터는 부지기수이며, 3층 다음에 바로 5층으로 건너뛰는 건물도 적지 않다. 사초, 즉 잔디는 죽음을 상징하는 풀이었기에 무덤에만 썼을 뿐 사람이 기거하는 집 마당에는 심지 않았다.

총독부는 조선물산공진회를 참관한 사람이 160만여 명에 달한 것으로 집계했다. 당시 한국 인구의 10% 가까이가 이 행사에 동원된 셈인데, 그들이 잔디로 덮인 경복궁 뜰에서 무엇을 연상했을지 짐작하기란 어렵지 않다. 총독부는 경복궁만이 아니라 서울의 모든 궁궐에서, 전각을 헐어낸 자리를 빠짐없이 잔디로 메웠다. 한국인들의 뇌리에 자리 잡은 잔디와 무덤 사이의 연상(聯想)작용을 이용해 옛 궁궐들을 '왕조의 무덤'으로 인식시키려 했던 것이다.

그러나 세월이 흐르면서 잔디와 무덤을 잇던 연상 작용은 사라지고, 잔디와 궁궐 사이의 관계에 대한 인상만 강해진 모양이다. 오늘날 한국인들의 '잔디'사랑은 끝을 모를 지경이다. 반세기 전부터 집 마당에 잔디를 심는 일이 다반사더니 근래에는 어지간한 산마다 온통 잔디로 덮인 골프장이 들어섰고, 심지어 강변에도 '금모래'대신 '금잔디'가 널렸다. 한 세기 전의 사람이 본다면 나라 전체가 무덤이 되었다고 탄식할 일이다.(정우용, 중아일보 2010. 1.7)

조선총독부 해체 전의 모습 - 거대한 석조 건축물인 조선총독부가 조선의 법궁인 경복궁을 가로막고 있는 모습

조선총독부를 해체 후의 모습 - 자연스러운 경관과 우리의 경복궁이 원래의 모습으로 복원된 모습

## 2-2. 해방 전 한국건축가

해방 전 한국인으로서 독자적으로 설계한 건축물들을 남긴 건축가로 알려진 사람은 박길룡(1899~1943), 김세연(1897~1975), 강윤(1899~?), 박동진(1899~1980), 박인준(1892~1974), 유원준(1909~?), 김희춘(1915~1993) 등이 있으며 이 중 박길룡과 박인준을 제외하면 모두가 실무조직 없이 부업으로 설계를 하였다. 부업으로 설계를 한 건축가들 중에 박동진 만이 일련의 작품을 갖고 있어 그 경향을 파악할 수 있다. 1934년 보성전문본관이 첫 작품이라 치더라도 박동진은 해방 당시까지 약 12년 이상을 설계사무소 없이 부업으로 설계를 하였다. 보성전문본관(1934), 오산중학교 본관(2934) 조선일보(1935), 보성전문도서관(1937) 등 큼지막한 건물들을 설계하면서 설계사무소를 개설하지 않았다는 것이 쉽게 이해가지 않지만, 그는 분명 해방 당시까지 총독부에 근무하면서 모든 일은 부업으로 하였다.

현재 고려대학교 본관인 보성전문 본관 (자료, 문화재청)

현재 고려대학교 도서관 구관인 보성전문도서관 (자료, 문화재청)

건축가 박길룡

그의 부업이 어떠한 형태로 이루어졌는지에 대해서는 알 길이 없지만 해방이후 설계한 남대문교회나 영락교회 등이 보성전문에서 보여준 디테일을 그대로 간직하고 있을 것을 보면 그의 실무형태는 조직이 필요치 않은 것이었다고 짐작할 수 있다. 반면에 몇몇 단독주택만이 작품으로 알려진 박인준은 설계사무소를 개설하였다. 그의 설계사무소는 2~3명 정도의 직원으로 주로 주택을 설계하였다. 반면에 박길룡은 규모 있는 실무조직을 갖추고 있었다. 도면을 전담하는 직원들이 있었고 정식직원은 아니지만 부업으로 프로젝트에 참여하여 디자인을 담당하는 실장급의 인원이 있었다. 김세연이 구조를 전담하여 대체적으로 대규모 설계조직의 특징을 갖추고 있었다. 따라서 박동진이나 박인준의 작품이 일관된 것에 비해 다양한 형태로 나타난다. 이는 아마도 프로젝트를 담당한 실장급 인원이 참여정도에 따라서 좀 더 다양한 디자인의 실험이 가능했을 것이다.

해방 전 한국인 건축가들의 활동을 가능하게 한 요인 중에 빼놓을 수 없는 것이 한국인 건축주들의 후원이었다. 사실 1920년대 말에서 본격적으로는 1930년대부터 해방 전까지 한국인 건축주들이 한국인에게 근대식 건축물의 설계를 의뢰함으로 인해 한국인 설계의 건축물들이 나타나기 시작하였다. 서양건축의 후원자는 르네상스에서 18세기 정도까지 건축가에게 지대한 영향을 미쳤다. 서양의 후원자와 같은 개념으로 한국인 건축들을 후원자라 칭할 수 없지만 식민지 상황이었고 한국인 건축가들의 독자적인 활동이 전적으로 한국인 건축주들에게 의존적이었던 점을 들어 한국인 건축주들을 후원자라고 칭할 수 있을 것이다. 후원자가 된 자본가들은 크게 3부류로 귀족관료출신(한상룡, 민규식), 지주출신(김성수, 김연수, 전형필), 토착 상업자분(박홍식)으로 나눌 수 있을 것이다.

한국인이 건축주가 된 근대건축물의 전체 물량을 파악할 수 없기 때문에 한국인 건축주들이 한국인 건축가들에게만 설계를 의뢰했다고 주장할 근거는 없다. 그렇지만 1943년 서울 시내의 건축대서사 분포를 보면 한국인들이 한국인 건축가들에게 배타적으로 설계를 의뢰했다는 근거가 마련된다. 본정(本町, 중앙동, 혼마찌)은 일본인들이 주로 활동했던 지역이었고 종로는 한국인들의 상권이 독립적으로 이루어져 있던 지역이었다. 종로의 4명의 건축대서사 모두가 한국인이었다는 사실은 종로지역에서의 신축은 거의 한국인 건축가들이 설계했다는 것을 말해준다. 이들 자본가들이 건축주가 되어 한국인에게 설계를 의뢰하였다는 사실은 매우 고무적이다. 왜냐하면 32년 박길룡 건축사무소가 개설되기 전까지 한국인 운영하던 설계사무소는 하나도 없었는데 반해 일본인 설계사무소들은 다수가 활동하고 있었기 때문이었다.

이러한 어려운 시기에도 우리 건축가들은 우리 건축주의 후원을 받으면 훌륭한 작품 활동하면서 나름대로는 우리의 자긍심을 가지고 있었다. 그러나 당시의 서양의 건축문화와 비교를 통하여 너무도 보잘 것 없는 것으로 취급되고 있으며 또한 우리의 건축을 우리의 맥락이 아니라 서양의 화려한 맥락에 가져다 놓고 스스로 비하시키고 그것이 마치 지적 우월의 징표를 내세우는 것처럼 되어 버리고 있는 듯하다.

사실 해방에서 전쟁으로 이어지는 사이의 기간은 이념적인 갈등 외에도 건축에 있어서 매우 어려운 시기였다. 그러므로 이런 시대적 어려움을 이해한다면 오늘날 우리의 몫은 그렇게 어려운 상황에서도 오늘의 우리 건축계를 있게 한 선배건축가들을 존경하는 일이다.

## 3. 해방이후의 건축

우리에게 해방을 안겨준 제2차 세계대전은 모든 국가의 기간 시설과 주거시설을 모두 파괴했다. 도리어 이것이 건축계에는 급속한 발전을 가져오는 계기가 되었다. 유럽을 중심으로 발전했던 근대건축이 나치의 박해를 받으면서 위축되자 근대 건축의 선각자들은 나치의 박해를 피해 미국으로 망명하게 되었고, 이에 따라 근대 건축의 꽃이 미국에서 만개하게 되었다. 그러나 8 · 15 해방을 맞이한 우리 사회는 과도기적 상황에 처하게 되었고, 갑작스런 변화를 막는 건축계도 마찬가지였다. 서구 문명의 거대한 유입과 급변하는 정체 속에서 새로운 질서를 세우기란 여간 어렵지 않았다. 새로운 시대에 맞는 새로운 생활공간의 추구를 위해 건축계는 반세기에 해당하는 공백을 뛰어넘어 도약해야만 했다.

### 3-1. 6 · 25 전쟁과 재건

6 · 25 전쟁은 우리 건축계에 전화기를 마련하는 계기가 되었다. 사실, 전쟁기간동안 시민의 피난, 폭격, 전투 등으로 고도서울과 평양은 세계 제1차 대전, 제2차 대전을 겪은 유럽의 어느 도시보다 그 피해가 더 심했던 것이다. 한마디로 전통적인 모습은 대부분 잃어버렸고 뿐 아니라 1950년에서 1953년까지 전쟁터였던 이 땅에 '건축'이라는 것은 상상조차 할 수 없었던 시기로 우리건축은 유랑의 저치였으며 해방 후 조직된 몇몇 건축단체들의 건축 활동은 모두 중단되었다. 이런 상황은 1954년 이 후 서울이 수복되면서 건축활동이 시작되었다. 전쟁으로 파괴된 건물은 건축계에 종사하는 모든 사람에게 재건에 대한 의욕을 불태워 주었으며 새로운 형태의 설계도 시도하게 했다. 또한 외국의 지원에 따른 새로운 기술과 자재의 유입은 우리 건축계가 현대화하는 데 중요한 계기가 되었다.

특히 이 당시에는 군사 지원에 따른 특수한 부분에 많은 건설인이 종사했는데 우리나라의 대표적인 건축가인 김중업도 이 기간 동안 미 24군단 사령부 설계실과 부평 미국기지창에서 일하기도 했다. 그러던 중 1952년 해방 후 최초로 김중업이 국제회의에 참석하기 위해 유럽으로 갔고 그곳에서 르 꼬르뷔제(Le Corbusier)의 문하생이 된다. 그리고 전쟁이 끝난 1954년 이후 서울이 수복 된 후 본격적인 건축 활동이 시작되면서 그의 활동은 빛을 발하게 된다. 그는 한국의 전통적인 건축양식을 자신의 건축에 접목시켜 새로운 한국적 현대 건축을 개척하려는 노력은 자유로운 곡면의 철근 콘크리트 노출구조로 표현되었다. 그리고 1976년에 지은 주한프랑스 대사관은 그의 가장 성공적인 대표작으로 알려져 있다. 완만한 자연 경사지에 한국 불교 사찰의 배치 방법을 적용했고, 노출 콘크리트의 슬래브 곡면 지붕으로 한옥의 환상적인 지붕과 같은 조형미를 나타냈다. 획일적이고 직선적이며, 공업주의로 상실되어 가는 현대 건축의 흐름에 대항하여 아르 누보(art nouveau)정신을 한국의 현대건축에 재생시켰다.

김중업 1922~1988

김중업이 설계한 프랑스 대사관 (1961)

1953년 7월 휴전이 성립되자 무너진 제방 위로 타고 넘치는 물결처럼 건축계에는 건축 사업이 밀어닥쳤다. 60만 호의 주택을 비롯하여 각 분야마다 파괴된 건축물이 저마다 재건의 손길을 기다리고 있었다. UNKRA, ICA, FOA 등의 원조 복구 건설이 활발해졌으며, 1941년 창립된 '조선주택영단'(대한주택공사의 전신)을 중심으로 주택 사업이 대규모로 이루어졌다. 우리 기술진의 힘에 의해서 조립식 방법의 철근콘크리트와 철골조 건물이 세워지기도 했다. 이는 이전까지 수공업 수준에 머물렀던 우리의 제품생산에 혁신적인 계기를 마련하게 된다.

전쟁이 끝난 1953년에는 사회의 복원을 위해 다양한 복구사업도 있었지만 건축계에서는 대체적으로 공장 건물 위주로 건설되었다. 1만평 규모의 철골과 철근콘크리트의 〈고려 방직 공장〉, 인천의 〈대한 중공업 압연 공장〉, 부산의 〈제일제당 공장〉 등은 단순한 철골조의 해결 뿐 만아니라 어려운 기계설비에 따른 적합한 공간을 마련해 놓았다. 이는 우리 건축계의 수준이 놀랄 정도로 향상되었음을 입증하여 준 쾌거라 할 수 있다. 또한 순전히 인공조명만으로 작업 능률을 향상시키기 위해 세운 무창의 〈태창방식 공장〉도 과거와는 다른 새로운 시도였다.

전쟁이 끝난 1950년대 전반(1954~60)은 새로운 현대건축의 출발점이기도 했다. 이전에 중단되었던 건축조직들이 활성화되어 가기 시작하였고 1954년에는 서울 수복 후 모든 분야에 걸쳐 안정과 질서를 찾게 되면서 건축계도 최초의 공개 설계경기인 〈남대문 교회〉 공모가 있었을 뿐 아니라, 그해 6월 〈장안 빌딩〉에서 공개 전시회를 개최해 일반인에게 현대건축의 모습을 보여주는 성과를 올렸다. 다만 애석한 것은 그 건물의 실현을 볼 수 없었다는 것이다. 특히 이 장안빌딩은 당시 많은 건축설계  사무실 등이 입주해 있는 한국 현대건축의 상징적 메카이기도 한 곳이었다. 해방직후부터 소실될 때(1957. 5. 4)까지 이 건물은 한국 후기 근대건축계(1945~60)에 중요한 역할을 했던 장소이기도 했다.

1956년은 건축계가 본 궤도에 오른 시기이기도 하다. 국내의 많은 건축가들이 선진국의 현대건축의 양상을 실제로 목격하고 돌아왔으며 이에 따라 건축 작품도 다채로워졌다. 그 가운데 다년간 〈르꼬르뷔제 연구소〉에서 수업하고 귀국한 김중업의 작품에 많은 관심이 모아졌다. 개인 작품전과 더불어 지금은 재건축된 〈구 명보극장〉이 그의 귀국 선물이었다. 몇 가지 새로운 시도가 건축계에 홍미를 불어넣어 주었는데, 다소 후진성을 면치 못한 우리 건축계의 현실 덕분에 그의 시도를 만족할 만하게 소화하지 못한 점도 있었다.

1957년에는 서울 수복 후 서울 시민의 염원이었던 〈한강대교〉복구공사가 비로소 시작되었다. 또한 〈한양대학교 이공학관〉, 〈홍익대학교 본관, 정인국〉, 〈서울대학교 농대 기숙사, 강명구〉, 〈건국대학교 도서관, 김중업〉, 〈부산대학교 본관, 김중업〉 그리고 설계경기로 당선된 〈이화여고 교사, 종합건축〉 등 많은 교육시설이 세워졌다

부산대학교 본관의 모습

## 3-2. 60년대 이후의 근대건축

1960년대는 우리에게 1970년대로 비약을 꿈꿀 수 있는 요소가 잉태된 시기였으며, 새로운 희망의 시대를 맞이하게 한 귀중하고도 보람 있는 시련기였다. 특히 이 시대에는 구세대와의 결별과 새로운 세계로의 진입이 현실로 다가온 것이다. 그 계기는 이 시대의 가장 큰 사건인 1960년 4·19 의거에 의해 자유당 정원이 붕괴되고 새로운 정권이 등장과 이듬해 1961년 군사 쿠데타이다. 정권

의 붕괴와 정권이 바뀌게 되면서 건축계에도 새로운 시대의 흐름에 따라 새로운 바람이 불기 시작한 시기이기도 하다. 1961년 7월에 기공, 1963년 5월에 준공된 '남대문' 중수공사와 관광사업을 겨냥하고 계획된 '워커힐'이 좋은 사례인데, 워커힐은 마치 작품의 경연장을 연상케 하는 시설들로 꾸며졌다. 이를 계기로 외국에서 도입된 우수한 작품 정보의 영향이 막대함을 절실히 느꼈으며, 생산업계에는 좋은 자극이 되었다. 그리고 1962년 군사 정부의 시책이 모든 분야에 적극성을 띠자 건축분야에 새로운 사업들이 적극적으로 추진되기 시작했다. 그 중에 하나가 주택건설 사업으로 우리나라 최초의 아파트라 할 수 있는 '마포 아파트'건설은 새로운 방향으로 주택난을 해소하려는 움직임을 보여주었다. 이후 1968년 4월 100만 인구를 수용하기 위한 강남개발 5개년계획으로 개발의 활기를 띄면서 부동산 가치의 격변을 불러오면서 아파트라는 새로운 주거형태가 우리의 생활공간으로 등장하게 된다. 특히 강남지역의 개발을 촉진시키기 위해 강북의 많은 중·고등학교가 강남으로 이전하면서 제8학군이라는 특수한 커뮤니티 양태가 생겼다. 또한 올림픽 이후 서울 강남의 건축개발은 더욱 박차를 가하게 된다.

1970년대에 들어서면서 엄청난 일들이 너무 많이 일어나 마치 한 세기에 일어날 일들을 한꺼번에 겪는 듯한 시기라고 할 수 있다. 이 시기는 우리나라의 경제개발과 개발도상국에서 선진국으로 진입위한 정책으로 개개 건축물의 뚜렷한 건설보다도 '국토 개발'과 '도시문제'에 대한 정책적 지원이 활발하게 이루어진 시기이다. 대표적으로 '여의도와 영동지구 개발' 그리고 경제대국으로 나아가기 위한 각종 공업시설의 신축 등과 같은 나라의 경제적 발전 차원과 대규모 지역개발 형태로 대규모 건축개발 행위가 일어난 시기이기도 하다. 한마디로 1970년대를 표현한다면 '질보다 양적인 도시 팽창과 국토개발'이라는 차원에서 모든 건축행위가 이루어진 시대라고 할 수 있다. 이 와중에도 기억에 남을 만한 건축물이 세워졌다. 한동안 고건축의 재현의 시비를 불러일으켰던 '국립 박물관' 준공, 현대 건축의 최신 공법과 우수한 질감의 재료를 널리 활용한 '한국종합무역센터(현재 COEX)'는 표면처리를 특수 처리한 '알루미늄', '스팬드럴'로 외장을 처리하여 그 재질감의 실체를 유감없이 보여주었다.

한국종합무역센터(현재 COEX)의 모습

넓은 외부공간을 가진 당시의 마포아파트의 모습

## ■ 주요 내용 정리하기

1. 타의에 의해 우리의 근대건축이 시작되었다는 것에 본인의 생각을 정리해보자.

2. 서양의 근대건축 유입의 유형에 관하여 정리해보자.

3. 현재 우리나라 궁궐 내에 세워져 있는 서양건축과 옛 궁궐의 모습을 생각하면서 궁궐을 탐방해 보자.

4. 일제강점기 당시 세워진 식민통치시설에 관하여 정리해보자.

5. 전쟁 후 우리나라 근대건축가와 작품에 관하여 정리해 보자.

## ■ 용어 설명

1) 박길룡(朴吉龍) : 1898~1943. 건축가. 서울 출신. 1919년 경성공업전문학교를 졸업하고 바로 조선총독부 건축기수(建築技手)로 들어가, 당시 시공 중이던 조선총독부청사 감독에도 참여하는 등 기량을 닦았다. 1932년 건축기사(建築技師)로 승진하였으나 곧 관직을 사직하였다. 같은 해 7월 종로구 관철동에 박길룡건축사무소를 개설하여 활발한 작품활동을 하면서 한국인 건축가들의 유대강화에 힘썼다. 1938년 사단법인 조선건축회(朝鮮建築會) 이사가 되었고, 1941년 경기도 건축대서사(建築代書士, 현 건축사협회) 조합장을 역임하였다. 같은 해 조선주택영단에 참여하였고, 1942년 이화여자전문학교 강사, 1943년 조선수리조합회 건축사무 촉탁 등을 역임하였다. 그는 최초로 서구식 건축술의 전문교육을 받은 건축가였다.

2) 김세연(金世演) : 1920년 경성고등공업학교의 전신인 경성공업전문학교 건축과를 졸업하였다. 이는 한국인으로서는 박길용(朴吉龍)에 이어 2번째로 경성공업전문학교 건축과 출신으로 기록된다. 이후 조선총독부 건축 부서에 들어가 1941년까지 고용원(雇傭員)·기수(技手)·기사(技師)를 거치며 20년간 큰 활약을 하였다. 관립 건물의 건축 설계와 감독을 주로 했던 조선총독부의 건축 부서는 당시 최고의 직장으로 간주되었다. 또한 1930년에 잡지 〈조선과 건축〉에 〈곡축(曲軸)을 갖는 철근 콘크리트 구재의 응력〉 이라는 글을 발표할 정도로 그는 한국인 최초의 구조계산 전문가로도 활동하였다. 당시 건축인에게는 전인적 능력, 즉 학술과 기술적 요구가 함께 주어졌기 때문에 그의 능력은 더욱 돋보였다.

3) 김중업(金重業, 1922년~1988년) : 대한민국의 건축가로 평양 출신이다. 1941년 일본 요코하마 고공(横濱高工) 건축과를 졸업했고, 1945년 조선주택영단 기수(技手)로 재직했으며, 1949년 서울대학교 공과대학 조교수가 되었다. 1952년 이탈리아 베니스에서 열린 국제예술회의에 한국대표로 참석, 도불(渡佛)하여 1956년까지 르코르뷔지에 연구소에서 건축학 · 도시계획 등을 연구했다. 귀국과 함께 김중업 건축연구소를 설립, 후진양성에 힘쓰는 한편 개인전을 가졌고 홍익대학에서 강의를 맡기도 했다.

4) UNKRA(United Nations Korean Reconstruction Agency), ICA, FOA, UN 산하와 미국 원조기구로 6 · 25직 후 국내 산업 기반 시설 등에 원조를 한바 있다.

5) 조선주택영단 : 대한주택공사의 전신으로 1941년 설립된 우리나라 최초의 공영 주택 기관으로 1945년 해방이전까지 서민 주택 보급의 주도적 역할을 담당했다.

6) 왜성대(倭城臺) : 조선정부가 제공한 땅에다 일본인 나카무라 신고 주도로 지은 2층짜리 목조건축물로 초기에는 공사관으로 사용하다가 1885년 갑신정변으로 체결된 한성조약에 따라 통감관저로 사용되었다. 한때 왜성대(倭城臺)라 불리던 이곳은 한일합병 이후 1939년 9월 22일 경무대 총독관저가 신축될 때까지 식민통치자들의 본거지로 쓰였다고 한다. 그 뒤 '병합기념관' 전환 움직임도 있었지만 1940년 이토 히로부미를 비롯한 역대 통감 · 총독의 초상, 유품, 애장품 등을 전시하는 '시정기념관'으로 변신했다. 해방 후 한때 국립박물관 남산분관으로 사용되기도 했다.

7) 전환국 (典圜局) : 구한말에, 탁지아문 또는 탁지부에 속하여 화폐의 주조를 맡아보던 관아. 고종 20년(1883)에 설치하여 광무 8년(1904)에 없앴다.

# 참고문헌

## 도서


· 강 선중, 전통마을의 공간구성 방법, 전통문화, 1985
· 강 영환, 새로 쓴 한국 주거문화의 역사, 기문당, 2002
· 김 동욱, 한국건축의 역사, 기문당, 2007
· 김 동욱, 종묘와 사직, 대원사, 1999
· 김 동욱, 한국 건축공장사 연구, 기문당, 1993
· 김 동욱, 조선시대 건축의 이해, 서울대학교 출판부, 1999
· 김 동욱, 실학정신으로 세운 조선의 신도시 수원 화성, 도서출판 돌베개, 2004
· 김 동현, 서울의 궁궐건축, 시공사, 2002
· 김 동현, 한국의 궁궐건축, 시공사, 2002
· 김 봉렬, 서원 건축, 대원사, 1998
· 김 왕직, 알기쉬운 한국건축용어사전, 동녘, 2007
· 김 은중, 한국의 서원건축, 문운당, 1996
· 김 정기, 한국목조건축, 일지사, 1997
· 김 정동, 고종황제가 사랑한 정동과 덕수궁, 발언, 2004
· 김 정희, 안동 하회마을, 만가와 민가, 비온후, 2001
· 김 태일, 이 준영, 도시계획, 기문당, 1998
· 김 호일, 한국의 향교, 대원사, 2004
· 대한건축학회, 한국건축사, 기문당, 1996
· 대한건축학회, 주거론, 기문당, 1997
· 박 경립, 한국의 건축문화재, 강원편, 기문당, 1998

- 박 언곤, 한국건축사강론, 문운당, 1998
- 반 영환, 한국의 성곽, 대원사, 2002
- 발언 편집부, 한국건축사 연구 1, 2, 도서출판 발언, 2003
- 발언 편집부, 우리 건축을 찾아서 1, 2, 도서출판 발언, 1993
- 서 윤영, 우리가 살아온 집 우리가 살아갈 집, 역사비평사, 2007
- 서 윤영, 사람을 닮은 집, 세상을 담은 집, 서해문집, 2012
- 신 영훈, 한국의 살림집, 上,下, 열화당, 1996
- 원 정수, 한국 건축 어디로 가고 있나, 도서출판 미건사, 1998
- 윤 덕향, 옛절터, 대원사, 1999
- 윤 장섭, 한국건축사, 동명사, 1984
- 윤 정섭, 도시계획사, 문운당, 1987
- 장 경호, 한국의 전통건축, 문예출판사, 2000
- 장 순용, 창덕궁, 대원사, 2004
- 장 인기, 한국건축사전(한국건축대계 IV), 보성각, 1998
- 정 인국, 한국건축양식론, 일지사, 1995
- 최 완기, 한국의 서원, 대원사, 2006
- 황 용운, 전통한옥짓기, 발언, 2006
- 황 용운, 삶과 행복을 담는 주거건축의 이해, 서우출판사, 2012
- 한국건축가협회, 한국의 현대건축(1876~1990), 기문당, 1994
- 한국역사연구회, 고려의 황도 개경, 창작과 비평, 2002
- 한국건축사 협회, 건축사, 건축실무의 역사, 1994, 08 ~ 1994, 12


## 논문


- 김 정수, 한국 고건축의 구조체에 관한 연구, 연세대학교 산업대학원, 석사논문, 1974
- 김 태형, 김성우, 부여 군수리사지와 능산리 사지의 발굴결과 비교를 통한 금당지와 목탑지의 구축기법 해석, 대한건축학회 학술발표논문, 2007. 10
- 강 동진, 경주 양동마을의 해석과 보전 방법론 연구, 서울대학교 환경대학원, 박사논문,

# 한국 건축사

2025년 8월 20일 인쇄
2025년 8월 30일 발행

편 저 : 황 용 운
펴낸이 : 이 석 환
펴낸곳 : 도서출판 서우
등 록 : 제8-159호
주 소 : 서울시 은평구 대조동 188-8
전 화 : (02)383-1696, 1697
팩 스 : (02)387-9578
ISBN 978-89-97153-26-8 93540

값 23,000 원